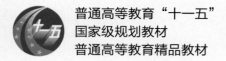
普通高等教育"十一五"
国家级规划教材
普通高等教育精品教材

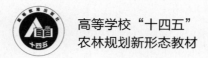
高等学校"十四五"
农林规划新形态教材

●国家级一流本科课程配套教材●

Animal Anatomy

# 动 物 解 剖 学

## （第 4 版）

主编　彭克美

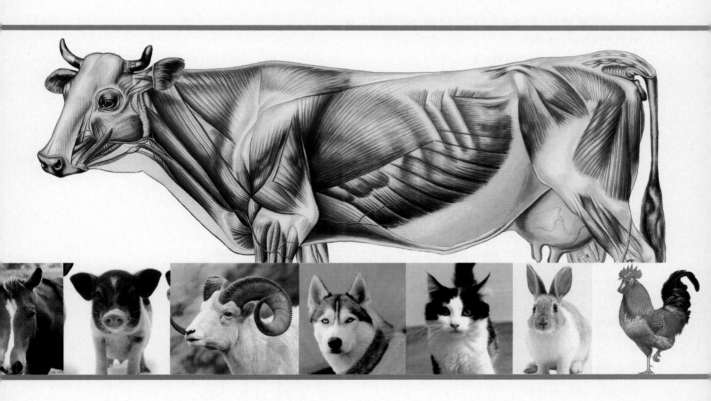

中国教育出版传媒集团

高等教育出版社·北京

## 内容提要

彭克美教授主编的《畜禽解剖学》已出版了3版并荣获教育部"普通高等教育精品教材"等多项奖励。本次修订根据学科与专业发展的实际,将书名更名为《动物解剖学》,整体框架和体例保持不变。第4版的一个重大变化是将全书中的黑白插图,更新为370多幅高清彩图,更真实地反映出机体的形态、结构和色泽,提升可视性和美观度。本书分为大家畜解剖、小动物解剖和禽类解剖三篇共17章,以牛、羊、马、猪、犬、猫、兔和家禽为主要研究对象,采用系统解剖学和比较解剖学结合的形式进行论述,重点突出、文字精练、图文并茂。书中还以"窗口"形式融入一些临床知识和科学案例等,并在章首以二维码形式列有本章英文摘要,以激发学生的学习兴趣,并拓宽其知识面。

本书主要面向全国高等农林院校的动物科学、动物医学、野生动物资源保护、草业科学和生物科学等专业的大学生,也可作为综合性大学和师范院校的师生及畜牧兽医科技人员的参考书。

## 图书在版编目(CIP)数据

动物解剖学 / 彭克美主编 . --4 版 . -- 北京:高等教育出版社,2024.1

ISBN 978-7-04-061372-8

Ⅰ.①动… Ⅱ.①彭… Ⅲ.①动物解剖学 Ⅳ.
① Q954.5

中国国家版本馆 CIP 数据核字(2023)第 213588 号

Dongwu Jiepouxue

| 策划编辑 | 张磊 | 责任编辑 | 张磊 | 封面设计 | 姜磊 | 责任印制 | 高峰 |

| | | | |
|---|---|---|---|
| 出版发行 | 高等教育出版社 | 网 址 | http://www.hep.edu.cn |
| 社 址 | 北京市西城区德外大街4号 | | http://www.hep.com.cn |
| 邮政编码 | 100120 | 网上订购 | http://www.hepmall.com.cn |
| 印 刷 | 天津市银博印刷集团有限公司 | | http://www.hepmall.com |
| 开 本 | 850mm×1168mm 1/16 | | http://www.hepmall.cn |
| 印 张 | 21.75 | 版 次 | 2005 年 7 月第 1 版 |
| 字 数 | 553 千字 | | 2024 年 1 月第 4 版 |
| 购书热线 | 010-58581118 | 印 次 | 2024 年 1 月第 1 次印刷 |
| 咨询电话 | 400-810-0598 | 定 价 | 88.00元 |

# 本书编审组成员

主　编　彭克美

主　审　陈焕春

副主编　陈耀星　刘敏　靳二辉　李奎　李勇　杨隽

编　委（以姓氏拼音为序）

蔡玉梅（山东农业大学）　　　　　　曹　静（中国农业大学）

陈树林（西北农林科技大学）　　　　陈文钦（湖北生物科技职业学院）

陈　曦（华中农业大学）　　　　　　陈耀星（中国农业大学）

崔成都（延边大学）　　　　　　　　董玉兰（中国农业大学）

耿梅英（河北农业大学）　　　　　　何俊峰（甘肃农业大学）

何文波（华中农业大学）　　　　　　胡传活（广西大学）

黄丽波（山东农业大学）　　　　　　黄诗笺（武汉大学）

蒋　涛（华中科技大学）　　　　　　金　鑫（河南农业大学）

靳二辉（安徽科技学院）　　　　　　李方正（青岛农业大学）

李　奎（河南农业大学）　　　　　　李升和（安徽科技学院）

李　勇（江西农业大学）　　　　　　刘华珍（华中农业大学）

刘建钗（河北工程大学）　　　　　　刘　敏（华中农业大学）

罗厚强（温州科技职业学院）　　　　彭克美（华中农业大学）

邱建华（山东农业大学）　　　　　　商艳红（河南农业大学）

宋德光（吉林大学）　　　　　　　　宋　卉（华中农业大学）

苏　娟（南京农业大学）　　　　　　孙　娟（河南农业大学）

唐　丽（四川农业大学）　　　　　　王春生（东北林业大学）

王海东（山西农业大学）　　　　　　王全溪（福建农林大学）

王　勇（安徽农业大学）　　　　　　位　兰（河南科技大学）

徐春生（石河子大学）　　　　　　　剡海阔（华南农业大学）

杨　隽（黑龙江八一农垦大学）　　　张高英（华中农业大学）

数字课程（基础版）

# 动物解剖学

## （第4版）

主编　彭克美

关于我们 | 联系我们　　　登录/注册

**动物解剖学（第4版）**

彭克美

开始学习　　收藏

本数字课程与纸质教材紧密配合，一体化设计，包括教学课件、章首英文摘要等内容，充分运用多种形式的媒体资源，为师生提供教学参考。

# http://abooks.hep.com.cn/61372

扫描二维码，打开小程序

# 序

习近平总书记强调，要紧紧围绕立德树人根本任务，坚持正确政治方向，弘扬优良传统，推进改革创新，用心打造培根铸魂、启智增慧的精品教材，为培养德智体美劳全面发展的社会主义建设者和接班人、建设教育强国作出新的更大贡献。

当前，我国的畜牧兽医事业正在迅猛地发展，已经成为农业支柱产业和整个国民经济的重要组成部分。基础研究是科技发展的内在动力，深刻影响着国家基础性的创新能力。随着"健康动物—健康食品—健康人类"新观念的提出和生命科学研究领域的拓宽和研究技术的发展，畜牧兽医事业正在不断地扩大和延伸，在国民经济和社会稳定中发挥着越来越重要的作用。

教材是学校教育教学的基本依据，是解决培养什么样的人、如何培养人及为谁培养人这一根本问题的重要载体，直接关系到党的教育方针的有效落实和教育目标的全面实现。教材建设是事关未来的战略工程、基础工程，教材体现着国家意志。要培养高素质的畜牧兽医专业优秀人才，必须出版高质量、高水平的精品教材。组织学是生理学、生物化学和病理学等学科的基础，只有认识细胞、组织的正常结构，才能更好地掌握其生理功能、代谢规律和识别病理情况下的异常形态表现。实践证明，组织学与胚胎学教材及课程在动物医学、动物科学及人类医学等领域发挥了重要作用。一直以来，教育部和各高等学校都高度重视教材的编写工作，要求以教材建设为抓手，大力推动专业课程和教学方法改革。

彭克美教授等专家学者以严谨治学的科学态度和无私奉献的敬业精神，紧密结合动物科学、动物医学等相关专业的培养目标，高等教育教学改革的需要和畜牧兽医专业人才的需求，借鉴国内外的经验和成果，不断创新编写思路和编写模式，完善呈现形式和内容，提升编写水平和教材质量，构建国家精品教材，使其更加成熟、更加完善和更加科学。其主编的"十一五"国家级规划教材《畜禽解剖学》和《动物组织学及胚胎学》，分别出版了3版和2版，同时主编了相关配套教材《动物组织学及胚胎学实验》，这些教材被全国诸多院校采用，并被一些国际同行专家作为参考书。在荣获了首批国家精品课程、国家精品资源共享课程和2项国家级精品教材奖之后，又进行本次修订。该系列教材在编写宗旨上，不忘畜牧兽医教育人才培养的初心，坚持质量第一，立德树人；在编写内容上，牢牢把握畜牧兽医教育改革发展新形势和新要求，配合全国执业兽医师考试和国际接轨，坚持与时俱进、力求创新；在编写形式上，聚力"互联网＋"畜牧兽医教育的数字化创新发展，在纸质教材的基础上，融合实操性更强的数字资源，构建立体化教材和新形态教材，推动传统课堂教学进入线上教学与移动学习的新时代。整套教材内容丰富，图文并茂，影像清晰，结构典型，色彩明快，具有很好的科学价值和实践指导意义。

　　我坚信，该系列教材的修订，必将促进全国各高校不断深化畜牧兽医教育改革，进一步推动教学－企业－科研协同，为培养高质量畜牧兽医优秀人才，服务广大群众对肉、蛋、奶的物质生活需求乃至推动健康中国建设发挥重大作用。

中国工程院院士　　陈焕春

华中农业大学教授

# 前　言

由高等教育出版社出版的《畜禽解剖学》于 2005 年发行第 1 版，2009 年发行第 2 版，2016 年发行第 3 版，已被 50 多所院校采用，并赢得了海内外同行专家和广大读者的赞誉，已经成为动物医学、动物科学等相关专业学生、行业读者的品牌教材，并荣获 2011 年度国家普通高等教育精品教材和 2018 年湖北省优秀教学成果奖。基于"双一流"及"四新"专业建设的背景及培养具有实践能力和创新精神的复合型专业人才的需求，为培养学生扎实的形态学基础，激发学生专业学习兴趣、创新意识和提高其发现、分析及解决问题的能力，在教材建设的同期也进行了深入的课程建设，经过几代人的不懈努力，已经建设成为教学手段先进、特色鲜明、教学成果丰厚、结构合理的优秀课程，取得良好的改革效果。本课程先后被认定为"湖北省优质课程"、首届"国家精品课程"、"国家精品资源共享课程"和"国家级一流本科课程"，并在中国大学 MOOC 平台上线。

本书第 3 版至今已经使用了 6 年（12 轮），本着"精品战略，重在质量"的原则，为了配合教学改革的需要，减轻学生负担，凝练文字压缩篇幅，提高插图质量，保持本教材的准确性、严谨性、科学性、先进性、权威性和生命力，经与高等教育出版社和各参编院校同行专家商议，决定修订再版。2021 年 12 月召开了本教材新版修订的网络研讨会。综合全体同仁的意见和建议，本次修订体现以下特点：

1. 为适应学科与专业发展的实际情况，本版起书名更为《动物解剖学》。

2. 将全书插图全部更新为高清彩图，它能更真实地反映出机体的形态、结构和色泽，提升可视性和美观度，更有利于激发读者的兴趣和提高他们的学习效果与教学质量。

3. 本教材将犬、猫、兔和家禽的解剖学特征分别单独成章，更有利于部分学校自主开设本科生和研究生的小动物和家禽的动物解剖学课程。

4. 本教材对专业术语进行了英文注释，每一章都配有英文摘要，以二维码的形式呈现在教材中，方便读者阅读使用。

5. 为了强调理论结合动物医学临床和畜牧生产实际，培养学生的创新思维和创造能力，书中以"窗口"的形式融入了一些临床知识和科学案例等，以激发学生的学习兴趣，并拓宽其知识面。

6. 补充了与动物解剖学有关的教材、参考书目和国家精品课程、国家精品资源共享课程和 MOOC 课程的网站。

7. 新版编写团队加入了一批奋战在教学科研第一线的年富力强的专家、学者，为本教材的传承增加了新生力量。

　　由衷地感谢中国工程院院士、华中农业大学陈焕春教授在百忙之中担任本教材的主审专家，从而保证了本书的高质量和权威性。衷心地感谢高等教育出版社、华中农业大学教务处、华中农业大学动物科技学院－动物医学院对本书出版的支持！

　　当前，生命科学正在飞速发展，动物解剖学科在高等教育教学改革的大潮中不断地成长进步。因此，衷心地希望各位同行和广大读者对本书中的不当之处给予批评指正，以使本书更加完善。

2023 年 4 月

# 目　录

## 大家畜解剖学

## 小动物解剖学

## 禽类解剖学

# 1 绪 论

**本章重点**

- 掌握畜禽解剖学的概念。
- 了解畜体的基本结构。
- 掌握畜体各部的名称。
- 掌握解剖学常用的方位术语：三个基本切面，躯干和四肢的常用术语。

本章英文摘要

## 1.1 解剖学的概念和意义

动物解剖学（animal anatomy）是研究动物有机体的正常形态结构及其发生发展规律的科学。它既是生命科学中的一个重要分支，又是动物医学、动物科学、草业科学和生物学等专业重要的必修专业基础课。动物解剖学是以牛、羊、猪、马、犬、猫、兔和家禽为主要研究对象的形态学。广义的解剖学包括大体解剖学和显微解剖学。大体解剖学（gross anatomy）是采用刀、剪、锯、镊等解剖器械，用切割分离的方法，经肉眼观察，研究动物有机体各器官的正常形态、构造、色泽、位置及相互关系的科学；显微解剖学（microscopic anatomy）又称为组织学（histology），是采用切片、染色技术，制成切片标本，通过光学显微镜或电子显微镜观察，研究畜禽有机体各器官和组织的正常微细构造及其功能关系的科学。形态结构是功能活动的基础，功能则是形态结构表现的运动形式，功能必须与形态结构相适应，二者互相联系密切。例如心脏是以心肌为主构成的器官，含有 4 个心腔。心腔内有防止血液倒流的瓣膜。心肌有规律地收缩运动，挤压血液流动，而瓣膜可使血液按特定的方向流动，保证血液在血管内不停地循环，以维持正常的生命活动。

在大体解剖学的教学中，按系统授课，研究机体形态结构的，称为系统解剖学（systemic anatomy）；按部位研究各器官在该局部的位置、毗邻和联属等关系的，称为局部解剖学（regional anatomy）；对多种动物同一器官的形态结构进行比较和研究的，称为比较解剖学（comparative anatomy）。

此外，在机体的生活过程中，观察、研究机体器官的形态、结构和功能变化规律的称为机能解剖学（functional anatomy），用 X 线观察研究机体器官形态结构的称为 X 线解剖学（X-ray anatomy），研究神经系统中神经核团的细胞构造和神经元之间相互联络的称为神经解剖学（neuroanatomy），等等。这些都是随着社会的发展和技术的创新，根据不同的研究目的而建立的分支学科。动物解剖学与其它专业基础课和专业课（如组织胚胎学、生理学、病理学、外科学、产科学和繁殖学等）具有密切的联系，是这些课程的先导。

## 1.2　解剖学的发展简史

解剖学是一门经典的科学。早在史前时期，人们通过长期的实践，如狩猎、屠宰畜禽和役畜受伤等，就已经对动物的外形及内部构造进行观察和记载。在石器时代人居洞穴的壁上就留有很多粗浅的解剖图画，古中国和古埃及就已具备了尸体防腐的知识。

解剖学的创始人希波克拉底（Hippocrates，前 460—前 377）对人类头骨作了正确的描述，并根据动物机体的结构描述了人体的其它器官。古希腊的哲学家和博物学家亚里士多德（Aristotele，前 384—前 322）提供了一些动物解剖学资料，把神经和肌腱区分开来，并指出心脏是血液循环的中枢，血液自心流入血管。古罗马名医和解剖学家盖伦（Claudius Galenus，131—200）曾撰写了大量动物解剖学资料，对血液运行、神经分布、脑、心及内脏都有比较具体的记载；明确指出血管内流动的是血液，而不是长期以来被认为的空气；并认为神经是按区域分布，脑神经有 7 对。随着西欧的文艺复兴和各种科学的蓬勃发展，解剖学也有了相应的进步。意大利画家达·芬奇（Leonardo da Vinci，1452—1519）绘制了最早的 13 幅解剖学图谱，其描绘之精细准确，在现代也堪称佳作。比利时著名的解剖学家维萨利（Andreas Vesalius，1514—1564）从青年时代就潜心于解剖学研究，在他 29 岁时便完成了长达 7 卷的解剖学巨著。17 世纪，英国名医哈维（William Harvey，1578—1657）通过动物试验证明了血液循环的原理，首次提出了心脏血管是一套封闭的管道系统。荷兰生物学家列文虎克（Antony van Leeuwenhoek，1632—1723）于 1664 年发明了显微镜。意大利解剖学家马尔皮基（Marcello Malpighi，1628—1694）在显微镜下发现了蛙的毛细血管血液循环，并研究了动物的微细构造，奠定了组织学的基础。19 世纪，德国的动物学家施旺（Theodor Ambrose Hubert Schwann，1810—1882）和植物学家施莱登（Matthias Jacob Schleiden，1804—1881）创立了细胞学，推动了组织学的发展。

早在战国时代，我国第一部医学经典著作《内经》就已有关于解剖学知识的广泛记载。书中明确提出了"解剖"，并已有了胃、心、肺、脾、肾等器官名称、大小、位置、容量等的记录，认识到机体是内外环境的统一体。很多名称仍为现代解剖学所沿用。宋代的宋慈（1186—1249）所著《洗冤录》一书，对人体的骨骼、内脏和胚胎发育等有详细的记录并配有插图。清朝王清任（1768—1831）著有《医林改错》，他在亲自解剖了 30 多具尸体的基础上，修正并补充了许多解剖学内容，其中对内脏、脑和眼等的看法都与现代医学知识相符。19 世纪末，我国建立了现代家畜解剖学学科，但发展比较慢。进入 20 世纪以来，随着畜牧兽医事业蓬勃发展，解剖学科得到了飞速的发展。张鹤宇等老一辈解剖学家先后翻译了谢逊（Septimus Sisson，1865—1924）和克立莫夫（Alexei Klimov，1878—1940）的家畜解剖学专著，并出版了多种畜禽解剖学的著作、图谱，建立了解剖学模型厂和标本厂。改革开放以来，随着科学技术的进步，解剖学这一古老的学科又焕发出新的活力。解剖学研究内容的层次也已经从肉眼所见的器官、组织发展到微观的细胞乃至分子水平。自然科学的发展史给人们的启示是：对自然科学的发展，除了社会制度和文化思潮的影响外，技术方法的创新也是极为重要的因素。每当先进技术引入解剖学研究领域，人们对器官组织结构的认识也就随之深入一步。从电子显微镜的问世，同位素、放射自显影、荧光和酶标记、免疫组化、电子计算机 X 线断层扫描（CT）、核磁共振和细胞图像分析系统等技术的推广应用，到多媒体和国际互联网的普及，动物解剖学的教学与科研都取得了丰硕的成果。

德国病理解剖学家哈根斯（Gunther von Hagens），于 1986 年发明了解剖标本的塑化处理保存技术，从而大大改变了长期以来一直沿用福尔马林（甲醛）保存解剖标本的困境，有利于避免福尔马林对人体健康的不良影响。随着社会的进步和物理学、生理学、生物化学等新理论、新技术的发展，以及多学科综合研究的进行，解剖学等形态学的研究也有引向综合性学科的趋势，那种纯形态学研究的局面正在发生越来越多的改变。

## 1.3 学习解剖学的基本观点和方法

动物解剖学是一门形态科学，因此学习时必须运用科学的逻辑思维探讨并掌握动物的形态特征。然而，形态不是孤立静止的，所以学习时应该运用进化发展的观点、结构与功能统一的观点、局部与整体统一的观点和理论联系实际的观点来观察与研究机体的形态构造，这样才能正确地、全面地认识畜禽机体的形态结构。

### 1.3.1 进化发展的观点

动物的形态结构随着亿万年漫长岁月的进程，逐渐地由简单到复杂，从低等向高等进化。经比较解剖学和古生物学的研究，动物的形态结构仍保留着许多进化的痕迹。如马属动物的小掌骨，就是从多指进化为单指的证据。畜禽的四肢和鱼类的胸鳍、腹鳍是同源器官，由鱼鳍演化成四肢是动物从水中上陆地以后爬行、飞翔进化的结果。所以，运用进化发展的观点能更好地理解机体的发生、发展和变异。

### 1.3.2 结构与功能统一的观点

形态结构是功能的基础，而功能的变化又必然引起形态结构的改变。所以，结构与功能是相互依存又相互制约的。例如：气管以软骨环为支架始终处于开张状态，便于输送气体；食管以肌肉为主构成消化管，其肌肉收缩便于输送食物。这些不同结构适应了各自的功能。因此，用结构与功能统一的观点，可以从器官的形态结构推导出它们的功能，也可以从功能加深对其形体结构的理解。

### 1.3.3 局部与整体统一的观点

机体是由许多器官和系统组成的统一体，不同的器官和系统虽然各具有特定的形态和功能，但都是整体不可分割的部分，各系统各局部既相互联系，又相互影响。例如家畜左肺较小，右肺较大。从整体看，正是由于心脏偏左侧相互影响的结果。另外，任何一个器官具有一定的形态并执行特定的功能，也必须在整体的统一协调下，即必须有血管不断地输送营养物质和排出其代谢产物、神经支配、被膜和皮肤的保护等，才能维持其正常的形态和功能。

### 1.3.4　理论联系实际的观点

　　理论是实践概括的总结，也是进一步实践的指导。学习动物解剖学既要刻苦钻研理论，又要勤于实践，通过实验课对标本、模型和活体进行详细的观察，并认真地进行动物解剖操作，从实践中加深对理论知识的验证和理解，同时联系动物医学临床和动物生产实践加深记忆。只有这样，才能取得很好的学习效果，为学习其它专业基础课和专业课奠定坚实的基础。

## 1.4　动物机体的基本结构

　　动物机体最基本的结构和功能单位是细胞。起源相同，执行共同机能的细胞群体称为组织。构成动物机体的基本组织有四种，即上皮组织、结缔组织、肌组织和神经组织。细胞和组织的微细结构，必须借助于显微镜才能观察，属于显微解剖学或组织学的研究范畴。由几种不同的组织，按照一定的形式互相结合形成器官。器官在体内居于特定的位置，执行特殊的机能。如心位于胸腔，是血液循环的动力器官；肾位于腹腔，是泌尿器官。若干个机能相近的器官构成一个系统。如鼻、咽、喉、气管、支气管和肺组成呼吸系统，共同完成呼吸功能。动物机体包括运动系统、被皮系统、消化系统、呼吸系统、泌尿系统、生殖系统、心血管系统、淋巴系统、神经系统、内分泌系统和感觉器官系统。

## 1.5　动物机体的部位名称

　　为了说明动物机体的位置关系，常以骨为基础，将畜体从外表划分出以下各部（图1-1）。

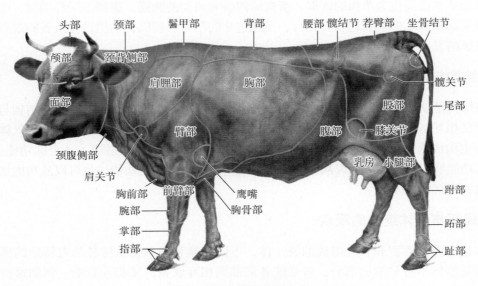

图 1-1　牛体表各部名称

### 1.5.1　头

头（head，caput）位于畜体的最前端，以内眼角和颧弓为界可分成上方的颅部与下方的面部。

#### 1.5.1.1　颅部

可分为：

（1）枕部（occipital region）　位于颅部后方，两耳之间。

（2）顶部（parietal region）　位于枕部的前方。

（3）额部（frontal region）　位于顶部的前方，左、右眼眶之间。

（4）颞部（temporal region）　位于顶部两侧，耳与眼之间。

（5）耳郭部（auricle region）　指耳和耳根附近。

（6）眼部（eye region）　包括眼及眼睑。

#### 1.5.1.2　面部

可分为：

（1）眶下部（infraorbital region）　位于眼眶前下方。

（2）鼻部（nasal part）　位于额部前方，以鼻骨为基础，包括鼻背和鼻侧。

（3）鼻孔部（narial part）　包括鼻孔和鼻孔周围。

（4）唇部（labial part）　包括上唇和下唇。

（5）咬肌部（region of masseter muscle）　为咬肌所在位置。

（6）颊部（genal region）　位于咬肌部前方。

（7）颏部（region of chin）　位于下唇下方。

### 1.5.2　躯干

躯干是指除头和四肢以外的部分，包括颈部、胸背部、腰腹部、荐臀部和尾部。

#### 1.5.2.1　颈部

颈部（cervical part）以颈椎为基础，颈椎以上的部分称颈上部，颈椎以下的部分称颈下部。

#### 1.5.2.2　胸背部

胸背部在颈部与腰荐部之间，其外侧被前肢的肩带部和臂部覆盖，前方较高的部分称为鬐甲部（interscapular region），后方为背部（thoracic vertebral region），侧面以肋骨为基础称为胸侧部（costal region），前下方称胸前部（prosternal region），下方称胸骨部。

#### 1.5.2.3　腰腹部

腰腹部位于胸部与荐臀部之间。上方为腰部（lumbar part），两侧和下方为腹部（abdominal part）。

#### 1.5.2.4　荐臀部

荐臀部位于腰腹部后方，上方为荐部（sacral region），侧面为臀部（gluteal region）。后方与尾部相连。

### 1.5.3　四肢

四肢包括前肢和后肢。

### 1.5.3.1　前肢

前肢借肩胛和臂部与躯干的胸背部相连，自上而下可分为肩胛部（scapular region）、臂部（branchial region）、前臂部（antebrachial region）和前脚部（forepaw region）。前脚部又包括腕部（wrist）、掌部（metacarpus）和指部（digitus）。

### 1.5.3.2　后肢

后肢由臀部与荐部相连，可分为大腿部（femoral region）、小腿部（crural region）和后脚部（hindpaw region）。后脚部包括跗部（tarsus）、跖部（metatarsus）和趾部（digitus）。

## 1.6　解剖学常用方位术语

机体由许多结构复杂的器官组成。为了能准确地描述这些器官的形态和结构，必须掌握解剖学方位术语。

### 1.6.1　基本切面

参照图 1–2 至图 1–4。

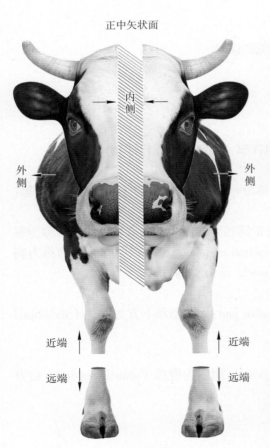

图 1–2　矢状切面

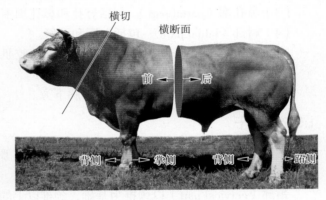

图 1–3　横切面

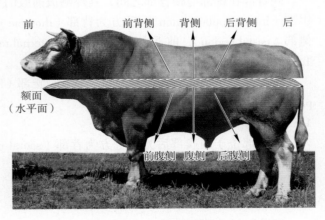

图 1–4　水平切面

#### 1.6.1.1　矢状面

与畜体长轴平行而与地面垂直的切面。其中通过畜体正中将畜体分成左、右两等份的面，称正中矢状面（图 1–2）。其它矢状面称侧矢状面。

#### 1.6.1.2　横断面

与畜体的长轴或某一器官的长轴相垂直的切面（图 1–3）。

#### 1.6.1.3　额面（水平面）

与地面平行且与矢状面和横断面垂直的切面（图 1–4）。

### 1.6.2　用于躯干的术语

参照图 1–2 至图 1–4。

#### 1.6.2.1　前、后

以某一横断面为参照，近头侧的为前（anterior，也称颅侧 cranialis），近尾侧的为后（posterior，也称尾侧 caudalis）。

#### 1.6.2.2　背侧、腹侧

以某一额面为参照，近地面者为腹侧（ventralis），背离地面者为背侧（dorsalis）。

#### 1.6.2.3　内侧、外侧

以正中矢状面为参照，近者为内侧（medialis），远者为外侧（lateralis）。

#### 1.6.2.4　内、外

以某一腔壁为参照，位于内部者为内（internus），位于其外者为外（externus）。与内侧和外侧意义不同。

#### 1.6.2.5　浅、深

近体表者为浅（superficialis），反之为深（profundus）。

### 1.6.3　用于四肢的术语

参照图 1–2 至图 1–4。

#### 1.6.3.1　近、远

对某一部位而言，近躯干的一侧为近侧，近躯干的一端为近端（proximalis），反之称为远侧及远端（distalis）。

#### 1.6.3.2　背侧、掌侧和跖侧

四肢的前面为背侧（dorsalis）。前肢的后面称掌侧（volaris），后肢的后面称跖侧（plantaris）。此外，前肢前臂部的内侧为桡侧（radialis），外侧为尺侧（ulnaris）；后肢小腿部的内侧为胫侧（tibialis），外侧为腓侧（fibularis）。

## 思考与讨论

1. 动物解剖学的概念是什么？
2. 广义的解剖学有哪些分支学科？
3. 动物解剖学常用的方位和术语有哪些？
4. 机体主要的部位名称有哪些？

# 2 运动系统

**本章重点**

- 掌握骨和骨骼的含义、骨的类型、骨的基本结构、骨的化学成分和物理特性、全身骨骼的划分。
- 掌握动物全身骨的名称，比较牛（羊）、猪、马骨的特点。
- 掌握骨连结的概念和类型，认识关节的构造。
- 掌握四肢关节的名称和运动方向。
- 了解肌器官的构造、肌肉的作用和命名及肌肉的辅助器官。
- 认识全身肌肉的名称和位置；掌握躯干部常用肌肉结构和部位，如颈静脉沟、腹股沟管、髂肋肌沟和鬐甲等。

本章英文摘要

运动系统（locomotor system）由骨、关节和肌肉三部分组成。全身各骨连接在一起构成畜体的支架，使畜体形成一定的形态。肌肉附着于骨上，收缩时以骨连结为支点，牵引骨骼而产生运动。在运动中，骨是运动的杠杆，骨连结（关节）是运动的枢纽，肌肉则是运动的动力。

运动系统在畜体体重中占相当大的比例，为体重的75%～80%。它直接影响家畜的使役能力、肉用畜禽的屠宰率和肌肉的品质。同时，体表的一些骨突起和肌肉形成了某种自然的外观标志，在畜牧兽医生产实践中可作为确定体内器官的位置、体尺测量和针灸穴位的依据。

## 2.1 骨

骨（bone）是主要由骨组织构成的器官。畜体内每一块骨为一个骨器官。骨与骨连接在一起，形成具有一定形态的支架，称为骨骼。骨骼形成畜体的坚硬支架，决定畜体的形态，保护体内器官——脑、心、肺以及胃、肠等，并作为肌肉收缩时的杠杆。骨内含有骨髓，是重要的造血器官。骨也是钙、磷储存的地方，并参与动物体的代谢。

### 2.1.1 骨的类型

根据骨的大小和形状，将骨分为长骨、短骨、扁骨和不规则骨4种。

#### 2.1.1.1 长骨

长骨（long bone）呈长管状，其中部称骨干或骨体，内有空腔，称骨髓腔，两端称为骺或骨端。在骨干和骺之间有软骨板，称骺板；幼龄时骺板明显，成年后骺板骨化，骺与骨干愈合（图2-1）。

### 2.1.1.2　短骨

短骨（short bone）一般呈立方形，多见于结合坚固并有一定灵活性的部分，如腕骨等。

### 2.1.1.3　扁骨

扁骨（flat bone）一般多呈板状，如部分颅骨等。

### 2.1.1.4　不规则骨

不规则骨（irregular bone）形状不规则，一般构成畜体中轴，如椎骨等。

## 2.1.2　骨的基本结构

每个骨器官均由骨膜、骨质、骨髓和血管、神经组成（图2-1）。

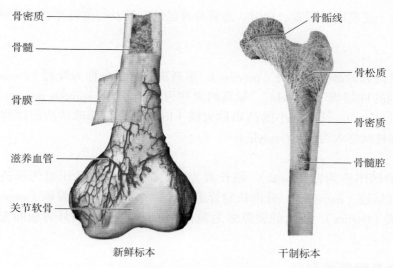

骨密质

骨髓

骨膜

滋养血管

关节软骨

骨骺线

骨松质

骨密质

骨髓腔

新鲜标本　　　　　　干制标本

图2-1　骨的构造

### 2.1.2.1　骨膜

骨膜（periosteum）包括骨外膜和骨内膜。骨外膜位于骨质的外表面，由外层的纤维层和内层的成骨层构成。骨内膜衬于骨髓腔的内表面。在长骨的关节面没有骨膜。骨外膜富有血管、淋巴管及神经，故呈粉红色，对骨的营养、再生和感觉有重要意义。

### 2.1.2.2　骨质

骨质是构成骨的主要成分，分骨密质和骨松质。骨密质（compact bone）位于骨的外周，坚硬、致密。骨松质（spongy bone）位于骨的深部，由互相交错的骨小梁构成。骨密质和骨松质的这种配合，使骨既坚固又轻便。

### 2.1.2.3　骨髓

骨髓（bone marrow）分红骨髓和黄骨髓。红骨髓位于骨髓腔和所有骨松质的间隙内，具有造血机能。成年家畜长骨骨髓腔内的红骨髓被富于脂肪的黄骨髓代替，但长骨两端、短骨和扁骨的骨松质内终生保留红骨髓。当机体大量失血或贫血时，黄骨髓又能转化为红骨髓而恢复造血机能。

#### 2.1.2.4  血管、神经

动脉一部分经骨膜穿入骨质，另一部分由骨端的滋养孔穿入骨内。神经与血管伴行。

### 2.1.3  骨的物理特性和化学成分

骨的最基本物理特性是具有硬度和弹性，这是由其化学成分所决定的。骨的化学成分主要包括有机物和无机物。有机物主要是骨胶原，在成年家畜中约占 1/3，使骨具有弹性；无机物主要是磷酸钙和碳酸钙，在成年家畜中约占 2/3，使骨具有硬度和脆性。幼畜的骨，有机物较多，所以骨的弹性大，硬度小，不易发生骨折，但容易弯曲变形。老年家畜则相反，骨的无机物多，硬度大而弹性小，因此脆性较大，易发生骨折。

### 2.1.4  骨表面的形态

骨的表面由于受肌肉的附着、牵引、血管和神经的穿通及与附近器官的接触，形成了不同的形态。

#### 2.1.4.1  突起

骨面上突然高起的部分称为突（process），逐渐高起的部分称为隆起（eminence）。突出较小且有一定范围的称结节（tubercle），较高的突称为棘或棘突（spinous process）。薄而锐的长形隆起称为嵴（crista），长而细小的凸出称为线（line），骨端部球状凸出部称为头（caput），在关节部横的圆柱状膨大为髁（condyle）。

#### 2.1.4.2  凹陷

骨面较大的凹陷称为窝（fossa），细长者为沟（sulcus）。指状压痕为压迹（impression）。骨缘部的凹陷称切迹（incisura）。骨内长的管道称骨管（canalis）或骨道（meatus）。骨间或骨面的裂隙称为裂（fissura），较大的裂隙称为裂孔（hiatus）。骨的内外骨板间充气的空腔为窦（sinus）。

### 2.1.5  动物全身骨骼的划分

动物全身的骨骼分为中轴骨骼和四肢骨骼（图 2-2 至图 2-4）以及内脏骨。中轴骨骼又可分为头骨和躯干骨。四肢骨骼包括前肢骨和后肢骨。内脏骨位于内脏器官和柔软器官内，如牛的心骨和犬的阴茎骨等。动物全身骨骼的划分如下：

全身骨骼
- 中轴骨骼
  - 头骨
    - 颅骨：枕骨、额骨、顶骨、顶间骨、筛骨、颞骨和蝶骨
    - 面骨：上颌骨、颌前骨、鼻骨、颧骨、泪骨、腭骨、翼骨、犁骨、鼻甲骨、下颌骨和舌骨
  - 躯干骨：椎骨、肋、胸骨
- 四肢骨骼
  - 前肢骨：肩胛骨、肱骨、前臂骨（桡骨、尺骨）、腕骨、掌骨、指骨和籽骨
  - 后肢骨：髋骨（髂骨、坐骨、耻骨）、股骨、髌骨（膝盖骨）、小腿骨（胫骨和腓骨）、跗骨、跖骨、趾骨和籽骨
- 内脏骨

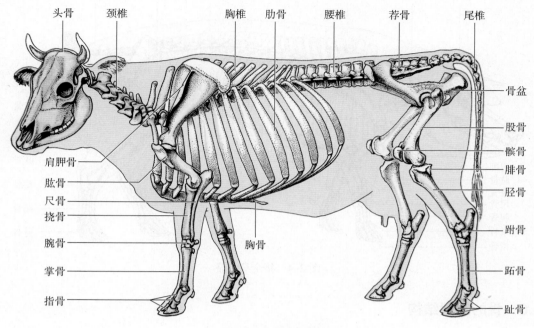

图 2-2 牛全身骨骼

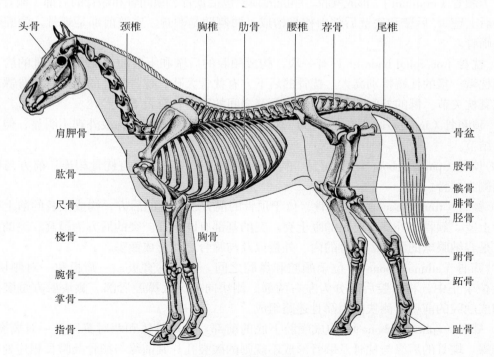

图 2-3 马全身骨骼

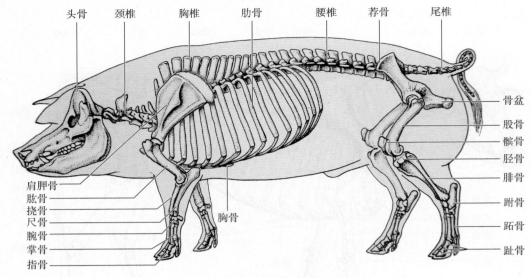

图 2-4　猪全身骨骼

## 2.1.6　骨的解剖结构

### 2.1.6.1　头骨

头骨由扁骨和不规则骨构成，分颅骨和面骨两部分（图 2-5 至图 2-14）。

（1）颅骨（cranium）　形成颅腔。颅腔的顶壁包括顶骨、顶间骨和额骨的后部（额骨前部形成鼻的后上壁），后壁和底壁后部由枕骨构成，两侧壁是颞骨，底壁前部是蝶骨，颅腔和鼻腔之间是筛骨。

① 枕骨（occipital bone）：只有一块，构成颅腔的后壁和下底的一部分。枕骨的后上方有横向的枕嵴。猪的枕嵴特别高大。枕骨的后下方有枕骨大孔，枕骨大孔的两侧有枕骨髁，与寰椎构成寰枕关节。髁的外侧有颈突，髁与颈突之间的窝内，有舌下神经孔。

② 顶间骨（interparietal bone）：为一对小骨，常与相邻骨结合，故外观不明显，但其脑面有枕内结节。

③ 顶骨（parietal bone）：为对骨，构成颅腔的顶壁，其后方与枕骨相连，前方与额骨相接，两侧为颞骨。

④ 额骨（frontal bone）：为对骨，位于顶骨的前方，鼻骨的后方，构成颅腔的前上壁和鼻腔的后上壁。额骨的外部有突出的眶上突。突的基部有眶上孔。突的后方为颞窝；突的前方为眶窝，是容纳眼球的深窝。额骨的内、外板以及与筛骨之间形成额窦。

⑤ 筛骨（ethmoid bone）：位于颅腔和鼻腔之间。由一垂直板、一筛板和一对侧块组成。垂直板位于正中，将鼻腔后部分为左右两部。侧块向前突入鼻腔后部。侧块后方是多孔的筛板，构成颅腔的前壁。侧块内由筛骨迷路组成。

⑥ 蝶骨（sphenoid bone）：构成颅腔下底的前部。由蝶骨体和两对翼以及一对翼突组成，形如蝴蝶。蝶骨的后缘与枕骨及颞骨形成不规则的破裂孔。其前缘与额骨及腭骨相连处有 4 个孔与颅腔相通。4 个孔由上而下为筛孔、视神经孔、眶孔和圆孔，圆孔向后还以翼管通于后翼孔。

⑦ 颞骨（temporal bone）：为对骨，位于颅腔的侧壁，又分为鳞部和岩部。鳞部与顶骨、额骨及蝶骨相连。在外面有颧突伸出，并转而向前与颧骨的突起合成颧弓。颧突根部有髁状关节面，与下颌髁成关节。岩部位于鳞部与枕骨之间，是中耳和内耳的所在部位。

（2）面骨（facial bone）　主要构成鼻腔、口腔和面部的支架。包括成对的鼻骨、泪骨、颧骨、上颌骨、颌前骨、腭骨和翼骨，不成对的犁骨、下颌骨和舌骨。

① 上颌骨（maxillary bone）：为对骨，最大，几乎与面部各骨均相接连。它向内侧伸出水

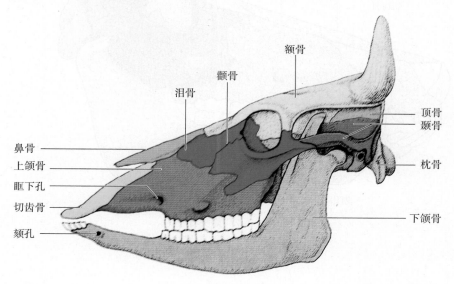

图 2-5　牛头骨

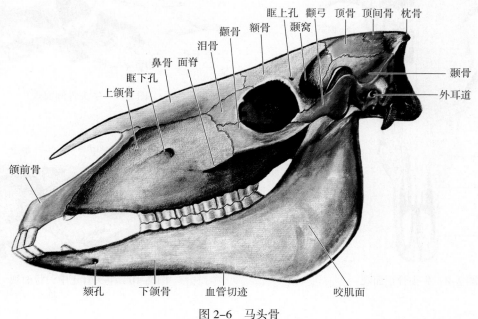

图 2-6　马头骨

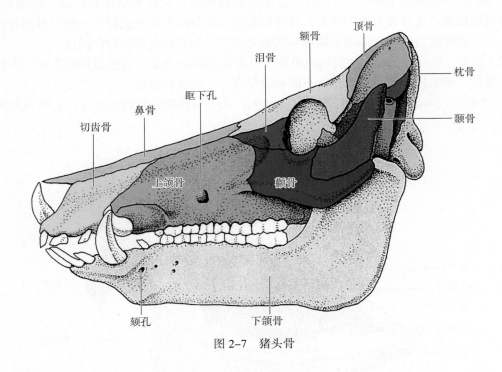

图 2-7  猪头骨

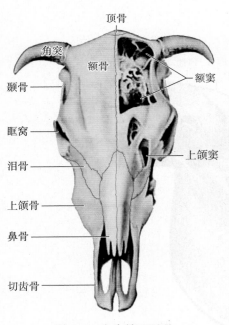

图 2-8  牛头骨正面观

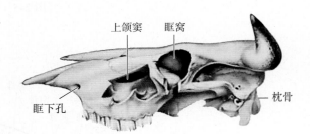

图 2-9  牛头骨侧面观

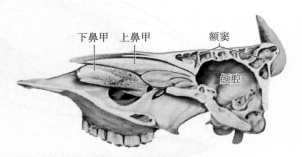

图 2-10  牛头骨正中矢状面观

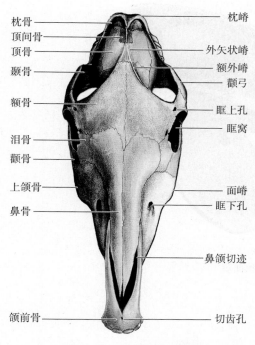

图 2-11　马头骨背面观

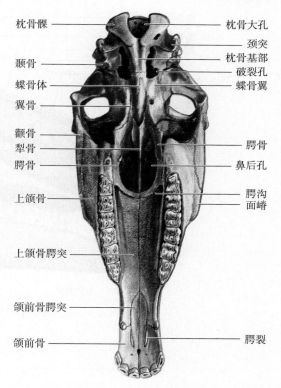

图 2-12　马头骨上颌腹面观

平的腭突，将鼻腔与口腔分隔开。齿槽缘上具有臼齿齿槽，前方无齿槽的部分，称齿槽间缘。骨内有眶下管通过。骨的外面有面嵴和眶下孔。

②　切齿骨（incisive bone）：为对骨，位于上颌骨前方，构成鼻腔的侧壁及下底以及口腔上壁的前部。除反刍动物外，骨体上有切齿齿槽。骨体向后伸出腭突和鼻突。腭突向后接上颌骨的腭突。鼻突则与鼻骨之间形成鼻颌切迹。

③　鼻骨（nasal bone）：为对骨，位于额骨的前方，构成鼻腔顶壁的大部。

④　泪骨（lacrimal bone）：为对骨，位于上颌骨后背侧和眼眶底的内侧。其眶面有泪囊窝和鼻泪管的开口。

⑤　颧骨（malar bone）：为对骨，在泪骨腹侧。前接上颌骨的后缘。下部有面嵴，并向后方伸出颞突，与颞骨的颧突结合形成颧弓。

⑥　腭骨（palatine bone）：为对骨，位于上颌骨内侧的后方，形成鼻后孔的侧壁与硬腭的后部。

⑦　翼骨（pterygoid bone）：是成对的狭窄薄骨片，位于鼻后孔的两侧。

⑧　犁骨（vomer bone）：单骨，位于鼻腔底面的正中，背侧呈沟状，接鼻中隔软骨和筛骨垂直板。

⑨　鼻甲骨（turbinal bone）：是两对卷曲的薄骨片，附着在鼻腔的两侧壁上，并将每侧鼻腔分为上、中、下三个鼻道。

⑩　下颌骨（mandible）：是头骨中最大的骨，有齿槽的部分称为下颌骨体，前部为切齿齿

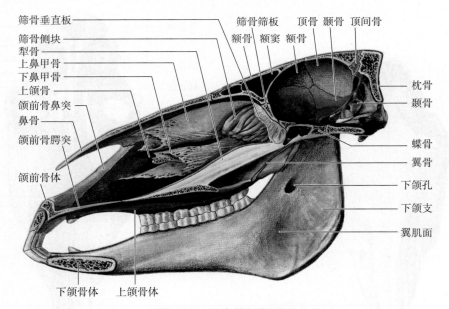

筛骨垂直板
筛骨侧块
犁骨
上鼻甲骨
下鼻甲骨
上颌骨
颌前骨鼻突
鼻骨
颌前骨腭突
颌前骨体

筛骨筛板
额骨  额窦  额骨
顶骨  颞骨  顶间骨

枕骨
颞骨

蝶骨
翼骨
下颌孔
下颌支
翼肌面

下颌骨体    上颌骨体

图 2-13    马头骨矢状面观

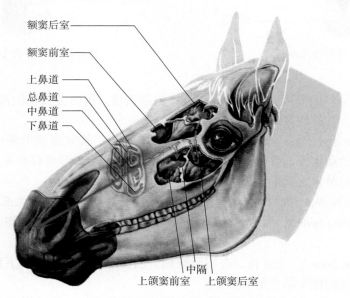

额窦后室
额窦前室
上鼻道
总鼻道
中鼻道
下鼻道

中隔
上颌窦前室    上颌窦后室

图 2-14    马头骨（示鼻旁窦）

槽，后部为臼齿齿槽。下颌骨体之后没有齿槽的部分，称下颌支。两侧骨体和下颌支之间，形成下颌间隙。下颌支的上部有下颌髁，与颞骨的髁状关节面成关节。下颌髁之前有较高的冠状突。下颌支内侧面有下颌孔。下颌骨体外侧前部有颏孔。

⑪ 舌骨（hyoid bone）：位于下颌间隙后部，由几枚小骨片组成。由一个舌骨体和成对角舌骨、甲状舌骨、上舌骨、茎舌骨和鼓舌骨构成。舌骨体有向前突出的舌突。鼓舌骨与两侧颞骨的岩部相连。舌骨有支持舌根、咽和喉的作用。

（3）鼻旁窦（paranasal sinus）　在一些头骨的内、外骨板之间的腔洞，可增加头骨的体积而不增加其质量，并对眼球和脑起保护、隔热的作用，因其直接或间接与鼻腔相通，故称为鼻旁窦。鼻旁窦内的黏膜和鼻腔的黏膜相延续，当鼻腔黏膜发炎时，常蔓延到鼻旁窦，引起鼻旁窦炎。鼻旁窦包括上颌窦、额窦、蝶腭窦和筛窦等。

（4）各种动物头骨的特征　各种动物的头骨差别比较大，主要表现在：①因各种动物脑的发育不同，颅腔大小、形态有差别，例如马的头骨呈长锥状，猪呈锥状，牛则比马的短。②动物食性不同，牙齿的发育不同，面部的长短也不一样。例如马的面部较长，而犬、猫的则较短。③眶窝发育情况、角的有无等也不一样，如牛的额骨上有角突，猪有吻骨等。

### 2.1.6.2 躯干骨

躯干骨包括椎骨、肋和胸骨。

（1）椎骨（vertebra）　按其位置分为颈椎、胸椎、腰椎、荐椎和尾椎。所有的椎骨按从前到后的顺序排列，由软骨、关节和韧带连接在一起形成身体的中轴，称为脊柱。

① 椎骨的一般构造：各部位椎骨的形态构造虽然不同，但都具有共同的基本构造，即椎体、椎弓和突起（图2-15）。椎体（vertebral body）位于腹侧，圆柱状，前端凸出为椎头，后端凹窝为椎窝。椎弓（vertebral arch）位于椎体背侧，是拱形的骨板，它与椎体共同围成椎孔（vertebral foramen）。所有椎骨的椎孔按前后序列连接在一起形成一个连续的管道，称为椎管（vertebral canal），主要容纳脊髓。椎弓的前缘和后缘两侧各有一个切迹，相邻的椎间切迹合成椎间孔（intervertebral foramen），它是神经和血管出入椎管的通道。从椎弓背侧向上伸出的突起称为棘突（spinous process）。从两侧横向伸出的突起称为横突（transverse process）。棘突和横突主要供肌肉和韧带附着。椎弓背侧前缘和后缘各有一对前、后关节突（articular process），它们与相邻椎骨的关节突构成关节。

② 各段椎骨的形态特征：

颈椎（cervical vertebra）：一般有7枚。第1颈椎呈环形，又称寰椎（atlas）（图2-16）。其两侧的宽板称为寰椎翼。第2颈椎又称枢椎（axis）（图2-17），椎体发达，前端突出称为齿状突。第3至第6颈椎形态相似（图2-18）。其椎体发达，椎头和椎窝明显；关节突发达，有2个横突，横突基部有横突孔，各颈椎的横突孔相连形成横突管（transverse canal）。第7颈椎短而宽，棘突明显。

胸椎（thoracic vertebra）：马18枚，牛13枚，猪14～15枚，犬、猫13枚，兔12枚。椎体大小较一致。棘突发达，以第3—5胸椎的棘突最高（图2-19）。横突小，有小关节面与肋

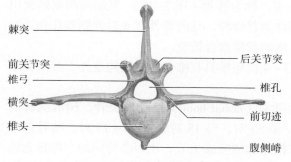

图2-15　椎骨的基本构造

棘突
前关节突
椎弓
横突
椎头
后关节突
椎孔
前切迹
腹侧嵴

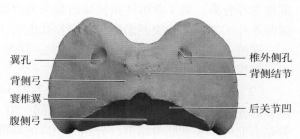

图2-16　牛寰椎背侧观

翼孔
背侧弓
寰椎翼
腹侧弓
椎外侧孔
背侧结节
后关节凹

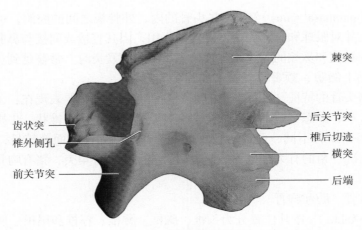

图 2-17 牛枢椎侧面观

棘突
后关节突
椎后切迹
横突
后端
齿状突
椎外侧孔
前关节突

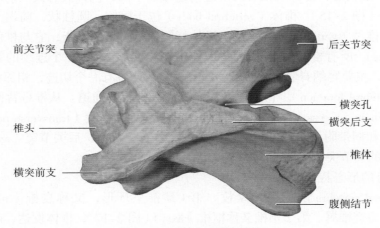

图 2-18 马第四颈椎侧面观

前关节突
后关节突
横突孔
横突后支
椎体
椎头
横突前支
腹侧结节

骨结节成关节。

腰椎（lumbar vertebra）：牛和马 6 枚，驴和骡常为 5 枚，猪和羊 6 ~ 7 枚，犬、猫和兔为 7 枚。腰椎椎体长度与胸椎相近，棘突和横突均较发达。牛的腰椎横突更长（图 2-20）。

荐椎（sacral vertebra）：马和牛 5 枚，驴常为 6 枚，羊、猪和兔 4 枚，犬和猫 3 枚，是构成骨盆腔顶壁的基础。成年家畜的荐椎愈合在一起，称为荐骨（图 2-21）。其前端两侧的突出部称为荐骨翼。第 1 荐椎体腹侧缘前端的突出部称为荐骨岬。马的荐骨有 4 对背侧荐孔和 4 对腹侧荐孔。牛的荐骨腹侧面凹，腹侧荐孔也大。猪的荐椎愈合较晚。

尾椎（caudal vertebra）：数目变化大，除前 3 ~ 4 枚尾椎具有椎骨的一般构造外，其余皆退化，仅保留有椎体。

（2）肋　肋包括肋骨和肋软骨（图 2-22）。肋骨（costal bone）是弓形长骨，构成胸廓的侧壁，左右成对。其对数与胸椎数目相同：牛、羊 13 对，马 18 对，猪 14 ~ 15 对。肋骨的椎骨端有肋骨小头和肋骨结节，分别与相应的胸椎椎体和横突成关节。相邻肋骨间的空隙称为肋间隙。每一肋骨的下端接一肋软骨（costal cartilage）。经肋软骨与胸骨直接相接的肋骨称真肋；

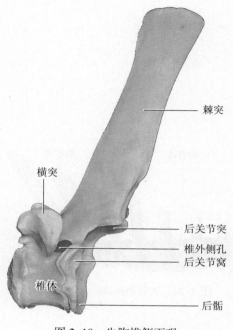

图 2-19　牛胸椎侧面观

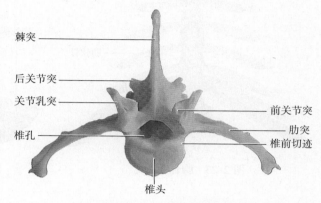

图 2-20　牛腰椎前面观

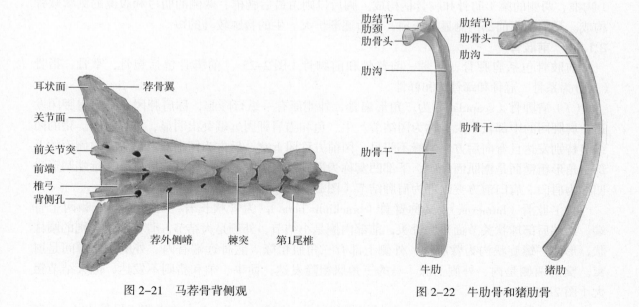

图 2-21　马荐骨背侧观

图 2-22　牛肋骨和猪肋骨

肋骨的肋软骨不与胸骨直接相连，而是连于前一肋软骨上，则这些肋骨称为假肋。肋软骨不与其它肋相接的肋骨称为浮肋。最后肋骨与各假肋的肋软骨依次连接形成的弓形结构称为肋弓，作为胸廓的后界。

（3）胸骨　胸骨（sternum）位于胸底部，由数个胸骨节片借软骨连结而成（图 2-23，图 2-24）。其前端为胸骨柄；中部为胸骨体，两侧有肋窝，与真肋的肋软骨相接；后端为剑状

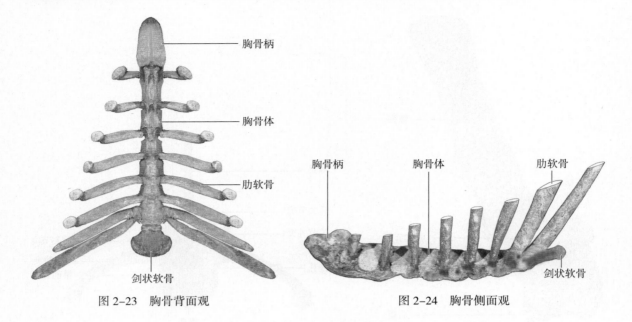

图 2-23　胸骨背面观　　　　　　　图 2-24　胸骨侧面观

软骨。牛的胸骨较长，呈上下压扁状。马的胸骨呈船形，前部左右压扁，后部上下压扁。

　　背侧的胸椎、两侧的肋骨和肋软骨以及腹侧的胸骨围成胸部的轮廓称为胸廓。胸前口由第1胸椎、两侧的第1肋骨和胸骨柄构成。胸后口则由最后胸椎、两侧的肋弓和腹侧的剑状软骨构成。马的胸廓前部两侧显著压扁，向后逐渐扩大。牛的胸廓较马的短。

### 2.1.6.3　前肢骨

　　前肢骨包括肩胛骨、肱骨、前臂骨和前脚骨（图 2-25）。前脚骨包括腕骨、掌骨、指骨（又分为系骨、冠骨和蹄骨）和籽骨。

　　（1）肩胛骨（scapula）　为三角形扁骨，外侧面有一纵行隆起，称肩胛冈。马的肩胛冈发达，肩胛冈的中部较粗大，称为冈结节。牛、兔和猫肩胛冈远端突出明显，称为肩峰。猪的冈结节特别发达且弯向后方，肩峰不明显。冈前方称冈上窝，后方为冈下窝。肩胛骨内侧面的上部三角形粗糙面是锯肌面，中、下部凹窝称为肩胛下窝。骨的上缘附有肩胛软骨，远端圆形浅凹称为肩臼。肩臼前方突出部为肩胛结节（图 2-26）。

　　（2）肱骨（humerus）　又称臂骨（brachialis bone），为管状长骨，可分为骨干和两个骨端。近端后部球状关节面是肱骨头，前部内侧是小结节，外侧是大结节。骨干呈不规则的圆柱状，形成一螺旋状沟为臂肌沟，外侧上部有三角肌粗隆。肱骨远端有内、外侧髁。髁间是肘窝。窝的两侧是内、外侧上髁。马的三角肌粗隆发达；而牛、羊和猪则不发达，但大结节粗大（图 2-27）。

　　（3）前臂骨（forearm bone）　包括桡骨和尺骨。桡骨（radius）在前内侧，尺骨（ulna）在后外侧。马、牛和羊，桡骨发达；尺骨显著退化，仅近端发达，骨体向下逐渐变细，与桡骨愈合，近侧有间隙，称前臂骨间隙。尺骨近端突出部称鹰嘴（olecranon）。在猪、犬、兔和鼠等动物中，尺骨比桡骨长（图 2-28）。

　　（4）腕骨（carpal bone）　是小的短骨，排成上下两列。近列腕骨自内向外依次为桡腕骨、中央腕骨、尺腕骨和副腕骨。远列自内向外依次为第1、2、3和第4腕骨。第1和第2腕骨在

（3）髌骨（patella）　呈顶端向下的楔形，后面为与股骨滑车形成关节的关节面。

（4）小腿骨（ossa cruris）　包括胫骨和腓骨（图2-33）。胫骨位于内侧，较大。其近端有胫骨内、外侧髁。远端有螺旋状滑车。腓骨细小，位于胫骨近端外侧。腓骨近端较大，称腓骨头，远端细小。牛、羊腓骨退化，仅有两端，无骨体，其远端腓骨或称踝骨（anklebone）。猪的腓骨发达。

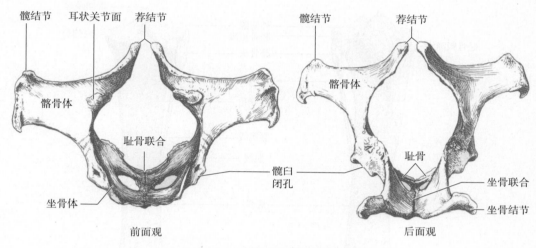

图 2-31　母马和公马髋骨的比较

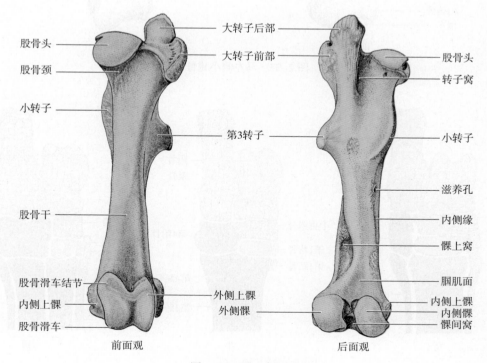

图 2-32　马左侧股骨

（5）跗骨（tarsal bone）　由上、中、下三列组成（图2-34）。上列内侧是距骨，外侧是跟骨。跟骨近端粗大，称跟结节。中列仅有中央跗骨。下列由内向外依次是第1、2、3、4跗骨。马的跗骨共6枚，第1、2跗骨愈合；牛羊的跗骨共5枚，第2、3跗骨愈合，第4跗骨与中央跗骨愈合；猪共有7枚跗骨。

（6）跖骨（metatarsal bone）　与前肢掌骨相似，但较细长。

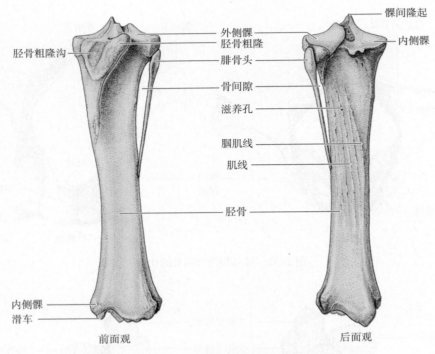

前面观　　　　　　　　　后面观

图 2-33　马左侧小腿骨

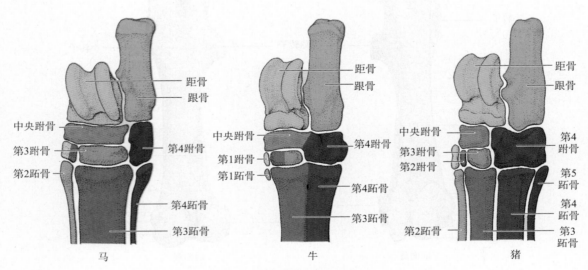

马　　　　　　　　　　牛　　　　　　　　　　猪

图 2-34　跗骨的比较

（7）趾骨（phalange of toe）　分系骨、冠骨和蹄骨。与前肢指骨相似。

（8）籽骨（sesamoid bone）　近籽骨2枚，远籽骨1枚。位置、形态与前肢籽骨相似。

 窗口

**佝偻病和软骨症**

　　佝偻病和软骨症是磷代谢紊乱和维生素D缺乏的一种慢性病，两者的特点都是骨骼软化变形，疏松易碎，常见于马和产奶量高的母畜及妊娠母畜。幼年发生时称为佝偻病，成年发生时称为软骨症。

　　发病原因：一是钙质供应不足；二是饲料中钙、磷的比例不恰当；三是妊娠期因胎儿生长的需要以及在产奶盛期，大量钙、磷随奶液排出，均可使机体钙、磷缺乏；四是缺乏光照和饮食中维生素D不足，没有充足的维生素D，机体钙、磷代谢无法正常进行，长期紊乱引起本病。

　　诊断：常有异食癖，喜舔墙壁，啃食骨头、泥块等。同时颜面骨逐渐肿大，四肢无法承重而弯曲，关节肿大，后腿发软，步态摇摆，站立时经常换蹄，病重时躺卧不愿起立。

　　尸体剖检：骨髓腔扩大，骨密质变薄，骨松质疏松如海绵状。骨盆骨和脊柱多弯曲变形。肋骨上常有局部性的膨大。颜面骨、额骨和下颌骨增大，疏松。

　　治疗：补充钙和维生素D。口服葡萄糖酸钙、碳酸钙、南京石粉、骨粉、贝壳粉或蛋壳粉等，或静脉注射钙剂。肌内注射维生素$D_2$（骨化醇）。加强饲养管理，冬天多晒太阳。注意高产奶牛、母畜在妊娠、哺乳期间充分补给钙质。

## 2.2　骨的连结

### 2.2.1　骨连结的类型

#### 2.2.1.1　纤维连结

　　骨间借助纤维组织连接在一起，如头骨的骨缝及马桡骨和尺骨间的韧带结合等，这种连结牢固，不活动，故又称不动连结。成年家畜的这类骨连结常骨化。

#### 2.2.1.2　软骨连结

　　骨间借软骨组织相连，如骨盆联合，这种连结类型有小范围活动性，故又称微动连结。

#### 2.2.1.3　滑膜连结

　　滑膜连结为可动连结，滑膜是其连结的重要组成之一，这类连结又称关节（articulation, joint）。

### 2.2.2　关节

#### 2.2.2.1　关节的基本结构

　　畜体各个关节虽构造形式多种多样，但均具备下列基本结构：关节面、关节软骨、关节囊、关节腔和血管、神经（图2-35）。

　　（1）关节面（articular surface）和关节软骨（articular cartilage）　关节面是形成关节的骨与

骨相对的光滑面，其表面覆盖有一层软骨称关节软骨。关节面的形状多样，主要是适应关节的运动。关节软骨有减少摩擦和缓冲震动的作用。

（2）关节囊（articular capsule） 是由结缔组织构成的膜，附着于关节面周缘。囊壁由外面的纤维层和里面的滑膜层构成。滑膜层与关节软骨围成密闭的关节腔。滑膜向关节腔内形成皱褶和绒毛，分泌滑液到腔内。滑液除润滑关节、缓冲震动外，还具有营养关节面软骨和排出代谢产物的作用。

（3）关节腔（articular cavity） 是由关节软骨与滑膜围成的密闭腔隙，内有滑液。

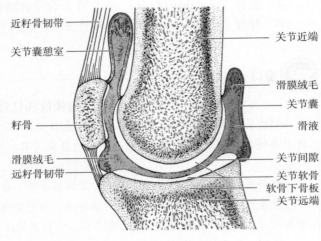

图 2-35　关节基本构造

（4）血管和神经　是来自附近血管、神经的分支，营养关节各结构，但不分布于关节软骨。

#### 2.2.2.2　关节的辅助结构

辅助结构是适应关节功能而形成的结构，只见于某些关节或多数关节，主要包括韧带、关节盘和关节唇。

（1）韧带（ligament） 是由致密结缔组织构成的纤维带，分囊外和囊内韧带，见于多数关节。囊外韧带在关节的侧面，囊内韧带位于关节囊壁的纤维层与滑膜层之间。它们有增强关节稳定性的作用。

（2）关节盘（articular disc） 是位于关节面之间的纤维软骨板，它可使关节吻合一致，扩大运动范围和缓冲震动。

（3）关节唇（articular labrum） 指附着在关节周围的纤维软骨环。

#### 2.2.2.3　关节的运动

关节的运动主要是根据其运动轴向分为屈、伸，内收、外展和旋转运动等。

#### 2.2.2.4　关节的类型

关节的类型：一是按组成关节的骨的数目，将其分为单关节和复关节；二是根据关节运动轴的多少，分成单轴关节、双轴关节和多轴关节三类（图 2-36）。

单关节由相邻两骨构成。复关节由两块以上的骨构成。单轴关节只能沿一条轴作屈、伸运动。双轴关节有两个运动轴。多轴关节可沿两条以上的轴做多向运动。

### 2.2.3　躯干骨的连结

躯干骨的连结包括脊柱连结和胸廓连结。

#### 2.2.3.1　脊柱连结

（1）椎体间连结　相邻椎体间借韧带和纤维软骨盘（或称椎间盘，intervertebral disc）相连。主要韧带除相邻椎体间短韧带外，还有长的位于椎管的底壁，起始于枢椎、止于荐骨的背侧纵韧带，以及位于椎体和椎间盘腹侧，起始于第7胸椎、止于荐骨的腹侧纵韧带（图 2-37）。

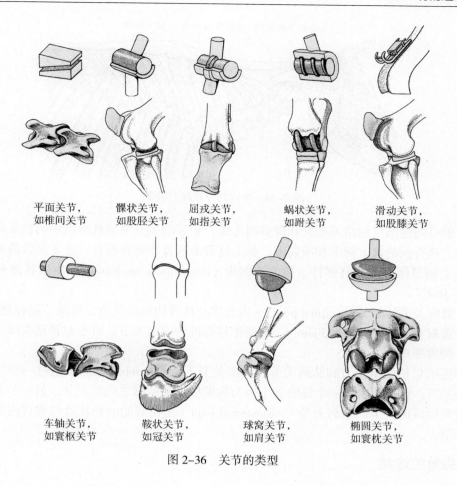

平面关节，
如椎间关节

髁状关节，
如股胫关节

屈戎关节，
如指关节

蜗状关节，
如跗关节

滑动关节，
如股膝关节

车轴关节，
如寰枢关节

鞍状关节，
如冠关节

球窝关节，
如肩关节

椭圆关节，
如寰枕关节

图 2-36　关节的类型

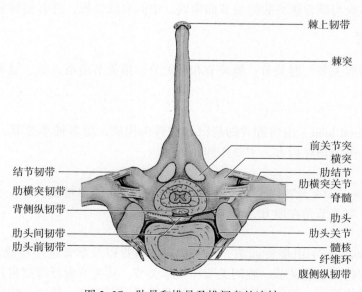

棘上韧带

棘突

前关节突
横突
肋结节
肋横突关节
脊髓
肋头
肋头关节
髓核
纤维环
腹侧纵韧带

结节韧带
肋横突韧带
背侧纵韧带
肋头间韧带
肋头前韧带

图 2-37　肋骨和椎骨及椎间盘的连结

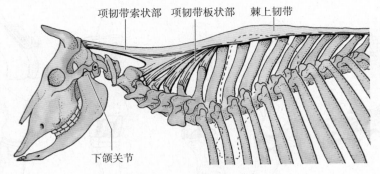

项韧带索状部　项韧带板状部　棘上韧带

下颌关节

图 2-38　牛项韧带和棘上韧带

（2）椎弓间连结　包括关节突和棘突间连结，相邻的关节突或棘突借短的韧带和关节囊相连。此外，还有长的棘上韧带和项韧带。棘上韧带由枕骨伸延到荐骨，连于多数棘突顶端。在颈部，棘上韧带强大而富有弹性，称为项韧带（ligamentum nuchae），它由索状部和板状部组成（图 2-38）。

（3）寰枕关节（atlantooccipital joint）　由寰椎与枕骨构成的关节，可伸、屈和侧转运动。

（4）寰枢关节（atlantoaxial joint）　由寰椎与枢椎构成的关节，可左右转动头部。

### 2.2.3.2　胸廓连结

胸廓连结包括肋椎关节和肋胸关节。肋椎关节（costovertebral joint）是每一肋骨与相应胸椎构成的关节，包括两个，一个是肋骨小头与胸椎椎体上肋窝之间的关节，另一个是肋骨结节与胸椎横突形成的关节。肋胸关节（costosternal joint）是由真肋的肋软骨与胸骨两侧的关节窝形成的关节。

## 2.2.4　头骨的连结

头骨连接多为纤维连结，只有下颌关节（temporomandibular joint）是可动连结（图 2-38）。它由下颌骨的关节突与颞骨颧突腹侧关节面构成，中间有软骨板，并有侧韧带和关节囊。

## 2.2.5　前肢关节

前肢关节包括肩关节、肘关节、腕关节和指关节。指关节由系关节、冠关节和蹄关节组成（图 2-39）。

### 2.2.5.1　肩关节

肩关节（humeral joint）由肩胛骨的肩臼和肱骨头构成，为多轴单关节。没有侧韧带，具有松大的关节囊。关节角在后方，主要作伸屈运动。

### 2.2.5.2　肘关节

肘关节（elbow joint）是由肱骨远端和前臂骨近端构成的单轴复关节。关节囊后壁松宽，也有关节侧韧带。肘关节角在前方，可作伸屈运动。

### 2.2.5.3　腕关节

腕关节（carpal joint）由桡骨远端、近列和远列腕骨以及掌骨近端构成，是单轴复关节。关节角在后方。它包括桡腕关节、腕间关节和腕掌关节。其关节囊纤维层包住整个腕关节，而其滑膜层分别构成桡腕囊、腕间囊和腕掌囊。关节囊后壁厚而紧，使之只能向掌侧屈。腕关节

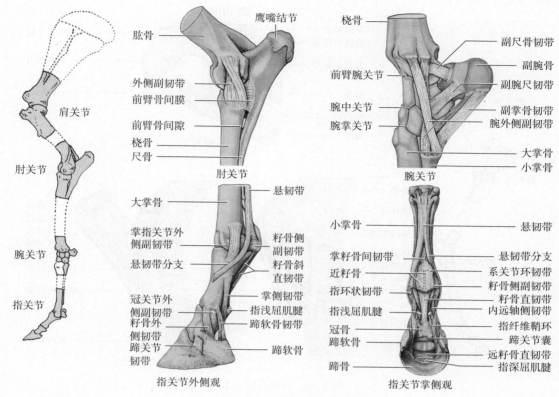

图 2-39 马的前肢关节

有长的侧韧带和短的腕骨间韧带。

#### 2.2.5.4　指关节

指关节包括系关节、冠关节和蹄关节。

（1）系关节　又称球节，由掌骨远端、系骨近端和一对近籽骨组成。其侧韧带与关节囊紧密相连。悬韧带和籽骨下韧带固定籽骨，防止关节过度背屈。悬韧带（骨间肌）起自大掌骨近端掌侧，止于籽骨，并有分支转向背侧，并入伸肌腱。牛的悬韧带含有肌质。

（2）冠关节　由系骨远端和冠骨近端构成。有侧韧带紧连于关节囊。

（3）蹄关节　由冠骨与蹄骨及远籽骨构成。有短而强的侧韧带。

牛为偶蹄，两指关节成对，其构造与上述各指关节结构相似。两主指系关节的关节囊在掌侧相互交通。

### 2.2.6　后肢关节

后肢关节包括荐髂关节、髋关节、膝关节、跗关节和趾关节（图 2-40）。

#### 2.2.6.1　荐髂关节

荐髂关节（sacroiliac joint）由荐骨翼和髂骨翼构成。囊壁短，其周围有短纤维束固定。因此，荐髂关节运动范围很小。在荐骨与髋骨之间还有荐结节阔韧带（又称荐坐韧带），起自荐骨侧缘和第 1、2 尾椎横突，止于坐骨。其前缘与髂骨形成坐骨大孔，下缘与坐骨形成坐骨小孔。

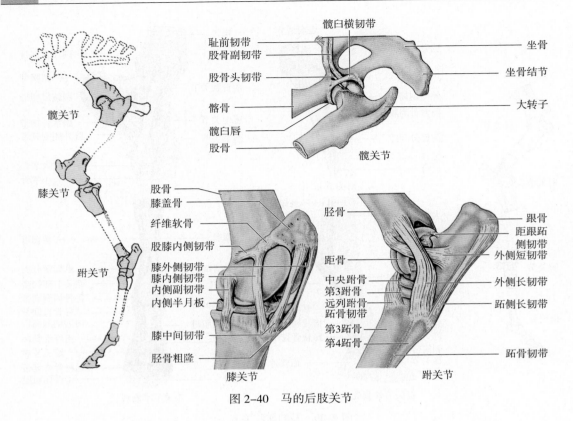

图 2-40    马的后肢关节

#### 2.2.6.2  髋关节

髋关节（hip joint）是由髋臼和股骨头构成的多轴关节。关节角在前方。关节囊宽松。在髋臼与股骨头之间有一短而强的圆韧带。马属动物还有一条副韧带，来自耻前腱。

#### 2.2.6.3  膝关节

膝关节（knee joint）包括股胫关节和股膝关节。膝关节角在后方，属单轴关节，可作伸屈动作。

（1）股膝关节（patellofemoral joint）  由髌骨和股骨远端前部滑车关节面组成。关节囊宽松，有侧韧带。在前方有 3 条强大的直韧带（即膝外直韧带、膝中直韧带和膝内直韧带）将髌骨连于胫骨近端。

（2）股胫关节（femorotibial joint）  由股骨远端后部的内外侧髁与胫骨近端构成，其间有两个半月状软骨板。除有侧韧带外，关节中央还有一对交叉的十字韧带。另有半月状板韧带连于股骨和胫骨。

#### 2.2.6.4  跗关节

跗关节（tarsal joint）又称飞节，是由小腿骨远端、跗骨和跖骨近端构成的单轴复关节。关节角在前方。其滑膜形成胫跗囊、近侧跗间囊、远侧跗间囊和跗跖囊。有内、外侧韧带和背、跖侧韧带。

#### 2.2.6.5  趾关节

趾关节分为系关节、冠关节和蹄关节。其构造与前肢指关节相同。

# 2.3 肌肉

## 2.3.1 概述

运动系统所描述的肌肉（muscle）由横纹肌组织构成，它们附着于骨骼上，又称为骨骼肌，是运动的动力部分。

每一块肌肉就是一个肌器官，可分为能收缩的肌腹和不能收缩的肌腱两部分。肌腹由许多肌纤维借结缔组织结合而成。肌纤维为肌器官的实质部分，在肌肉内部先集合成肌束，肌束再集合成一块肌肉。肌肉的结缔组织形成膜，构成肌器官的间质部分，包在每一条肌纤维外面的称肌内膜（endomysium），包在肌束外面的称肌束膜（perimysium），包在整块肌肉外面的称肌外膜（epimysium）。肌纤维的主要功能是收缩，产生动力。间质是肌肉的支持组织，血管和神经沿间质膜伸入肌肉内（图 2-41）。

肌腱（muscle tendon）为在肌腹一端或两端的直接延续，牢固地附着于骨上。肌腱由腱纤维、腱纤维束、腱外膜和腱束膜等构成。腱纤维是肌纤维的直接延续，但没有收缩能力，却有很强的坚韧性和抗张力，故不易疲劳。它传导肌腹的收缩力，以提高肌腹的工作效力。

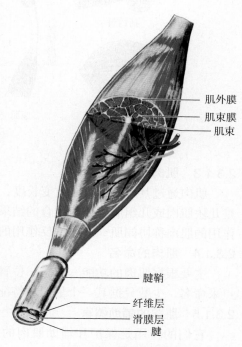

图 2-41 肌肉的构造

肌外膜
肌束膜
肌束

腱鞘
纤维层
滑膜层
腱

### 2.3.1.1 肌肉的形态

一般肌肉可分为纺锤形肌、多裂肌、板状肌和环行肌四种，这主要与其功能有关（图 2-42）。

（1）纺锤形肌 在肌肉内部肌纤维束的排列多与肌的长轴平行，收缩时使肌肉显著缩短，从而引起大幅度的运动。纺锤形的肌肉，两端多为腱质，中部主要由肌质（肌纤维）构成，多分布于四肢。其外形常被分为上端的肌头、下端的肌尾和中部膨大的肌腹。

（2）多裂肌 由许多短肌束组成，收缩的幅度不大，但收缩力较长而持久，主要分布于各椎骨之间。如背最长肌、髂肋肌等。

（3）板状肌 多呈薄板状，有的呈扇形，如背阔肌；有的呈锯齿状，如腹侧锯肌等。板状肌的腱质形成腱膜。此种肌肉主要分布于腹壁和肩带部。

（4）环行肌 肌纤维环行，位于自然裂孔的周围，形成括约肌，如口轮匝肌、肛门括约肌等，收缩时可关闭裂孔。

### 2.3.1.2 肌肉的起止点

肌肉一般是以其两端附着于骨，中间可能越过一个或几个关节。当其收缩时，位置不动的一端称起点，引起骨移动的一端称止点。但有时随情况的变化，两点可互换。

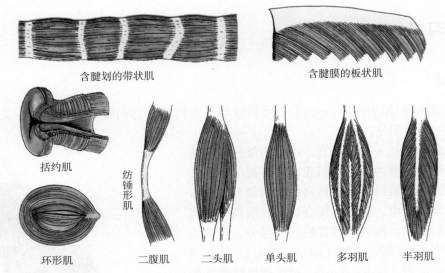

含腱划的带状肌                含腱膜的板状肌

括约肌            纺锤形肌

环形肌      二腹肌      二头肌      单头肌      多羽肌      半羽肌

图 2-42   肌肉的类型

#### 2.3.1.3   肌肉的活动

肌肉通过其肌腹的收缩改变长度，从而牵动骨产生运动。但家畜在运动时，每个动作往往是几块肌肉或几组肌群相互配合的结果。在一个动作中，起主要作用的肌肉称主动肌，起协助作用的肌肉称协同肌，产生相反作用的称对抗肌，参与固定某一部位的肌肉为固定肌。

#### 2.3.1.4   肌肉的命名

主要根据肌肉的功能、形态、位置以及肌纤维的方向等来命名。大多数肌肉是综合几个特点来命名，少数只据其一个最明显特征命名。

#### 2.3.1.5   肌肉的辅助器官

它们的作用是保护和辅助肌肉的工作，包括筋膜、黏液囊和腱鞘。

（1）筋膜（fascia）  分浅筋膜和深筋膜。浅筋膜（superficial fascia）位于皮下，由疏松结缔组织构成，覆盖在全身肌肉的表面。有些部位的浅筋膜中有皮肌。营养良好的家畜在浅筋膜内蓄积脂肪。深筋膜（deep fascia）由致密结缔组织构成，位于浅筋膜下。在某些部位深筋膜形成包围肌群的筋膜鞘；或伸入肌间，附着于骨上，形成肌间隔；或提供肌肉的附着面。筋膜主要起保护、固定肌肉位置的作用。

（2）黏液囊（bursa）  是封闭的结缔组织囊。壁内衬有滑膜，腔内有滑液。多位于骨的突起与肌肉、腱和皮肤之间，起到减少摩擦的作用。位于关节附近的黏液囊多与关节腔相通（图 2-43）。

（3）腱鞘（tendinous sheath）  由黏液囊卷折

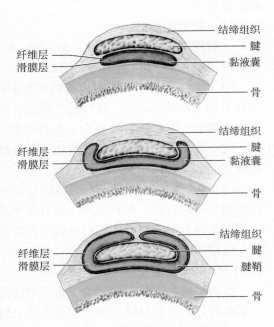

结缔组织
纤维层    腱
滑膜层    黏液囊
骨

结缔组织
纤维层    腱
滑膜层    黏液囊
骨

结缔组织
纤维层    腱
滑膜层    腱鞘
骨

图 2-43   黏液囊和腱鞘的构造

形成的双层筒形结构。包在腱的外面，以减少肌腱活动时的摩擦（图 2-43）。

## 2.3.2　皮肌

皮肌（cutaneous muscle）是分布于浅筋膜内的薄板状肌，只分布于面部、颈部、肩臂部和胸腹部。皮肌收缩时，可使皮肤震动，以驱赶蚊蝇和抖掉皮肤上的灰尘。

## 2.3.3　前肢主要肌肉

前肢肌按部位分为：肩带肌、肩部肌、臂部肌、前臂部肌和前脚部肌（图 2-44 至图 2-48）。

### 2.3.3.1　肩带肌

肩带肌是连接前肢与躯干的肌肉。多数起于躯干，止于肩部和臂部。主要包括：斜方肌、菱形肌、背阔肌、臂头肌、胸肌和腹侧锯肌。牛还有肩胛横突肌。

（1）斜方肌（trapezius muscle）　为三角形薄板状肌，位于肩颈上部浅层。起于项韧带索状部和前 10 个胸椎棘突，止于肩胛冈。有提举、摆动和固定肩胛骨的作用。

（2）菱形肌（rhomboid muscle）　位于斜方肌深面，分颈、胸两部。颈菱形肌狭长，起于项韧带索状部，止于肩胛骨前上角内侧。胸菱形肌呈四边形，起于前数个胸椎棘突，止于肩胛骨后上角内侧。具有提举肩胛骨的作用。

（3）背阔肌（latissimus dorsi muscle）　为板状肌，位于胸侧壁，自腰背筋膜起始，在牛体内还起于第 9—11 肋骨、肋间外肌和腹外斜肌的筋膜，肌纤维向前止于肱骨。其作用可向后上方牵引肱骨，屈肩关节，在牛体内还可协助吸气。

（4）臂头肌（brachiocephalicus muscle）　位于颈侧部浅层，长带状。起始于枕嵴、寰椎和第 2—4 颈椎横突，止于肱骨外侧三角肌粗隆。它形成颈静脉沟的上界。牛的臂头肌前宽后窄，可明显分为上部的锁枕肌（cleidooccipitalis muscle）和下部的锁乳突肌（cleidomastoideus muscle）。其作用为牵引前肢向前，伸肩关节。

（5）肩胛横突肌（omotransversarius muscle）　马无此肌。前部位于臂头肌深面，后部位于颈斜方肌与臂头肌之间。起始于寰椎翼，止于肩峰部筋膜。有牵引前肢向前、侧偏头颈的作用。

（6）胸肌（pectoral muscle）　位于臂部和前臂内侧与胸骨之间。分为胸前浅肌、胸后浅肌、胸前深肌和胸后深肌。有内收前肢的作用。当前肢向前踏地时，可牵引躯干向前。

（7）腹侧锯肌（serratus ventralis muscle）　位于颈胸部的外侧面，为一宽大的扇形肌，下缘呈锯齿状。自颈椎横突和前 4—9（牛）或 8—9（马）肋骨外侧面，集聚止于肩胛骨内侧上部锯肌面及肩胛软骨内侧。其作用为举颈、提举和悬吊躯干，并能协助呼吸。

### 2.3.3.2　肩部肌

肩部肌分布于肩胛骨的内侧及外侧面，起自肩胛骨，止于肱骨，跨越肩关节。可分为外侧组和内侧组。

（1）外侧组

① 冈上肌（supraspinatus muscle）：位于肩胛骨冈上窝内。起于冈上窝，止腱分两支，分别止于肱骨大结节和小结节。作用为伸展或固定肩关节。

② 冈下肌（infraspinatus muscle）：位于肩胛骨冈下窝内。起于冈下窝，止于肱骨近端外

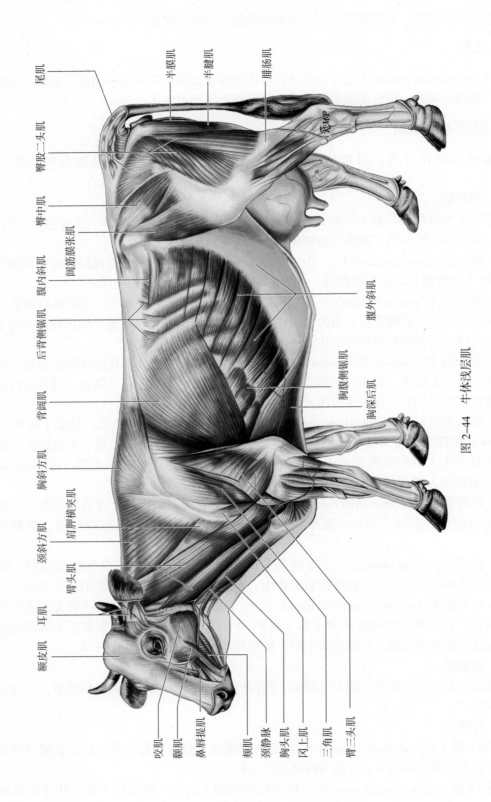

图 2-44 牛体浅层肌

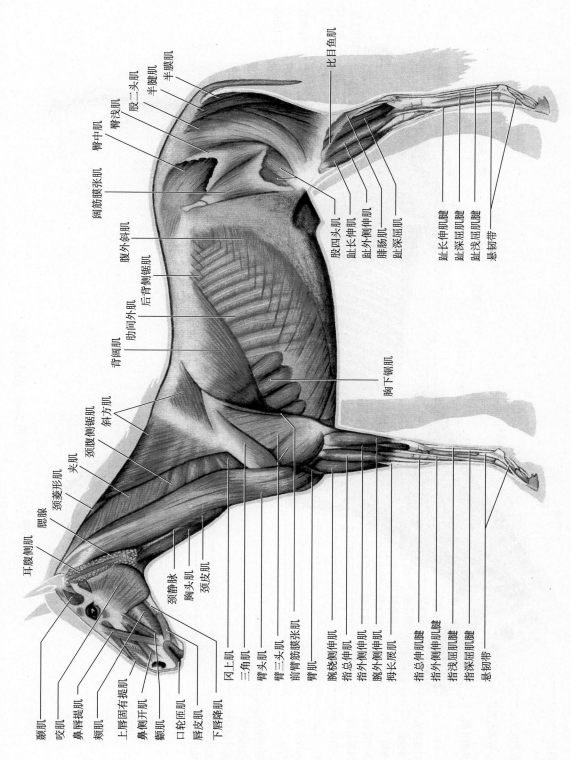

图 2-45 马体浅层肌

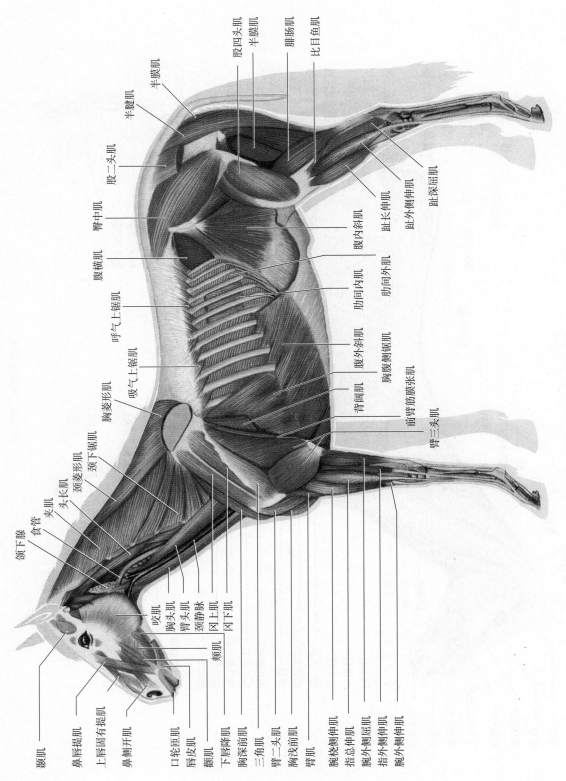

图 2-46  马体深层肌

股四头肌
半膜肌
腓肠肌
比目鱼肌
半膜肌
半腱肌
趾深屈肌
股二头肌
趾外侧伸肌
趾长伸肌
臀中肌
腹内斜肌
腹横肌
腹内斜肌
呼气上锯肌
助间内肌
助间外肌
吸气上锯肌
胸腹侧锯肌
胸菱形肌
腹外斜肌
胸膜筋膜张肌
颈下锯肌
背阔肌
颈菱形肌
前臂筋膜张肌
夹肌
臂三头肌
头长肌
食管
颌下腺
咬肌
胸头肌
臂头肌
颈静脉
冈上肌
冈下肌
颊肌
鼻唇提肌
上唇固有提肌
鼻侧开肌
口轮匝肌
唇皮肌
额肌
下唇降肌
胸深前肌
三角肌
臂二头肌
胸浅前肌
臂肌
腕桡侧伸肌
指总伸肌
腕外侧屈肌
指外侧伸肌
腕外侧伸肌

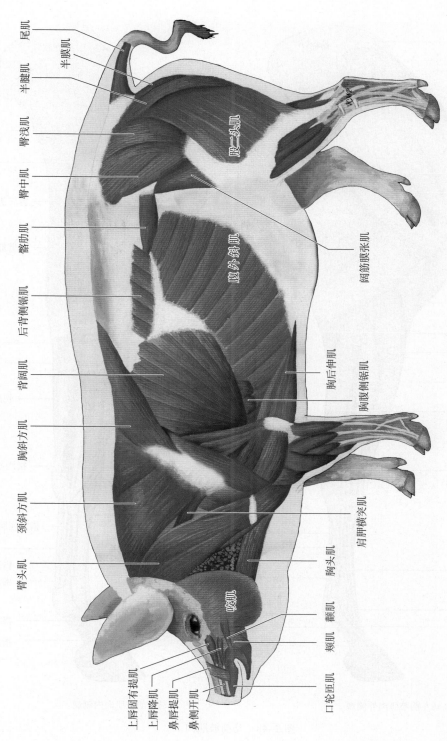

尾肌
半膜肌
半腱肌
臀浅肌
臀中肌
髂肋肌
后背侧锯肌
背阔肌
胸斜方肌
颈斜方肌
臂头肌

股二头肌
阔筋膜张肌
胸后伸肌
胸腹侧锯肌
肩胛横突肌
胸头肌
咬肌
颊肌
颧肌
口轮匝肌

上唇固有提肌
上唇降肌
鼻唇提肌
鼻侧开肌

图2-47 猪体浅层肌

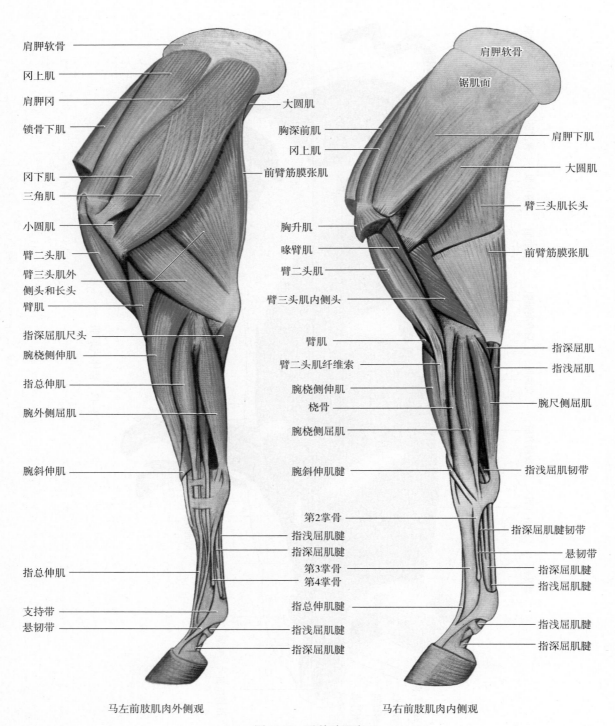

肩胛软骨
冈上肌
肩胛冈
锁骨下肌
冈下肌
三角肌
小圆肌
臂二头肌
臂三头肌外侧头和长头
臂肌
指深屈肌尺头
腕桡侧伸肌
指总伸肌
腕外侧屈肌
腕斜伸肌
指总伸肌
支持带
悬韧带

大圆肌
胸深前肌
冈上肌
前臂筋膜张肌
胸升肌
喙臂肌
臂二头肌
臂三头肌内侧头
臂肌
臂二头肌纤维索
腕桡侧伸肌
桡骨
腕桡侧屈肌
腕斜伸肌腱
第2掌骨
指浅屈肌腱
指深屈肌腱
第3掌骨
第4掌骨
指总伸肌腱
指浅屈肌腱
指深屈肌腱

肩胛软骨
锯肌面
肩胛下肌
大圆肌
臂三头肌长头
前臂筋膜张肌
指深屈肌
指浅屈肌
腕尺侧屈肌
指浅屈肌韧带
指深屈肌腱韧带
悬韧带
指深屈肌腱
指浅屈肌腱
指浅屈肌腱
指深屈肌腱

马左前肢肌肉外侧观　　　　　马右前肢肌肉内侧观

图 2-48　马前肢肌肉

侧结节。可外展臂部和固定肩关节。

③ 三角肌（deltoid muscle）：位于冈下肌的外面，呈三角形。起于肩胛冈及冈下肌腱膜，牛还起于肩峰，止于肱骨外侧三角肌粗隆。可屈肩关节。

（2）内侧组

① 肩胛下肌（subscapularis muscle）：位于肩胛骨内侧面，起于肩胛下窝，止于肱骨近端内侧小结节。可内收肱骨或固定肩关节。

② 大圆肌（teres major）：位于肩胛下肌后方，起于肩胛骨后角，止于肱骨内侧大圆肌粗隆。屈肩关节。

### 2.3.3.3　臂部肌

臂部肌分布于肱骨周围，主要作用在肘关节。可分伸肌、屈肌两组。伸肌组位于肱骨后方，屈肌组在前方。

（1）伸肌组

① 臂三头肌（brachial triceps muscle）：位于肩胛骨和肱骨后方的夹角内。肌腹大，分长头、外侧头和内侧头。长头最大，起于肩胛骨后缘；外侧头起自肱骨外侧面；内侧头起自肱骨内侧面。三个头共同止于肘突。主要作用为伸肘关节。

② 前臂筋膜张肌（tensor fasciae antebrachii muscle）：位于臂三头肌的后缘及内侧面。以一薄的腱膜起于背阔肌的止端腱及肩胛骨的后缘，止于肘突及前臂筋膜。作用为伸肘关节。

（2）屈肌组

① 臂二头肌（biceps brachii muscle）：位于肱骨前面，呈纺锤形（马）或圆柱状（牛）。起自肩胛结节，越过肩关节前面和肘关节，止于桡骨近端前面的桡骨结节。另分出一个长腱支并入腕桡侧伸肌，间接止于掌骨。主要作用是屈肘关节，也有伸肩关节的作用。

② 臂肌（brachialis muscle）：位于肱骨臂肌沟内。起自肱骨后面上部，止于桡骨近端内侧缘。作用为屈肘关节。

### 2.3.3.4　前臂及前脚部肌

前臂及前脚部肌的肌腹分布于前臂骨的背侧、外侧和掌侧面，多为纺锤形。均起自肱骨远端和前臂骨近端。在腕关节上部变为腱质。作用于腕关节的肌肉，其腱短，止于腕骨及掌骨。作用于指关节的肌肉，其腱较长，跨过腕关节和指关节，止于指骨。除腕尺侧屈肌外，其它各肌的肌腱在经过腕关节时，均包有腱鞘。前臂及前脚部肌可分为背外侧肌群和掌侧肌群（图2-49）。

（1）背外侧肌群　分布于前臂骨的背侧和外侧面。它们是作用于腕、指关节的伸肌。

① 腕桡侧伸肌（extensor carpi radialis muscle）：位于桡骨的背侧面，起于肱骨远端，止于大掌骨近端。主要作用是伸腕关节。

② 腕斜伸肌（extensor carpi obliquus muscle）：起自桡骨外侧下半部，斜伸延向腕关节内侧。有伸和旋外腕关节的作用。

③ 指总伸肌（common digital extensor muscle）：马的指总伸肌位于腕桡侧伸肌的后方，桡骨的外侧。主要起于肱骨远端前面，至前臂下部延续为腱，经腕关节背外侧面、掌骨和系骨背侧面向下伸延，止于蹄骨的伸腱突。主要作用是伸指和腕关节，也可屈肘。

牛的指总伸肌较细，位于指内侧伸肌和指外侧伸肌之间，起于肱骨外侧上髁（浅头）和尺骨外侧面（深头），其腱向下伸延至掌骨远端分为两支，分别沿第3指和第4指背侧面下行，

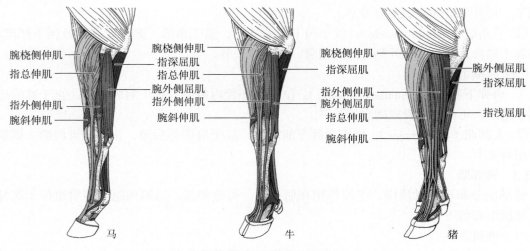

图 2-49　前臂肌肉的比较

止于蹄骨。

④ 指外侧伸肌（lateral digital extensor muscle）：在指总伸肌后方，起自桡骨近端外侧，其腱经腕关节外侧面向下伸延，至掌部，则沿指总伸肌腱外侧缘下行。马的指外侧伸肌止于系骨；牛的止于第 4 指的冠骨和蹄骨，又称第 4 指伸肌。有伸指和腕关节的作用。

⑤ 指内侧伸肌（medial digital extensor muscle）：又称第 3 指伸肌，马无此肌。它位于腕桡侧伸肌和指总伸肌之间，起于肱骨远端背侧，以长腱止于第 3 指冠骨近端和蹄骨内侧缘。有伸第 3 指的作用。

（2）掌侧肌群　分布于前臂骨的掌侧面，为腕和指关节的屈肌。

① 腕外侧屈肌（flexor carpi lateralis muscle）：又称尺外侧伸肌，位于指外侧伸肌的后方，起自肱骨远端，止于副腕骨和第 4 掌骨近端。作用为屈腕、伸肘。

② 腕尺侧屈肌（flexor carpi ulnaris muscle）：位于前臂部内侧后部，起于肱骨远端内侧和肘突，止于副腕骨。有屈腕、伸肘作用。

③ 腕桡侧屈肌（flexor carpi radialis muscle）：位于腕尺侧屈肌前方，桡骨之后。起于肱骨远端内侧，马的止于第 2 掌骨近端，牛的止于第 3 掌骨近端。作用为屈腕、伸肘。

④ 指浅屈肌（superficial digital flexor muscle）：位于腕尺侧屈肌的深面与指深屈肌之间。马的指浅屈肌有两个起点，一个起于肱骨远端内侧，另一个以腱质起自桡骨掌侧面下半部。肌腹与指深屈肌不易分离。其腱索经腕管至掌部，位于指深屈肌腱的浅面。在系关节附近形成一腱环，供指深屈肌腱通过。在系骨远端分为两支，分别止于系骨和冠骨的两侧。牛的指浅屈肌起于肱骨内侧上髁，肌腹分浅、深两部，肌腱分别止于第 3、4 指冠骨近端的两侧。作用为屈指和腕关节。

⑤ 指深屈肌（deep digital flexor muscle）：其肌腹在前臂掌侧面，被其它屈肌包围。以三个头分别起自肱骨远端内侧、肘突和桡骨近端后面。三个头的腱合成一个总腱，经腕管向下伸延至掌部，走在指浅屈肌腱深面，悬韧带的浅面，在系关节附近，穿过指浅屈肌的腱环，并在其分支间下行，以扁腱止于蹄骨的屈腱面。牛的指深屈肌腱分支分别止于第 3、4 指蹄骨的屈腱面。其作用为屈指和腕关节。

### 2.3.4 后肢主要肌肉

后肢肌肉较前肢肌肉发达，是推动身体前进的主要动力；可分为臀部肌、股部肌、小腿和后脚部肌（图 2-44 至图 2-47，图 2-50）。

#### 2.3.4.1 臀部肌

臀部肌分布于臀部，跨越髋关节，止于股骨；可伸、屈髋关节及外旋大腿。

（1）臀浅肌（superficial gluteal muscle） 马的臀浅肌位于臀部浅层。有两个起点，一是髋结节，另一是臀筋膜；止于股骨第三转子。有外展后肢和屈髋关节的作用。牛羊无此肌。

（2）臀中肌（middle gluteal muscle） 是臀部的主要肌肉，大而厚。起自髂骨翼和荐结节阔韧带，止于股骨大转子。主要作用是伸髋关节，外展后肢，由于其与背最长肌结合，还参与竖立、蹴踢和推动躯干前进等动作。

（3）臀深肌（deep gluteal muscle） 位于臀中肌的下面，起自坐骨棘，在牛中还起于荐结节阔韧带，止于大转子前部。有外展髋关节和旋外后肢的作用。

（4）髂肌（iliac muscle） 起自髂骨腹侧面，止于小转子。因其与腰大肌的止部紧密结合在一起，故常合称为髂腰肌。其作用为屈髋关节及外旋后肢。

#### 2.3.4.2 股部肌

股部肌分布于股骨周围，可分为股前、臀股后和股内侧肌群。

（1）股前肌群 位于股骨前方。

① 阔筋膜张肌（tensor fascia latae muscle）：位于股前外侧皮下，起自髋结节，向下呈扇形连于阔筋膜，并借阔筋膜止于髌骨和胫骨前缘。可紧张阔筋膜和屈髋关节。

② 股四头肌（quadriceps femoris muscle）：位于股骨前面及两侧。分为股直肌、股内侧肌、股外侧肌和股中间肌。股直肌起自髂骨体，其余 3 个肌头起于股骨。4 个头都止于髌骨。作用为伸膝关节。

（2）臀股后肌群 位于股后部。

① 臀股二头肌（gluteobiceps muscle）：位于股后外侧，宽而长。有两个头，一是椎骨头（长头），起于荐骨，二是坐骨头（短头），起自坐骨结节。向后下行，止于髌骨侧缘、胫骨嵴，另分出一腱支加入跟腱，止于跟结节。可伸髋关节、膝关节、跗关节。提举后肢时又可屈膝关节。

② 半腱肌（semitendinosus muscle）：在臀股二头肌后方，止端转到内侧。其起点是前 2 个尾椎和荐结节阔韧带（马），以及坐骨结节（马、牛），止点是胫骨嵴、小腿筋膜和跟结节。作用同臀股二头肌。

③ 半膜肌（semimembranosus muscle）：位于半腱肌后内侧。起于荐结节阔韧带后缘（马）和坐骨结节（马、牛），止于股骨远端内侧。有伸髋关节并内收后肢的作用。

（3）股内侧肌群 位于股部内侧。

① 股薄肌（gracilis muscle）：呈四边形，薄而宽，位于缝匠肌后方。起自骨盆联合及耻前腱，止于膝内侧直韧带和胫骨近端内侧面。它将耻骨肌、内收肌覆盖于其下。有内收后肢的作用。

② 耻骨肌（pectineus muscle）：位于耻骨前下方，起于耻骨前缘和耻前腱，止于股骨中部的内侧缘。可内收后肢和屈髋关节。

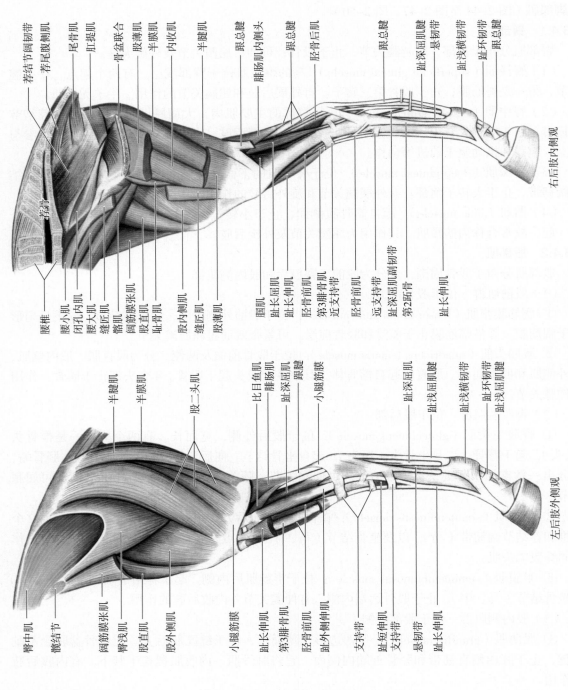

荐结节阔韧带
荐尾腹侧肌
尾骨肌
肛提肌
骨盆联合
股薄肌
半膜肌
内收肌
半腱肌
跟总腱
腓肠肌内侧头
跟总腱
胫骨后肌

趾深屈肌腱
趾浅屈韧带
趾环横韧带
跟总腱

腰椎
腰小肌
闭孔内肌
腰大肌
缝匠肌
髂肌
阔筋膜张肌
股直肌
趾骨肌
股内侧肌
缝匠肌
股薄肌

荐骨

腘肌
趾长屈肌
趾长伸肌
胫骨前肌
第3腓骨肌
近支持带
胫骨前肌
远支持带
趾深屈肌副韧带
第2跖骨
趾长伸肌

右后肢内侧观

臀中肌
髋结节
阔筋膜张肌
臀浅肌
股直肌
股外侧肌

半腱肌
半膜肌

股二头肌

比目鱼肌
腓肠肌
趾深屈肌
跟腱
小腿筋膜

趾深屈肌
趾浅屈肌腱
趾浅横韧带
趾环横韧带
趾浅屈肌腱

小腿筋膜
趾长伸肌
第3腓骨肌
胫骨前肌
趾外侧伸肌
支持带
趾短伸肌
支持带
悬韧带
趾长伸肌

左后肢外侧观

图2-50　马后肢肌肉

③ 内收肌（adductor muscle）：呈三棱形，位于耻骨肌后面，起于耻骨和坐骨的腹侧面，止于股骨。可内收后肢，也可伸髋关节。

④ 缝匠肌（sartorius muscle）：呈狭长带状，位于股内侧前部，起于骨盆面髂筋膜和腰小肌腱，止于胫骨近端内面。有内收后肢的作用。

### 2.3.4.3　小腿和后脚部肌

多为纺锤形肌，肌腹位于小腿部，作用于跗关节和趾关节。可分为背外侧肌群和跖侧肌群（图2-51）。

（1）小腿背外侧肌群

① 趾长伸肌（long digital extensor muscle）：位于小腿背外侧部，在马位于浅层，而牛、猪的趾长伸肌被第3腓骨肌覆盖。起自股骨远端，在跗关节上方延续为一长腱。经跗、跖及趾的背侧面伸向趾端，止于蹄骨伸腱突。在牛、猪，趾长伸肌的肌腹分内侧肌腹（趾内侧伸肌）和外侧肌腹，分别止于第3、4趾。有伸趾关节、屈跗关节的作用。

② 趾外侧伸肌（lateral digital extensor muscle）：位于小腿的外侧部，在趾长伸肌的后方（马）或腓骨长肌的后方（牛、猪）。起于胫骨近端外侧及腓骨，于跖中部并入趾长伸肌腱（马），或沿趾长伸肌腱的外侧缘下行，止于第4趾冠骨（牛、猪）。作用同趾长伸肌。

③ 第3腓骨肌（peroneus tertius muscle）：马的第3腓骨肌无肌质，为一强腱。位于胫骨前肌与趾长伸肌之间。牛、猪的第3腓骨肌比马的发达，呈纺锤形，位于小腿背侧面的浅层，在趾长伸肌的表面。起自股骨远端，沿胫骨前肌背侧下行，在跗关节上方分为两支，分别止于大跖骨近端和跗骨。有屈跗关节的作用。

④ 胫骨前肌（cranial tibial muscle）：紧贴于胫骨前外侧，被趾长伸肌覆盖。起自胫骨近端外侧，在跗关节背侧，其止腱自第3腓骨肌两腱间穿过，分为两支，分别止于大跖骨近端和第1、2跗骨（马）或第2、3跗骨（牛）。有屈跗关节的作用。

⑤ 腓骨长肌（peroneus longus muscle）：马无此肌。在小腿背外侧部，位于趾长伸肌和趾外侧伸肌之间。起于胫骨外侧髁和腓骨，止于跗骨近端和第1跗骨。有屈跗关节和旋内后脚的作用。

（2）小腿跖侧肌

① 腓肠肌（gastrocnemius muscle）：位于小腿后部，分内、外两头，起自股骨远部跖侧，于小腿中部变为腱，与趾浅屈肌腱扭结在一起，止于跟结节。作用为伸跗关节。腓肠肌腱以及附着于跟结节的趾浅屈肌腱、臀股二头肌腱和半腱肌腱合成一粗而坚硬的腱索，称为跟总腱（common calcaneal tendon）。

② 趾浅屈肌（superficial digital flexor muscle）：肌腹夹于腓肠肌两头之间，几乎全为腱质。起于股骨髁上窝，其腱与腓肠肌腱扭结在一起，在跟结节处变宽，成帽状罩于其上，两侧附着于跟结节两旁。主腱继续下行，经跗部和跖部后面向下伸延至趾部，止于冠骨两侧（马），或分两支，分别止于第3、4趾的冠骨（牛）。其主要作用是屈趾关节。

③ 趾深屈肌（deep digital flexor muscle）：肌腹位于胫骨后面，以三个头起于胫骨后面。三部肌腱在跗关节处合成一总腱，沿趾浅屈肌深面下行，止于蹄骨的屈腱面（马），或分两支，止于第3、4趾的蹄骨（牛）。作用为屈趾关节，伸跗关节。

④ 腘肌（popliteus muscle）：位于膝关节后面。以圆形腱起于股骨远端，肌腹扩大为厚的三角形，止于胫骨近端后面。作用为屈股胫关节。

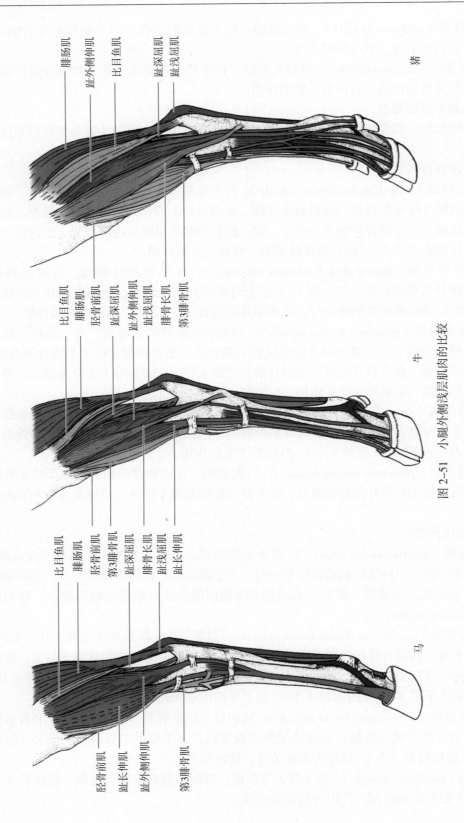

图 2-51  小腿外侧浅层肌肉的比较

猪
腓肠肌
趾外侧伸肌
比目鱼肌
趾深屈肌
趾浅屈肌

牛
比目鱼肌
腓肠肌
胫骨前肌
趾深屈肌
趾外侧伸肌
趾浅屈肌
腓骨长肌
第3腓骨肌

比目鱼肌
腓肠肌
胫骨前肌
第3腓骨肌
趾深屈肌
腓骨长肌
趾浅屈肌
趾长伸肌

马
胫骨前肌
趾长伸肌
趾外侧伸肌
第3腓骨肌

## 2.3.5 躯干肌

躯干肌包括脊柱肌、颈腹侧肌、胸廓肌和腹壁肌（图 2-44 至图 2-47，图 2-52，图 2-53）。

### 2.3.5.1 脊柱肌

脊柱肌指支配脊柱活动的肌肉，分脊柱背侧肌群和脊柱腹侧肌群。

（1）脊柱背侧肌群

① 背最长肌（longissimus thoraciset lumborum muscle）：位于胸、腰椎两侧，自髂骨、荐骨向前，伸延至颈部。两侧同时收缩时可伸腰背，另外还有伸颈、侧偏脊柱和协助呼吸的作用。

② 髂肋肌（iliocostalis muscle）：由一束束斜向的肌束组成，位于背最长肌的腹外侧。起于腰椎横突末端和后 8（牛）或 15（马）个肋的前缘，向前止于所有肋骨后缘和第 7 颈椎横突。可向后牵引肋骨，协助呼吸。它与背最长肌间形成髂肋肌沟。

③ 夹肌（splenius muscle）：位于颈侧部，呈三角形。起自棘横筋膜和项韧带索状部，止于枕骨及前 2 个（牛）或 4、5 个（马）颈椎。两侧同时收缩可抬头颈，单侧收缩可偏头颈。

④ 头半棘肌（semispinalis capitis muscle）：位于夹肌和项韧带板状部之间。起自棘横筋膜、前 6、7 个（马）或 8、9 个（牛）胸椎横突和颈椎关节突。以强腱止于枕骨。作用同夹肌。

⑤ 颈多裂肌（cervical multifidus muscle）：被头半棘肌覆盖，位于后 6 个颈椎椎弓背侧。起于第 1 胸椎横突和后 4~5 颈椎关节突，止于后 6 个颈椎的棘突和关节突。有伸、偏头颈的作用。

（2）脊柱腹侧肌群　不发达，仅存在于颈、腰部。颈部有斜角肌（scalenus muscle）、头长肌（longus capitis muscle），腰部主要有腰大肌（psoas major muscle）和腰小肌（psoas minor muscle）。它们位于椎体的腹侧。

### 2.3.5.2 颈腹侧肌

（1）胸头肌（sternocephalic muscle）　位于颈下部的外侧，起自胸骨柄，止于下颌骨后缘，呈长带状。与臂头肌形成颈静脉沟。牛的止端分浅、深两部。浅部止于下颌骨下缘，称胸下颌肌。深部止于颞骨，称胸乳突肌。作用为屈头颈。

（2）胸骨甲状舌骨肌（sterno-thyrohyoid muscle）　位于气管的腹侧。扁平带状，起自胸骨柄，向前分为两支。外侧支止于喉的甲状软骨，称为胸骨甲状肌；内侧支止于舌骨，称为胸骨舌骨肌。作用为向后牵引舌和喉，以助吞咽。

（3）肩胛舌骨肌（omohyoid muscle）　薄长带状。自肩胛内侧走向前，止于舌骨体。它位于颈侧，臂头肌的深面，在颈前部，经颈总动脉和颈静脉之间穿过。作用同胸骨甲状舌骨肌。

### 2.3.5.3 胸廓肌

胸廓肌位于胸侧壁和胸腔后壁。参与呼吸，可分为吸气肌和呼气肌。

（1）吸气肌

① 肋间外肌（external intercostal muscle）：位于相邻两肋骨间隙内，起自肋骨后缘，斜向后下方止于后一肋骨的前缘。作用是向前外方牵引肋骨，扩大胸腔，引起吸气。

② 前背侧锯肌（cranial dorsal serrate muscle）：位于胸壁前上部，背最长肌的表面，由几片薄肌组成。起于胸腰筋膜，止于第 5—11（马）或 6—9（牛）肋骨近端的外侧面。作用是向

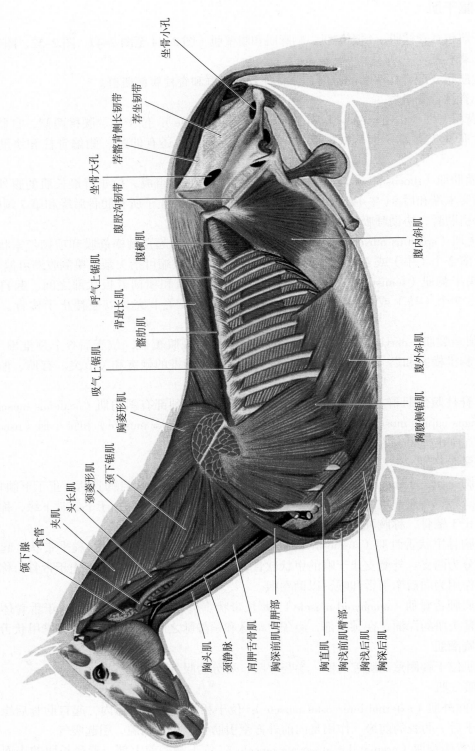

图 2-52　马躯干深层肌肉（1）

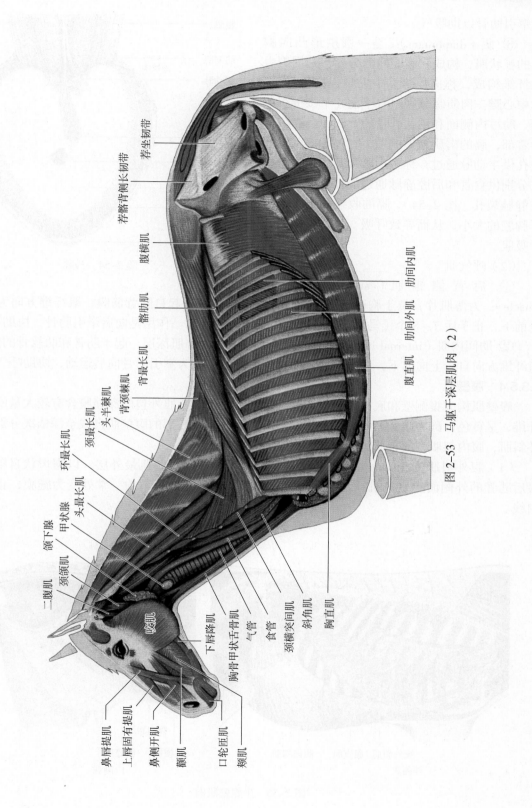

图 2-53 马躯干深层肌肉（2）

前牵引肋骨以助吸气。

③ 膈（diaphragm）：是一圆拱形凸向胸腔的板状肌，构成胸腹腔间的分界。其周围由肌纤维构成，称肉质缘；中央是强韧的腱质，称中心腱。肉质缘分别附着于前 4 个腰椎腹侧面、肋弓内侧面和剑状软骨的背侧面。在腰椎附着部，膈的肉质缘形成左、右膈脚。两脚间裂孔供主动脉通过，称主动脉裂孔。在膈上还有分别供食管和后腔静脉通过的食管裂孔和后腔静脉裂孔（图 2-54）。膈的收缩和舒张改变了胸腔的大小，从而导致呼吸。故膈是重要的呼吸肌。

（2）呼气肌

① 后背侧锯肌（caudal dorsal serrate muscle）：为薄肌片，位于胸壁后下部，背最长肌的表面。起自腰背筋膜，肌纤维方向为后上至前下，止于后 7～8 个（马）或后 3 个（牛）肋骨的后缘。作用是向后牵引肋骨，协助呼气。

② 肋间内肌（internal intercostal muscle）：位于肋间外肌深层，起于肋骨和肋软骨的前缘，肌纤维方向自后上向前下，止于前一个肋骨的后缘。作用为牵引肋骨向后运动，协助呼气。

### 2.3.5.4 腹壁肌

腹壁肌构成腹侧壁和底壁。在马和牛等草食动物，腹壁肌外包的深筋膜含有较大量的弹性纤维，呈黄色，称为腹黄膜。它可加强腹壁的强韧性。其深部的腹壁肌自浅至深依次分别有腹外斜肌，腹内斜肌，腹直肌和腹横肌（图 2-55）。

（1）腹外斜肌（external oblique abdominal muscle）　为腹壁肌最外层，以锯齿状自第 5 至最后肋骨的外侧面起始，肌纤维由前上方斜向后下方，在肋弓下约一掌处变为腱膜，止于腹白线。

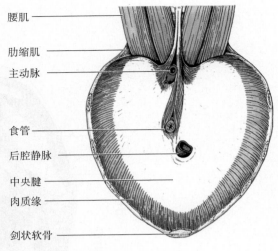

图 2-54　马膈

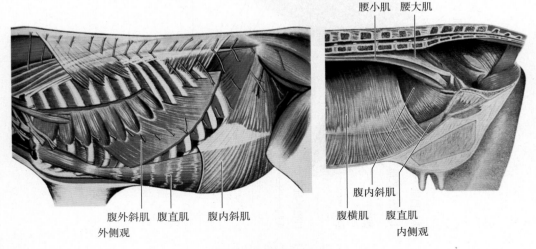

图 2-55　牛腹壁肌肉

（2）腹内斜肌（internal oblique abdominal muscle） 位于腹外斜肌深面，其肌质部起自髋结节，呈扇形向前下方扩展，逐渐变为腱膜，止于耻前腱、腹白线及最后几个肋软骨的内侧面。

（3）腹直肌（rectus abdominis muscle） 为一宽带状肌，左、右两肌并列于腹腔底的白线两侧，肌纤维纵行，有数条横向的腱划将肌纤维分成数段。腹直肌起于胸骨及肋软骨，以强厚的耻前腱止于耻骨前缘。

（4）腹横肌（transversus abdominis muscle） 是腹壁的最内层肌，起自腰椎横突及假肋下端的内侧面，肌纤维横行，走向内下方，以腱膜止于腹白线。

（5）腹股沟管（inguinal canal） 位于腹底壁后部，耻前腱两侧，是腹内斜肌（形成管的前内侧壁）与腹股沟韧带（形成管的后外侧壁）之间的斜行裂隙。管的内口通腹腔，称腹环，由腹内斜肌的后缘及腹股沟韧带围成；外口通皮下，称为皮下环，是腹外斜肌腱膜上的一个裂孔。

腹壁肌各层肌纤维走向不同，彼此重叠，再加上腹黄膜，形成了柔韧的腹壁，对腹腔内器官起着重要的支持和保护作用。腹肌收缩时，可增大腹压，有助于呼气、排便和分娩等活动。

### 2.3.6 头部肌

头部肌分为面部肌和咀嚼肌。面部肌位于口和鼻腔周围，主要有鼻唇提肌、上唇固有提肌、鼻翼开肌、下唇降肌、口轮匝肌和颊肌。咀嚼肌有闭口肌（咬肌、颞肌和翼肌）和开口肌（枕颌肌和二腹肌）（图 2-56）。

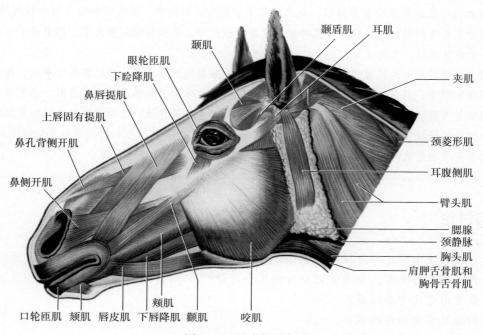

图 2-56　马头部肌肉

## 窗口

### 马运动和站立时的机械作用

1. 运动时的机械作用　马在前进运动时，可以分为两段互相交替的时期：悬空时期和支在地上的时期。

（1）悬空时期　此期是四肢前进中离地的时期。悬空时期包括屈和伸两个阶段：①各关节的屈曲阶段，即屈肌收缩，四肢关节依次屈曲，使四肢离地，向前移动；②各关节的伸展阶段，即伸肌收缩，各关节依次伸展，使四肢重新踏地。四肢于悬空时期内前进的距离，比同一单位时间内躯干前进的距离大一倍。在前肢悬空时期关节的屈曲阶段中，由于后肢推动躯干和各关节的向前提举，使前肢向前移动。在后肢悬空时期，由于前进运动的冲动传给躯干，而使后肢离地，并向前移动。此时，虽是另一运动形式的杠杆，但因跗关节角顶向后，借助于屈肌的作用，而使跖部向前上方移动，而不像前肢的掌部那样向后上方移动。膝关节角顶向前，而使小腿部斜向后上方，而不像前臂那样斜向前上方移动。

（2）支持时期　此期由于伸肌的作用而又使四肢踏地并支持体重。在支持时期中，蹄不动而支持在地面上，躯干仍然继续前进，其前进距离等于悬空时期的前进距离。

2. 站立时的机械作用

（1）前肢站立时的机械作用　强大的腱性下锯肌将躯干机械地支持在两前肢之间，是躯干前部质量的负荷者。躯干前部的重力垂线，为通过肘关节和腕关节至地面的垂线，由于肩关节和系关节保持一定角度，在接受压力时，肩关节发生掌侧屈曲，系关节发生背侧屈曲。腱性的臂二头肌和系关节后面的强腱索可限制各关节的过度屈曲。

站立时因肘关节和腕关节成一直线，故不甚紧张。臂三头肌有固定肩关节的作用。由于腕部的深筋膜和指伸肌腱形成腱韧带器官，故当腕关节伸展时，系关节、冠关节和蹄关节也机械地伸展。由于通过系关节的腱均经过腕关节或有腱头附着于腕关节，故也可固定腕关节。因为有了这些静力装置，故在休息时，不易疲劳。

（2）后肢站立时的机械作用　当马站立时，躯干后部的重力垂线，经过髋关节中央、膝关节和跗关节角的附近，并通过蹄而达地面。因此，当膝关节、跗关节与系关节受压力时，各关节发生屈曲。但膝关节部的股四头肌可制约膝关节的过度屈曲；第3腓骨肌，与后面的腱性趾浅屈肌和腓肠肌，有被动的机械作用，可限制跗关节的屈曲，膝关节固定时，髋关节和跗关节也自动地固定起来；后肢的系关节和前肢的系关节一样，借助于强腱索而不致发生过度背屈现象。

## 思考与讨论

1. 运动系统由哪几部分组成，各部分之间的关系如何？
2. 骨有哪几种类型，全身骨划分为哪几个部分？
3. 椎骨由哪几部分组成？
4. 胸廓及骨盆如何组成？
5. 肩带肌及腹壁肌肉各包括哪些肌肉？
6. 关节由哪些结构组成，畜体主要关节包括哪些？

# 3 被皮系统

**本章重点**

- 掌握皮肤的结构。
- 掌握牛乳房的位置、形态和结构特征。
- 掌握牛蹄的结构特点，了解马蹄的结构特点。
- 了解毛的结构与分类、家畜换毛的机制。
- 了解角的形态和结构。

被皮系统（integumentary system）是皮肤和皮肤衍生物的总称。皮肤被覆在畜体表面，是将动物有机体与外界环境隔开的一道天然屏障。皮肤衍生物是指在身体的某些特殊部位，由皮肤衍变而成的特殊的器官，如家畜的蹄、枕、角、毛、汗腺、皮脂腺和乳腺以及禽类的羽毛、冠、肉髯、喙、爪和鳞片等。其中汗腺、皮脂腺和乳腺称为皮肤腺。

## 3.1 皮肤

皮肤（skin）覆盖于动物体表，在自然孔（口裂、鼻孔、肛门和尿生殖道外口等）处与管状器官内的黏膜相延续，直接与外界环境接触，具有感觉、保护、分泌、排泄、调节体温、吸收及储存营养物质等功能。

动物机体皮肤的厚薄因种类、品种、年龄、性别以及身体的不同部位而有差异。一般来说，牛的皮肤厚，绵羊的皮肤薄，幼年家畜的皮肤比老年家畜的薄，雄性的皮肤比雌性的厚，同一畜体四肢外侧和背部的皮肤比四肢内侧和掌（跖）侧的厚。皮肤虽然厚薄不同，但基本结构相似，均由表皮、真皮借皮下组织与深层组织相连（图 3-1）。

### 3.1.1 表皮

表皮（epidermis）为皮肤最表面，由复层扁平上皮构成。其内含有丰富的游离神经末梢，有痛、触、压等感觉，但表皮内没有血管和淋巴管，所需营养从真皮摄取。表皮分为角化层和生发层。

本章英文摘要

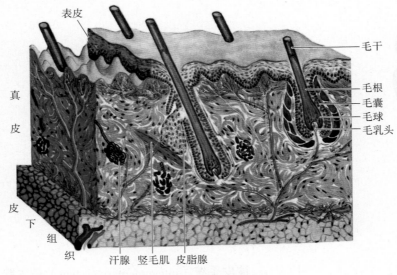

图 3-1　皮肤结构模式图

#### 3.1.1.1　角化层

角化层是表皮的浅层，是复层扁平上皮经不断角质化形成，角化的细胞从皮肤的表皮脱落。脱落的角质化皮屑经常与灰尘、异物和汗水等粘在一起，形成皮垢。

#### 3.1.1.2　生发层

生发层是表皮的深层，与真皮相连。该层细胞具有旺盛的繁殖分裂能力，当角质层细胞不断脱落时，生发层新生细胞向表层推移，借以补充脱落的上皮细胞。当表皮受损伤后，经生发层细胞增殖得以修复。

### 3.1.2　真皮

真皮（corium）位于表皮深层，是皮肤最主要、最厚的一层，由致密结缔组织构成，含大量的胶原纤维和弹性纤维，使皮肤具有一定的弹性和韧性。皮革制品就是由真皮鞣制而成的。真皮内有汗腺、皮脂腺、毛囊和竖毛肌等结构，且有丰富的血管、淋巴管和神经分布，能营养皮肤并感受外界刺激。临床上的皮内注射，就是把药物注入皮肤真皮层内。

### 3.1.3　皮下组织

皮下组织（subcutaneous tissue）又称浅筋膜，在真皮的深层，由疏松结缔组织构成，将皮肤与深部肌肉或骨膜连接在一起，分布有丰富的血管、神经和淋巴管。

机体各部位的皮下组织发达程度不同，凡皮下组织发达的部位，皮肤的移动性较大，并形成皮肤皱褶。四肢活动范围较大的部位形成永久性皮肤褶，如前肢的肘褶、后肢的膝褶。黄牛颈腹侧部皮肤形成特殊的皮肤褶，称垂皮。

皮下组织内常含有脂肪，脂肪组织的多少是动物营养状况的标志，营养好的动物，皮下组织内含有大量的脂肪细胞，形成脂肪组织，猪的皮下脂肪特别发达，俗称肥膘。皮下脂肪具有保温、贮藏能量和缓冲外界压力的作用。

在骨突起部位的皮肤，皮下组织有时出现腔隙，形成皮下黏液囊，囊内含有少量黏液，可减少骨与该部位皮肤的摩擦。临床上的皮下注射，就是把药物注入皮肤的皮下组织内。

## 3.2　毛和毛囊

### 3.2.1　毛

#### 3.2.1.1　毛的类型与分布

毛（hair）由表皮衍生而成，是一种角化的表皮结构，坚韧而有弹性，覆盖于皮肤的表面，是热的不良导体，具有保温作用，家畜（禽）的毛还具有重要的经济价值（图3-2）。

动物的被毛遍布全身，分粗毛和细毛；牛、马的被毛多为短而直的粗毛；绵羊的被毛多为细毛，头部和四肢为粗毛。在身体的某些部位还生长一些特殊的长毛，如马颅顶部的鬃、颈部的鬃、尾部的尾毛和系关节后的距毛，公山羊额部的髯，猪颈背侧部的猪鬃等。牛、马唇部的长毛根部富有神经末梢，称触毛。

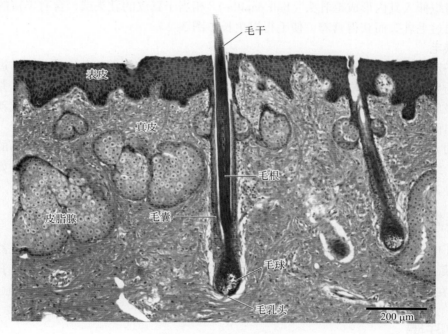

图 3-2　牛皮的显微结构

牛、马的被毛分布是均匀的；绵羊的被毛通常以10～12根为一簇；猪的被毛常以3根为一簇，但也有单根存在的。

毛在机体表面按一定的方向排列，构成一定图形，称为毛流（hair stream）。毛流的方向一般与外界的气流和雨水在体表流动的方向相适应，在特定部位可形成特殊方向的毛流。如线状集合性毛流（毛的尖端从两侧集中成一条线）和线状分散性毛流（毛的尖端从一条线向两侧分开），点状集合性毛流（毛的尖端向一点集合）和点状分散性毛流（毛的尖端从一点向周围分散），旋毛（毛干围绕一中心点成旋转方式向四周放射排列）等（图3-3）。

点状集合性毛流　　点状分散性毛流　　线状集合性毛流　　线状分散性毛流　　旋状毛流

图 3-3　毛流

### 3.2.1.2　毛的结构

毛由表皮演化而来，呈细丝状，与皮肤表面成一定的角度分布。毛分为毛干和毛根两部分，露于皮肤表面的部分称毛干（hair shaft），埋在皮肤内的部分称毛根（hair root）。毛根外面包有上皮组织和结缔组织构成的毛囊。在毛囊的一侧，自毛囊下 1/3 处斜伸向表皮的一束平滑肌称为竖毛肌。当竖毛肌收缩时，可使毛竖立，还可压迫皮脂腺排除其分泌物。毛根末端膨大呈球形，称毛球（hair bulb），毛球细胞分裂能力强，是毛的生长点。毛球的顶端内陷呈杯状，真皮结缔组织伸入其内形成毛乳头（hair papilla），相当于真皮的乳头层，含有丰富的血管和神经，毛可通过毛乳头而获得营养，使毛得以生长（图 3-2）。

### 3.2.1.3　换毛

毛有一定的寿命，当毛生长到一定时期就会衰老脱落，被新生毛所代替，这一过程称为换毛。换毛的生理过程是真皮毛乳头的血管萎缩，血流停止，使毛球细胞停止增生，并逐渐角化和萎缩，最后与毛乳头分离。当毛乳头恢复血液循环时，其周围细胞分裂增生形成新毛，最后将旧毛推出而脱落。

换毛的方式有两种。一种为持续性换毛，即换毛不受时间和季节的限制，如马的鬃毛、尾毛，猪鬃，绵羊的细毛等；另一种是季节性换毛，一般在每年春秋季各进行一次，如骆驼、兔等。大部分家畜既有持续性换毛，也有季节性换毛，属于混合性换毛。

## 3.2.2　毛囊

毛囊（hair follicle）是指包围于毛根周围的组织，可分为表皮层和真皮层。表皮层是皮肤表皮向真皮内陷入，包围于毛根之外，称根鞘；真皮层构成结缔组织鞘，包于根鞘之外（图 3-2）。在毛囊的一侧有一束斜行的竖毛肌，它只受交感神经支配，收缩时使毛竖立。

# 3.3　皮肤腺

由表皮细胞陷入真皮内形成具有分泌功能的结构称为皮肤腺（cutis gland），包括汗腺、皮脂腺和乳腺。

## 3.3.1　汗腺

汗腺（sweat gland）位于真皮和皮下组织内，为盘曲的单管状腺（图 3-1）。排泄管开口于毛囊，无毛的皮肤则直接开口于皮肤表面。汗腺分泌汗液，有排泄废物和调节体温的作用。

马和绵羊的汗腺最发达，几乎分布于全身皮肤。猪以蹄间分布最为密集。牛的汗腺以面部和颈部最显著，其它部位则不发达，水牛的汗腺不如黄牛的发达。

### 3.3.2　皮脂腺

皮脂腺（sebaceous gland）位于真皮内，在毛囊和竖毛肌之间，为分支泡状腺，呈囊泡状。在有毛的部位，其导管开口于毛囊上段；在无毛部位，则直接开口于皮肤表面。家畜的皮脂腺分布广泛，除角、蹄、乳头及鼻唇镜等少数部位的皮肤无皮脂腺外，全身其它部位均有皮脂腺分布。皮脂腺的发达程度因家畜种类和身体的不同部位而有差异，绵羊和马的皮脂腺最发达，牛的次之，猪的皮脂腺不发达（图 3-1，图 3-2）。

皮脂腺分泌皮脂，有润滑皮肤和被毛的作用，使皮肤和被毛保持柔韧而光亮，防止干燥和水分的渗入。

### 3.3.3　乳腺

乳腺（mammary gland）为哺乳动物所特有的皮肤腺。雌雄动物均有，但只有雌性动物能充分发育，形成发达的乳房（breast），在分娩后具有分泌乳汁的能力（图 3-4）。

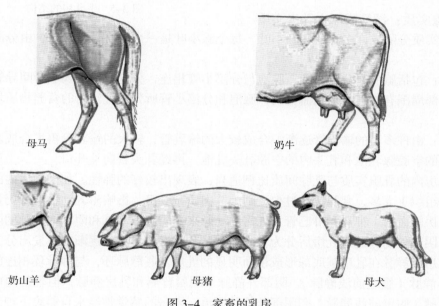

母马　　奶牛

奶山羊　　母猪　　母犬

图 3-4　家畜的乳房

#### 3.3.3.1　牛乳房

（1）牛乳房的形态和位置　牛的乳房位于耻骨部的腹下部、两股之间。母牛的乳房有各种不同的形态，如圆形乳房、圆锥形乳房、发育不均衡的乳房和扁平形乳房等。

母牛有 4 个乳房，紧密结合成一个整体，左右以纵沟为界，前后以横沟相隔。每个乳房均分为基底部、体部和乳头部。基底部紧接于腹壁底部，向下为膨大的体部，是乳腺所在部位。乳头共有 4 个，有时还有一对发育不全的乳头，位于乳房的后部。乳头一般呈圆柱形或圆锥形，前两个一般比后两个长。乳头游离端有一个乳头孔，为乳头管的开口（图 3-5）。

（2）牛乳房的构造　乳房由皮肤、筋膜和乳腺实质构成。

① 皮肤：乳房的皮肤薄而柔软，除乳头外，均分布有一些稀疏的细毛，皮肤内有汗腺和

皮脂腺。在乳房后部与阴门裂之间有明显呈线状毛流的皮肤褶，称乳镜。乳镜在鉴定产乳能力时，是很重要的参考指标。乳镜越大，乳房舒展性越大，能容纳的乳汁就越多。

② 筋膜：皮肤的深面为筋膜，分浅筋膜和深筋膜。浅筋膜为腹部浅筋膜的延续，由疏松结缔组织构成，使乳房皮肤具有一定的移动性，乳头皮下无浅筋膜。深筋膜由致密结缔组织构成，富含弹性纤维，在两侧乳房之间形成乳房的悬吊装置，支持乳房的重量，即乳房悬韧带。乳房悬韧带实质是腹黄膜沿白线两侧向下的延续。

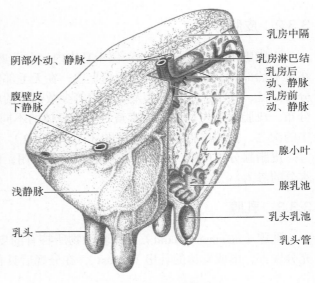

图 3-5　牛乳房的结构

③ 乳腺实质：深筋膜深入乳房实质内，将乳腺实质分隔成许多腺叶和腺小叶，每个腺小叶是一个分支管道系统，由分泌部和导管部组成。

分泌部：包括腺泡和分泌小管，腺泡与分泌小管相连，分泌小管汇入小叶间导管而成为导管部。分泌部周围有丰富的毛细血管网，腺泡和分泌小管所分泌乳汁内的营养物质均由血管来供给。

导管部：由许多小的输乳管逐渐汇合成较大的输乳管，较大的输乳管再汇合成乳道，通入乳房体下部的空腔腺乳池和乳头内的空腔乳头乳池，再经乳头管向外开口。

正常乳房内的乳腺实质与乳腺间质比例适当，表现出较好的弹性。如果乳房内的乳腺间质成分（结缔组织）太多，乳腺实质过少，则为"肉质"乳房，影响泌乳动物的产奶量。

（3）乳房的血管、神经和淋巴管　乳房的动脉来自阴部外动脉和阴部内动脉的阴唇背侧支和乳房支。阴部外动脉进入乳房后分为乳房前动脉和乳房后动脉，逐渐向下发出分支分布于整个乳房。乳房的静脉在乳房基底部形成粗而明显的乳房基底静脉环，与静脉环相连的静脉主要有腹壁皮下静脉（腹壁前浅静脉）、阴部外静脉及阴唇背侧和乳房静脉，但乳房的血液主要经腹壁皮下静脉（腹壁前浅静脉）和阴部外静脉回流。乳房的感觉神经来自髂腹下神经、髂腹股沟神经、生殖股神经和阴部神经的乳房支。运动神经则来自肠系膜后神经节的交感神经纤维，这些神经分布于肌上皮细胞、平滑肌纤维、乳房血管和腺组织等。乳房的淋巴管比较稠密，主要输入到乳房基底部后方的乳房上淋巴结。

### 3.3.3.2　马乳房

马的乳房呈扁圆形，位于两股之间，被纵沟分为左右两部分，每部分各有一个乳头，乳头乳池小，每个乳头有 2～3 个乳头管的开口。内部结构与牛的基本相似。

### 3.3.3.3　羊乳房

羊的乳房呈倒立圆锥形，左右各有一个圆锥形乳头，乳头基部有较大的乳池，每个乳头有一个乳头管的开口。

#### 3.3.3.4 猪乳房

猪的乳房纵向排列于胸部和腹部两侧。乳房数目因品种不同而异，一般有 5 ~ 8 对，有的多达 10 对。每个乳房有一个乳头，每个乳头有 2 ~ 3 个乳头管的开口。

## 3.4 蹄

动物的蹄（unguis）是指（趾）端着地部分的皮肤演变而成的。其结构与皮肤相似，由表皮、真皮和少量皮下组织构成。表皮因高度角质化而称角质层，构成坚硬的蹄匣（unguis capsula），无血管和神经分布；真皮层含有丰富的血管和神经末梢，呈鲜红色，感觉灵敏，通常称肉蹄（unguis corium）。

### 3.4.1 牛（羊）蹄的结构特征

牛、羊为偶蹄动物，每指（趾）端有 4 个蹄，由内向外分别为第 Ⅱ、第 Ⅲ、第 Ⅳ、第 Ⅴ 指（趾），其中第 Ⅲ、第 Ⅳ 指（趾）端的蹄发达，直接与地面接触，称主蹄，第 Ⅱ、第 Ⅴ 指（趾）端的蹄很小，不能着地，附着于系关节掌（跖）侧面，称悬蹄（图 3-6）。

#### 3.4.1.1 主蹄

牛（羊）主蹄呈三面棱锥形。按结构层次，蹄由蹄匣（蹄表皮）、蹄真皮（肉蹄）和皮下组织三层构成。

（1）蹄匣　也称蹄角质层或蹄表皮，由指（趾）端的表皮衍生而成，高度角质化，质地坚硬。分为蹄缘角质、蹄冠角质、蹄壁角质、蹄底角质和蹄球角质五部分。

① 蹄缘角质（unguis limbus cutin）：蹄匣近端与皮肤直接连接的部分，是连于上部的皮肤与坚硬的蹄匣之间的过渡结构，呈半环形窄带，柔软而有弹性，可减轻坚硬的蹄匣对皮肤的压迫。

② 蹄冠角质（unguis coronal cutin）：位于蹄缘下方，为蹄缘表皮下方颜色略淡的环状带，其内面凹陷成沟，称蹄冠沟（unguis coronal sulcus），沟底有无数角质小管的开口，丝状的肉冠真皮乳头伸入角质小管内。

③ 蹄壁角质（unguis wall cutin）：位于蹄冠下方，构成蹄匣的背侧壁和侧壁，分轴面和远轴面。轴面凹，仅后部与对侧主蹄相接；远轴面凸，前端向轴面弯曲并与轴面一起形成蹄壁角质，表面有数条与冠状缘平行的角质轮，其内表面有许多纵向排列呈叶状的角质小叶，角质小叶与肉蹄表面纵向排列呈叶状的肉小叶紧密结合在一起，使蹄表皮与蹄真皮结合更加牢固。

蹄壁角质由釉层、冠状层和小叶层三层结构组成。釉层（glaze stratum）位于蹄壁角质的最表面，幼畜的釉层较明显，有光泽，而成年动物的釉层常脱落。冠状层（coronary stratum）位于中间，是最厚的一层，角质中常有色素，使蹄壁呈深暗色，主要由许多纵行排列的角质小管和管间角质构成，蹄缘真皮和蹄冠真皮的

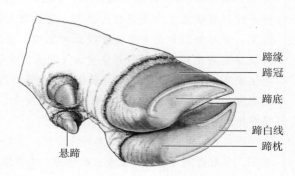

蹄缘
蹄冠

蹄底

蹄白线
蹄枕

悬蹄

图 3-6　牛蹄结构

真皮乳头伸入角质小管内。小叶层（lobule stratum）是最内层，由许多纵向排列的角质小叶组成，小叶较柔软，与肉小叶紧密嵌合。

④ 蹄底角质（unguis fundus cutin）：为蹄匣底面的前部，表面稍凹且与地面接触，前面呈三角形，与蹄壁下缘之间有蹄白线分开。蹄白线（unguis linea alba）是由蹄壁角质小叶层向蹄底延伸而成。蹄底角质的内表面有许多小孔，容纳蹄底真皮上的乳头。

⑤ 蹄球角质（unguis sphere cutin）：位于蹄底角质的后方，呈球状隆起，由较柔软的角质构成。

（2）蹄真皮　又称肉蹄，套于蹄匣内面，富含血管神经，颜色鲜红，由真皮演化而成。肉蹄的形状与蹄匣相似，可分为蹄缘真皮（肉缘）、蹄冠真皮（肉冠）、蹄壁真皮（肉壁）、蹄底真皮（肉底）和蹄球真皮（肉球）五部分。

① 蹄缘真皮（unguis limbus corium）：位于蹄缘角质的深面，表面有细而短的真皮乳头伸入蹄缘角质小管内，以滋养蹄缘角质。

② 蹄冠真皮（unguis coronal corium）：位于蹄冠角质内侧面的蹄冠沟中，是肉蹄较厚的部分，呈环状隆起，表面密布有粗而长的真皮乳头，纵向伸入蹄冠角质内的角质小管中。

③ 蹄壁真皮（unguis wall corium）：位于蹄壁角质的深层，表面有许多纵行排列的肉小叶，与蹄壁角质深面的角质小叶之间互相嵌合密接。

④ 蹄底真皮（unguis fundus corium）：位于蹄底角质的深面，形状与蹄底角质相适应，表面有小而密集的真皮乳头，乳头插入蹄底角质的小孔中。

⑤ 蹄球真皮（unguis sphere corium）：位于蹄球角质的深面，形状与蹄球角质相似，其表面有细而长的真皮乳头伸入蹄球角质小管内。

 窗口

### 口蹄疫和手足口病

口蹄疫是主要侵害牛、猪、羊、骆驼、鹿等偶蹄动物的急性、热性、接触性传染病。其病原是口蹄疫病毒，属微核糖核酸科口蹄疫病毒属，具有多型、易变的特点，并有很强的抵抗力。本病临床症状主要表现在蹄部、吻突皮肤、口腔腭部、颊部和舌黏膜等部位出现大小不等的水疱和溃疡。患畜精神不振，体温升高，厌食，跛行，常导致蹄壳变形或脱落。水疱内充满浆液性液体和病毒，水疱很快破溃，病毒经接触再感染其它动物。幼年动物死亡率高达80%以上，成年动物死亡率约为3%。口蹄疫在世界分布很广，每年都有几十个国家发生口蹄疫并深受其害。口蹄疫不仅对畜牧业生产造成极大损失，而且对人民生活所需的肉、奶，以及对以畜产品为原料的轻工、食品加工等企业都会造成很大影响。任何国家口蹄疫流行时，动物及其产品的流通和对外贸易都将受到严格限制并蒙受巨大损失。为防止疫情蔓延，必须采取封锁、隔离、阻断交通、停止家畜及畜产品流通，关闭家畜及畜产品交易市场和屠宰加工厂，扑杀病畜及同群家畜，销毁或无害化处理动物尸体，对被病毒污染的皮毛、饲料以及畜舍和周围环境进行彻底消毒，接种疫苗等措施。

手足口病是由肠道病毒引起的传染病，多发生于5岁以下儿童，可引起手、足、口腔等部位的疱疹，少数患儿可引起心肌炎、肺水肿、无菌性脑膜炎等并发症。个别重症患儿如果病情发展快，将导致死亡。引发手足口病的肠道病毒有 20 多种类型，柯萨奇病毒 A 组的 16、4、5、9、10 型，B 组的 2、5 型，以及肠道病毒 71 型均为手足口病较常见的病原体，其中以柯萨奇病毒 A16 型（Cox A16）和肠道病毒 71 型（EV71）最为常见。做好儿童个人、家庭和托幼机构的卫生是预防本病传染的关键。治疗原则主要为对症治疗。可服用抗病毒药物及清热解毒中草药及维生素 B、C 等。有并发症的患者可肌注球蛋白。在患病期间，应加强患儿的护理，保持口腔卫生。进食前后可用生理盐水或温开水漱口，食物以流体及半流体等无刺激性食物为宜。

（3）蹄皮下组织　蹄壁和蹄底无皮下组织，蹄壁真皮和蹄底真皮直接与蹄骨表面的骨膜紧密结合，保证在运动时不致松动。蹄缘和蹄冠的皮下组织较薄，而蹄球皮下组织发达，弹性纤维丰富，构成指（趾）端的弹性结构，以缓冲地面对畜体的震动。

### 3.4.1.2　悬蹄

悬蹄为第 II 指（趾）和第 V 指（趾）端不着地的小蹄，呈短圆锥状，位于主蹄的后上方，附着于系关节掌（跖）侧面，不与地面接触。

其结构与主蹄相似，也由蹄匣、蹄真皮（肉蹄）和皮下组织构成。蹄匣为锥状的角质小囊，表面也有角质轮，角质较软，内表面有角质小管的开口和角质小叶。蹄真皮内含发达的弹性纤维。悬蹄内的指（趾）骨发育不完整，一般只有 1～2 个指（趾）节骨。

## 3.4.2　马蹄的结构特征

马为单蹄动物，只有发达的第 III 指（趾）着地，其结构与牛蹄一样，也由蹄匣（蹄表皮）、蹄真皮（肉蹄）和皮下组织三层构成（图 3-7）。

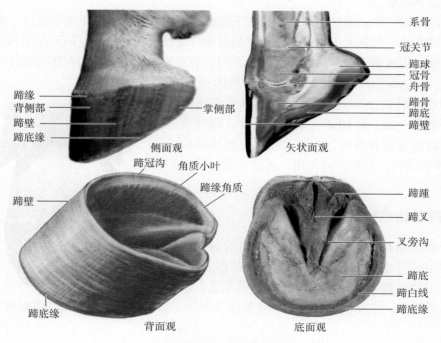

图 3-7　马蹄的构造

#### 3.4.2.1 蹄匣

蹄匣按部位划分为蹄缘角质、蹄冠角质、蹄壁角质、蹄底角质和蹄叉角质五部分。

（1）蹄缘角质　位于皮肤与蹄冠角质之间，呈半环状，前部窄（3～5 mm），向后逐渐变宽，内表面有许多角质小管的开口，蹄缘真皮乳头伸入其中。

（2）蹄冠角质　内侧面有蹄冠沟，沟底有无数角质小管的开口，丝状的肉冠真皮乳头伸入角质小管内。

（3）蹄壁角质　构成蹄匣的前壁和两侧壁。整个蹄壁角质可分为三部分，前为蹄尖壁，两侧为蹄侧壁，后为蹄踵壁。蹄壁角质的后端呈锐角向蹄底折转形成蹄支（由蹄踵角开始沿蹄叉两侧向前、向内延伸的部分，到蹄底中部消失），其折转部分形成的角称蹄踵角。蹄壁角质的厚度各部有差异，蹄侧壁最厚，蹄内外侧壁次之，蹄踵壁最薄。马属动物蹄壁角质结构与牛的相似。

（4）蹄底角质　位于蹄的底面，蹄叉的前部，其前缘和内、外侧缘凸，近似半圆形，通过蹄白线与蹄壁角质的底缘相连，蹄白线是确定蹄壁角质厚度的标准，也是给马属动物装蹄铁时下钉的定位标志；如果蹄白线分解可导致蹄壁剥离和蹄底下沉，引起蹄病。其结构与牛蹄匣的蹄底角质相似。

（5）蹄叉角质（unguis cuneus cutin）　由指（趾）枕的表皮形成。呈楔形，位于蹄底的后方，角质层较厚，富有弹性。

#### 3.4.2.2 蹄真皮

同样富含血管和神经，呈鲜红色，感觉敏锐。形态与蹄匣相似，可分为蹄缘真皮、蹄冠真皮、蹄壁真皮、蹄底真皮和蹄叉真皮五部分，其结构分别近似于牛蹄真皮的蹄缘真皮、蹄冠真皮、蹄壁真皮、蹄底真皮和蹄球真皮。

#### 3.4.2.3 蹄皮下组织

马同牛蹄结构一样，蹄壁和蹄底均无皮下组织，蹄缘和蹄冠的皮下组织较薄。但马的蹄叉皮下组织特别发达，由非常丰富的弹性纤维和胶原纤维构成，是该部位的三层结构中最厚的一层，富于弹性，构成指（趾）端的弹性装置，当四肢着地时有减轻冲击和震荡的作用。

蹄软骨（unguis cartilago）为蹄皮下组织的变形，呈前后轴长的椭圆形软骨板，位于蹄冠与蹄叉真皮两侧的后上方，内外侧各一块，以韧带与系骨、冠骨、蹄骨及近籽骨相连接。蹄软骨富有弹性，与蹄叉皮下组织共同构成指（趾）端的弹性结构，具有缓冲作用，可防止或减轻骨和韧带的损伤。

### 3.4.3 猪蹄的结构特征

猪属于偶蹄动物，同牛（羊）一样，猪的每个肢端也有两个主蹄和两个悬蹄（图 3-8）。主蹄的结构与牛（羊）主蹄相似，但猪的蹄球比牛（羊）的蹄球更发达，蹄底显得比牛（羊）的小。主蹄和悬蹄内均有完整的 3 个指（趾）节骨。

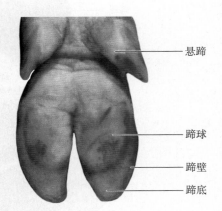

图 3-8　猪蹄结构（底面）

悬蹄

蹄球

蹄壁

蹄底

# 3.5 角

角（cornu）是反刍动物额骨的角突表面覆盖的皮肤衍生物，通常呈锥形，略显弯曲，为动物的防卫武器。

## 3.5.1 角的形态

角的形状一般与额骨角突的形状一致，呈略弯曲的锥形结构。角的形状、大小、弯曲度和弯曲方向取决于家畜种类、品种、年龄、性别及个体不同而异。如果角质生长不均衡，就会形成不同弯曲状甚至螺旋形角。水牛的角比其它牛的角长而粗壮，公牛的角粗长，母牛的角细短。母鹿没有角，公鹿则长有角，公鹿的角周期性脱落，临近交配期又重新生长，在生长期内，幼龄未骨化的鹿角为鹿茸。幼嫩的鹿角柔软，被覆皮肤和被毛，富有血管和神经；当角逐渐骨化后，若冲撞树木可将角上的皮肤剥脱使角裸露出来。角一般可分为角根（基）、角体和角尖三部分（图3-9）。

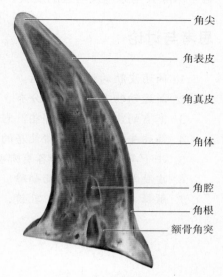

图 3-9　牛角结构模式图

角尖
角表皮
角真皮
角体
角腔
角根
额骨角突

### 3.5.1.1 角根

角根（cornual radix）与额部皮肤相连续，角质薄而柔软，有稀疏的毛，并出现环状的角轮。

### 3.5.1.2 角体

角体（cornual corpus）是自角根向角尖延续部分，角质逐渐增厚，较粗大。有明显的背侧面、前外侧面和腹侧面三个面。

### 3.5.1.3 角尖

角尖（cornual apex）由角体延续而来，角质最厚，甚至成为实体。角的表面常有呈环状的隆起，称角轮。因家畜的营养供给受季节的影响较大，角的生长就出现了隆起和凹陷相间排列的结构，表明角轮的出现与季节相关。因此，在畜牧业中，常用角轮来估测牛的年龄。牛的角轮在角根部最明显，向角尖部则逐渐消失。水牛和羊的角轮较明显，几乎遍布全角。

## 3.5.2 角的结构

角由皮肤衍生而成，是套在额骨角突上的一种特殊的皮肤。因此，角的结构分为角表皮和角真皮，一般没有皮下组织（图3-9）。

### 3.5.2.1 角表皮（角鞘）

角表皮演变成高度角质化而坚硬的角鞘。角鞘由角质小管和管间角质构成，呈丝状的角真皮乳头伸入角质小管内，使角表皮（角鞘）与角真皮连接更牢固。牛的角质小管排列非常紧密，管间角质很少，羊角则与此相反。

### 3.5.2.2 角真皮

角真皮位于角表皮的深层，在角根部与额部皮肤真皮层相延续。角真皮直接与额骨角突表面的骨膜紧密相连，由角根向角尖，其厚度逐渐变薄，深层没有皮下组织。角真皮表面有发达呈丝状的真皮乳头，乳头在角根部短而密，向角尖则逐渐变长而稀，到角尖又变密，这些角真皮乳头伸入角表皮的角质小管内，实现角表皮与角真皮的紧密结合。角真皮内富含血管和神经，角真皮乳头表面生发层细胞不断增生产生新的角质，补充被磨损的角表皮。

角神经为眼神经颧颞支的分支。在现代集约化畜牧业生产中，常采用外科手术去除反刍动物头部的角。对成年动物，局部麻醉阻滞角神经后，锯掉角及额骨的角突；对幼年动物通过外科手术除去角原基及附近的皮肤，以阻止额骨角突和角的发育。

## 思考与讨论

1. 简述皮肤的结构和功能。
2. 简述动物毛的种类和分布、毛的结构及换毛的机制。
3. 家畜的皮肤腺包括哪些？它们的分布、形态结构各有哪些特征？
4. 简述牛、羊、马、猪乳房的形态、位置和结构特征。
5. 牛（羊）、马和猪蹄各有哪些结构特征？
6. 皮肤与皮肤的衍生物如蹄、角相比较，它们在结构上有哪些异同点？
7. 解释名词：皮肤腺，乳镜，蹄白线。

# 4 内脏总论

**本章重点**

- 掌握内脏的概念。
- 掌握体腔、浆膜及浆膜腔的不同含义及其相互关系。
- 掌握管状器官和实质性器官的特点。
- 了解腹腔的分区。

## 4.1 内脏学及内脏的含义

内脏学（splanchnology）是研究机体各内脏器官形态结构和位置关系的科学。内脏（viscera）包括消化、呼吸、泌尿和生殖系统。内脏大部分位于胸腔、腹腔和盆腔内，仅消化、呼吸系统前段的部分器官位于头、颈部；消化、泌尿和生殖系统后部的一些器官位于会阴部。内脏各系统均由一套连续的管道和一个或多个实质性器官组成，以其一端或两端的开口与外界相通，具有摄取和排出某种物质的作用。内脏的功能是参与动物体的新陈代谢和生殖活动，以维持个体生存和延续种属。内脏各系统在发生上关系十分密切。最早出现的是消化管，随后由咽后腹侧壁发生喉气管沟，进而形成喉、气管、支气管和肺，故咽为消化和呼吸系统所共用的器官；泌尿系统和生殖系统在发生和形态上关系更为密切，也有部分器官共用，因此常合称为泌尿生殖系统。广义的内脏还包括体腔内的其它器官，如心、脾、脉管和内分泌腺。

## 4.2 内脏的一般结构

内脏根据其基本结构分为管状器官和实质性器官两大类。

### 4.2.1 管状器官

这类内脏呈管状或囊状，内部有较大而明显的空腔。管壁一般由四层构成，由内向外依次为黏膜、黏膜下层、

本章英文摘要

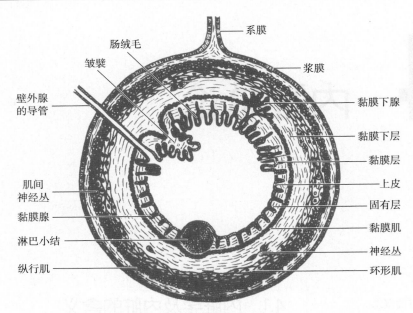

图 4-1   管状器官结构模式图

肌层和外膜（图 4-1）。

#### 4.2.1.1 黏膜

黏膜（mucous membrane）为管壁的最内层，正常黏膜呈淡红色，柔软湿润，因其表面经常覆盖有分泌的黏液而得名。黏膜又分为三层，由内向外顺次为黏膜上皮、固有层及黏膜肌层。

（1）黏膜上皮　由不同的上皮组织构成，其种类因所在部位和功能而异。口腔、食管、肛门和阴道等处的上皮为复层扁平上皮，有保护作用；胃、肠等处的上皮为单层柱状上皮，有分泌、吸收等作用；呼吸道上皮为假复层柱状纤毛上皮，有运动和保护作用；输尿管、膀胱和尿道上皮为变移上皮，有适应器官扩张和收缩的作用。

（2）固有层　由结缔组织构成，含有小血管、淋巴管和神经纤维等，有些器官的黏膜固有层内还含有淋巴组织、淋巴小结和腺体。黏膜固有层有支持和营养上皮的作用。

（3）黏膜肌层　为薄层平滑肌，收缩时可使黏膜形成皱襞，有利于血液循环、物质吸收和腺体分泌物的排出。

#### 4.2.1.2 黏膜下层

黏膜下层（submucosa）由疏松结缔组织构成，有连接黏膜和肌膜的作用，并使黏膜有一定的活动性，在富有伸展性的器官（如胃、膀胱等）特别发达。黏膜下组织内有较大的血管、淋巴管和黏膜下神经丛，有些器官的黏膜下组织内分布有腺体（如食管腺、十二指肠腺）。

#### 4.2.1.3 肌层

肌层（muscular layer）一般由平滑肌构成，分外纵行肌和内环行肌两层，两层之间有少量结缔组织和肌间神经丛。纵行肌收缩可使管道缩短、管腔变大，环行肌收缩可使管腔缩小，两肌层交替收缩时，可使内容物按一定的方向移动。一些部位的肌层由横纹肌构成，如咽和食管。

#### 4.2.1.4　外膜

外膜（adventitia）由薄层疏松结缔组织构成，在体腔内的内脏器官，外膜表面被覆一层间皮，称浆膜（serosa），其表面光滑、湿润，有减少脏器之间运动时摩擦的作用。

### 4.2.2　实质性器官

大多数实质性器官没有明显的空腔，借导管与有腔内脏相连，如肝、胰、肾和卵巢。实质性器官均由实质（parenchyma）和间质（mesenchyme）组成。实质是实质性器官实现其功能的主要部分，如睾丸的实质为细精管和睾丸网，肺的实质由肺内各级支气管和无数的肺泡组成。间质由结缔组织构成，被覆于器官的外表面，称被膜，并深入实质内将器官分隔成许多小叶，如肝小叶。分布于实质性器官的血管、神经、淋巴管及该器官的导管出入器官处常为一凹陷，称此处为该器官的门（hilum 或 porta），如肾门（renal hilum）、肺门（hilum of lung）、肝门（hepatic porta）等。

## 4.3　体腔和浆膜

### 4.3.1　体腔

体腔是由中胚层形成的腔隙，容纳大部分内脏器官，分为胸腔、腹腔和骨盆腔。

#### 4.3.1.1　胸腔

胸腔（thoracic cavity）位于胸部，由胸椎、肋、胸骨和肌肉等构成，为截顶圆锥形腔体；锥尖向前，为胸前口，呈纵卵圆形，由第 1 胸椎、第 1 对肋及胸骨柄组成；锥底向后，为胸后口，呈倾斜的卵圆形，较大，由最后胸椎、最后一对肋、肋弓及剑状软骨组成。胸腔借膈与腹腔分开，内有心、肺、气管、食管、大血管等器官。

#### 4.3.1.2　腹腔

腹腔（abdominal cavity）位于胸腔后方，为最大的体腔，呈卵圆形，前壁为膈，顶壁为腰椎、腰肌和膈脚，两侧壁和底壁主要为腹壁肌及其腱膜，后端与骨盆腔相通。腹腔内容纳大部分消化器官、脾、一部分泌尿生殖器官和大血管等。腹壁上有 5 个开口：主动脉裂孔、食管裂孔、腔静脉孔和一对腹股沟管内口。

#### 4.3.1.3　骨盆腔

骨盆腔（pelvic cavity）为最小的体腔，可视为腹腔向后的延续，顶壁为荐骨和前 3 个尾椎，两侧壁为髂骨和荐结节阔韧带，底壁为耻骨和坐骨。前口呈卵圆形，由荐骨岬、髂骨和耻骨前缘组成，与腹腔为界；后口由尾椎、荐结节阔韧带后缘和坐骨弓组成，借会阴筋膜封闭。骨盆腔内有直肠和大部分泌尿生殖器官。

### 4.3.2　浆膜和浆膜腔

浆膜（serosa）为衬于体腔内面和折转覆盖在内脏器官外表面的一层薄膜（图 4-2）。浆膜衬于体壁内面的部分为浆膜壁层，由壁层折转覆盖在内脏器官表面的部分为浆膜脏层，浆膜壁层和脏层之间的腔隙称浆膜腔，内有少量浆液，起润滑作用，用以减少内脏器官活动时的摩擦。浆膜按部位分为胸膜（pleura）和腹膜（peritoneum）。

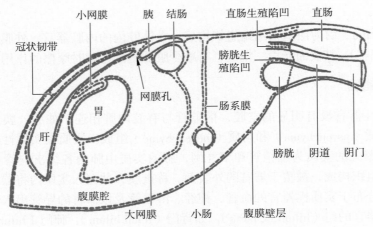

图 4-2　腹腔和腹膜腔模式图（母马）

#### 4.3.2.1　胸膜和胸膜腔

　　胸膜为一层光滑的浆膜，分别覆盖在肺的表面、胸壁内面、纵隔侧面及膈的前面（图 4-3）。胸膜被覆于肺表面的部分称肺胸膜（pulmonary pleura），即胸膜脏层（visceral layer of pleura）。被覆于胸壁内面、纵隔侧面及膈前面的部分称壁胸膜（parietal pleura），即胸膜壁层（parietal layer of pleura）。胸膜壁层和脏层在肺根处互相移行，共同围成两个胸膜腔（pleural cavity），腔内为负压，使两层胸膜紧密相贴，在呼吸运动时，肺可随着胸壁和膈的运动而扩张或回缩。胸膜腔内有胸膜分泌的少量浆液，称胸膜液，有减少呼吸时两层胸膜摩擦的作用。胸膜壁层按部位又分衬贴于胸腔侧壁的肋胸膜（costal pleura）、膈前面的膈胸膜（diaphragmatic pleura）以及参与构成纵隔的纵隔胸膜（mediastinal pleura），而被覆在心包外面的纵隔胸膜特称为心包胸膜（pericardiac pleura）。

#### 4.3.2.2　纵隔

　　纵隔（mediastinum）位于胸腔正中矢状面上，略偏左，由左右两侧纵隔胸膜及夹于其间的所有器官（气管、食管、前腔静脉、主动脉、心和心包等）所组成（图 4-3）。纵隔以肺根分为背侧纵隔和腹侧纵隔，后者又以心和心包分为心前纵隔、心中纵隔和心后纵隔。

#### 4.3.2.3　腹膜和腹膜腔

　　腹膜为衬贴于腹腔和骨盆腔内面和折转覆盖在腹腔和骨盆腔内脏器官表面的浆膜，衬于腹腔和骨盆腔内面的部分为腹膜壁层（parietal peritoneum）；覆盖在腹腔和骨盆腔内脏器官表面的部分为腹膜脏层（visceral peritoneum）。腹膜壁层与脏层互相移行，两

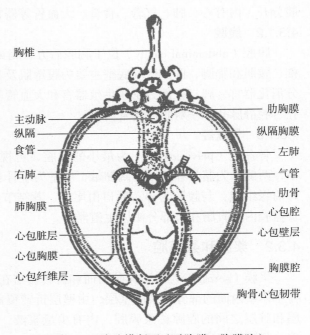

图 4-3　胸腔横断面（示胸膜、胸膜腔）

层之间的腔隙为腹膜腔（peritoneal cavity）。在正常情况下，腹膜腔内仅有少量浆液，有润滑作用，可减少运动时内脏器官之间的摩擦。雄性动物的腹膜腔为一密闭的腔隙，雌性动物的腹膜腔则借输卵管腹腔口，经输卵管、子宫、阴道和阴道前庭与外界相通。腹膜腔套在腹腔内，腹腔和骨盆腔内的脏器均位于腹腔之内、腹膜腔之外。根据腹腔和骨盆腔内脏被腹膜覆盖的情况不同，可分为腹膜内位器官和腹膜外位器官。表面几乎都被腹膜覆盖的器官为腹膜内位器官，如胃、脾、空肠、卵巢等；仅一面被腹膜覆盖的器官为腹膜外位器官，如肾、肾上腺等。

当腹膜从腹腔和骨盆腔壁移行至脏器，或从某一个脏器移行至另一脏器时，形成各种不同的腹膜褶，分别称为系膜、网膜、韧带和皱褶，它们不仅对内脏器官起着连接和固定的作用，而且也是血管、神经、淋巴管等进出脏器的途径。系膜（mesentery）一般指连于腹腔顶壁与肠管之间的腹膜褶，如空肠系膜、直肠系膜等。网膜（omentum）为连于胃与其它脏器之间的腹膜褶，如大网膜和小网膜。韧带和皱褶为连于腹腔、骨盆腔壁与脏器之间或脏器与脏器之间短而窄的腹膜褶，如肝左、右三角韧带，回盲韧带，尿生殖褶等。此外，腹膜在骨盆腔脏器之间移行折转形成的凹陷称腹膜陷凹，如直肠生殖陷凹、膀胱生殖陷凹、耻骨膀胱陷凹。

## 4.4 腹腔分区

为了便于准确描述腹腔各脏器的局部位置，常以骨骼为标志将腹腔划分为 10 个区域（图 4-4）。首先通过两侧最后肋骨后缘最突出点和髋结节前缘作两个横切面，将腹腔分为腹前部、腹中部和腹后部。

腹前部（cranial abdominal region）最大，细分为三部分：肋弓以下的部分为剑突软骨部（xiphoid region），肋弓以上的部分为季肋部（hypochondriac region），又以正中矢状面分为左、

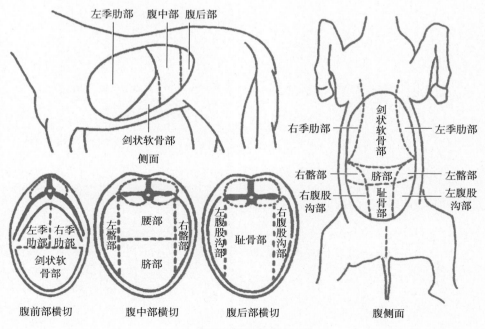

图 4-4　腹腔分区

右季肋部。腹中部（middle abdominal region）细分为四部分：先通过两侧腰椎横突末端的两个矢状面，将腹中部分为左、右腹外侧部（或髂部）（lateral abdominal region）和中间部，中间部的上半部称肾部或腰部（lumbar region），下半部称脐部（umbilical region）。腹后部（caudal abdominal region）细分为三部分：同样以腹中部的两个矢状面将腹后部分为左、右腹股沟部（inguinal region）和中间的耻骨部（pubic region）。

## 思考与讨论

1. 何谓内脏？
2. 管状器官和实质性器官各有何特点？
3. 胸腔、腹腔、浆膜腔的含义及其相互关系如何？
4. 浆膜腔中浆液有何作用？浆液过多和过少会对机体产生什么影响？
5. 何谓系膜和网膜？

# 5 消化系统

## 本章重点

- 掌握牛、羊、马、猪消化系统的器官组成及它们的功能关系。
- 掌握牛、羊、马、猪消化系统各器官的位置、形态和结构及其相互关系。
- 掌握牛、羊、马、猪胃、肠的形态、位置及构造特点。
- 掌握牛、羊4个胃室的体表投影位置。

动物在生命活动过程中，要不断地从外界摄取食物，对其进行物理、化学以及微生物的消化，吸收营养物质，最后将残渣排出体外，以保证新陈代谢的正常进行。消化系统的功能是摄取食物、消化食物、吸收养分、排出粪便。食物中的营养成分包括蛋白质、脂肪、糖类、水、无机盐和微量元素，后三者可被消化吸收，但前三者结构复杂，分子大，不能直接吸收，必须在消化管内消化分解成氨基酸、脂肪酸和单糖等结构简单的营养物质，通过消化管壁进入血液和淋巴，此过程称为吸收。

消化系统（digestive system）包括消化管和消化腺两部分。消化管为食物通过的管道，包括口腔、咽、食管、胃、小肠、大肠和肛门。消化腺为分泌消化液的腺体，包括壁内腺和壁外腺。消化液中含有多种酶，在消化过程中起催化作用。壁内腺广泛分布于消化管的管壁内，如胃腺和肠腺。壁外腺位于消化管外，形成独立的器官以腺管将产生的消化液送入消化管内，如三种大唾液腺、肝和胰。

由于牛（羊）、猪和马属动物的消化系统形态结构差异很大，所以本章分别予以介绍。

## 5.1 牛（羊）消化系统的解剖学特点

牛（羊）的消化器官见图 5-1 至图 5-3。

### 5.1.1 口腔

口腔由唇、颊、硬腭、软腭、口腔底、舌、齿和齿龈及唾液腺组成，是消化管的起始部，具有采食、吸吮、咀嚼、

本章英文摘要

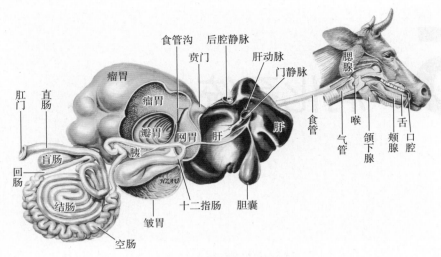

图 5-1   牛消化器官模式图

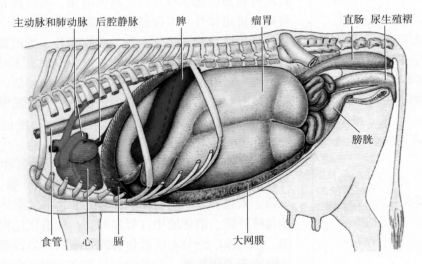

图 5-2   牛左侧内脏器官位置

尝味、吞咽和泌涎等功能（图 5-4）。

　　口腔的前壁为唇，侧壁为颊，顶壁为硬腭，底为下颌骨、舌骨和舌。前端经口裂（oral fissure）与外界相通，向后与咽相通。口腔可分为口腔前庭和固有口腔。口腔前庭（oral vestibule）指唇、颊和齿弓之间的空隙；固有口腔（oral cavity proper）指齿弓以内的空隙，舌位于固有口腔内。口腔内面衬有黏膜，呈粉红色，常有色素沉积，黏膜在唇缘与皮肤相连。黏膜下组织有丰富的毛细血管、神经和腺体。正常时口腔黏膜保持一定的颜色和湿度，临床上很重视对口腔黏膜的检查。

#### 5.1.1.1　唇

　　唇（lip）以口轮匝肌为基础，外面被有皮肤，内面衬有黏膜。分为上唇和下唇，其游离

形。随年龄增长，所有切齿均出现磨损，磨损后的嚼面，在外周形成一圈釉质，中央为齿质。当磨损达齿腔时又出现颜色较深的次生齿质，称为齿星。齿星初为圆形，逐渐变为方形（图 5-11）。臼齿属于长冠齿，齿颈不明显，齿冠较长，部分埋于齿槽中，随着磨损而不断生长推出。齿根较短，形成也晚。在嚼面上有 1～5 个被覆釉质的漏斗（infundibulum），又称齿坎或齿窝，所以嚼面在磨损后出现外、内两圈釉质褶。长冠齿的黏合质包被整个齿的表面，并深入齿坎内，磨损后嚼面上出现齿星（图 5-12，图 5-13）。

（3）齿龈（gum） 为被覆齿槽缘和齿颈上的黏膜，是口腔黏膜的延续。齿龈无黏膜下组织，与齿根的骨膜紧密相连。齿龈随齿深入齿槽内，移行齿槽骨膜。齿龈神经分布少而血管多，呈淡红色（图 5-11）。

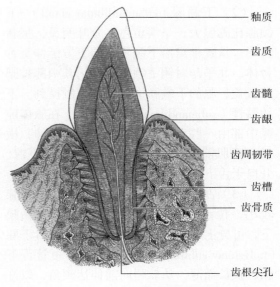

图 5-11 牛切齿的构造

### 5.1.1.6 唾液腺

唾液腺（salivary gland）是分泌唾液的腺体，分大、小两类。小唾液腺包括唇腺、颊腺、腭腺和舌腺等，大唾液腺有腮腺、下颌腺和舌下腺（图 5-14，图 5-15）。唾液具有湿润食料，便于咀嚼、吞咽、清洁口腔和参与消化等作用。

（1）腮腺（parotid gland） 腮腺位于下颌支与寰椎翼之间，呈狭长倒三角形，颜色为淡红褐色。上端厚，达颞下颌关节部，包绕耳郭基部，前缘覆盖于咬肌后部。下端狭小，弯向前下方，位于舌面静脉与上颌静脉的夹角内。腮腺管（parotid duct）起于腮腺下部的深面，随舌面静脉一起沿咬肌的腹侧缘经下颌骨血管切迹折转到咬肌前缘，开口于颊黏膜的腮腺乳头上。

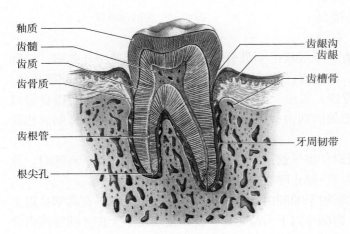

图 5-12 牛臼齿的构造（1）

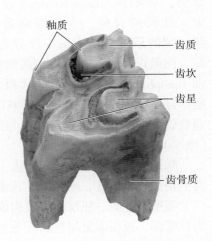

图 5-13 牛臼齿的构造（2）

（2）下颌腺（submandibular gland） 下颌腺比腮腺大，呈淡黄色，分叶明显，呈新月形。从寰椎窝沿下颌角向前下方延伸至舌骨体，几乎与对侧下颌腺相接。其中部被腮腺覆盖，腺的下端膨大，活体可触摸到。下颌腺管（submandibular gland duct）在腺体前缘中部由一些小管汇合形成，向前延伸，横过二腹肌前肌腹的表面，沿舌下腺的下缘，开口于舌下肉阜。

（3）舌下腺（sublingual gland） 舌下腺较小，位于舌体和下颌舌骨肌之间的黏膜下，可分上、下两部分，上部为多口舌下腺（polystomy sublingual gland），又称短管舌下腺，狭长而薄，从软腭向前伸达颏角，以许多小管开口于舌体两侧的口腔黏膜上。下部为单口舌下腺（monostomy sublingual gland），又称长管舌下腺，短而厚，位于多口舌下腺前下方，以一条总导管与下颌腺管伴行共同开口于舌下肉阜。

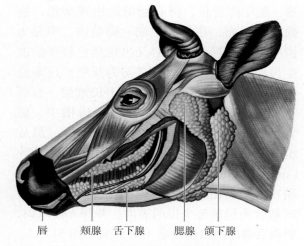

唇　颊腺　舌下腺　　腮腺　颌下腺

图 5-14　牛头的浅层解剖结构

### 5.1.2　咽和软腭

#### 5.1.2.1　咽

咽（pharynx）位于颅底下方，口腔和鼻腔的后方，喉和气管的前上方，为前宽后窄的漏斗形的肌膜性管道，其内腔称咽腔，可分为鼻咽部、口咽部和喉咽部三部分。鼻咽部（nasopharynx）位于鼻腔后方，软腭的背侧，为鼻腔向后的直接延续。咽的后背侧部由咽中隔分为左、右隐

腮腺

软腭

口腔　舌　颊腺　　颌下腺　喉　气管　　　食管

图 5-15　牛的唾液腺

窝，向前以鼻后孔通鼻腔，两侧壁各有一个缝状的咽鼓管咽口，经咽鼓管通中耳鼓室。口咽部（oropharynx）位于软腭与舌根之间，较宽大，前端以咽峡与口腔相通，后方与喉咽部相接。喉咽部（laryngopharynx）位于喉口的背侧，较短，向下经喉口通于喉和气管，向后以食管口通食管，向上则经软腭游离缘与舌根形成的咽内口（internal orifice of pharynx）与鼻咽部相通（图 5-4）。

咽是消化和呼吸的共同通道。呼吸时，空气通过鼻腔、咽、喉和气管进出肺。吞咽时，软腭上提关闭鼻后孔，而会厌翻转盖住喉口，停止呼吸。此时，食团经咽进入食管。

咽壁由黏膜、肌层和外膜构成。黏膜衬于咽腔内面，分为呼吸部和消化部。在腭咽弓以上为呼吸部，被覆假复层柱状纤毛上皮；腭咽弓以下为消化部，覆以复层扁平上皮。咽黏膜内含有咽腺（pharyngeal gland）。咽的肌肉为横纹肌，与软腭肌共同参与吞咽反射活动，尤其在反

刍逆呕和嗳气时起着重要的作用。逆呕时，软腭上提，口咽扩大，食团因贲门开放而由瘤胃返回食管，被食管的逆蠕动经咽送入口腔再咀嚼。嗳气时，软腭上提，将咽内口关闭，瘤胃嗳出的气体一部分由口腔排出，大部分则经喉口和气管进入肺内。咽前缩肌可缩短咽喉和闭合咽内口，咽中和咽后缩肌可顺次压迫食团进入食管。咽开大肌则可扩张咽的后部和缩小鼻咽部。外膜为颊咽筋膜的延续，是包围在咽肌外面的一层纤维膜，将咽与周围器官连接。

#### 5.1.2.2 软腭

软腭（soft palate）由肌肉和黏膜构成，是硬腭向后的延续。软腭后缘游离并凹陷，称为腭弓（palate arch）。软腭向两侧各有两条弓状黏膜褶，伸向后方到咽侧壁的称为腭咽弓（palatopharyngeal arch），伸向前方连于舌根侧缘的称腭舌弓（palatoglossal arch）。两弓间的凹陷为扁桃体窦（sinus tonsillaris），窦内容纳扁桃体。由软腭两侧腭舌弓及舌根共同围成的口与咽之间的狭窄通路，称为咽峡（isthmus of fauces）。软腭口腔面的黏膜被覆复层扁平上皮，其下有腭腺（palatine gland），黏膜内分布有弥散淋巴组织和淋巴小结；咽腔面的黏膜上皮为假复层柱状纤毛上皮，在黏膜深层有分散的混合腺以及弥散淋巴组织和淋巴小结。软腭垂向后下方达会厌处，上提时可用口腔呼吸（图5-4）。

在咽和软腭的黏膜内分布有淋巴组织构成的淋巴器官，称扁桃体（tonsil）。扁桃体由于部位不同有不同的名称。腭扁桃体（palatine tonsil）较发达，长约3 cm，位于咽部侧壁的肌肉和结缔组织内，以扁桃体窦开口于近软腭附着处的口咽部两侧。咽扁桃体（pharyngeal tonsil）位于咽中隔的后端，为不规则隆起。咽鼓管扁桃体（tubal tonsil）位于咽鼓管咽口的黏膜内。腭帆扁桃体（velum palatinum tonsil）在软腭的口腔面黏膜下，分散存在。

### 5.1.3　食管

食管（esophagus）是食物通过的肌膜性管道，起于喉咽部，连接咽和胃之间（图5-1）。环咽肌和环杓背肌的肌纤维伸展入食管管壁，与食管纵肌一起将食管固定于咽和喉。食管可分为颈、胸和腹三段。颈段于颈前1/3处，位于气管背侧与颈长肌之间，到颈中部逐渐偏至气管左侧，直至胸腔前口。胸段位于纵隔内，又转至气管背侧与颈长肌的胸部之间继续向后伸延，越过主动脉右侧，然后在相当于第8—9肋间处穿过膈的食管裂孔进入腹腔。腹段很短，以贲门开口于瘤胃。

食管壁由黏膜、黏膜下组织、肌层和外膜构成。黏膜平时形成若干纵褶，几乎将管腔闭塞，当食物通过时，管腔扩大，纵褶展平，其上皮为复层扁平上皮。黏膜下组织发达，在食管的起始端含食管腺（esophageal gland），其它部缺腺体。肌层为横纹肌，成螺旋形互相交错，向后逐渐移行至胃端则变成外纵行和内环行的两层。颈段肌层厚，胸段薄。管径大小不等，在颈中部和颈后部1/3交界处较狭窄，向后增大，在心基之后显著扩大呈纵卵圆形，便于逆呕和嗳气。外膜颈段为疏松结缔组织，在胸、腹段为浆膜。

### 5.1.4　胃

牛、羊的胃为多室胃（图5-1，图5-2，图5-16至图5-19），又称复胃或反刍胃（ruminant stomach）。根据形态和构造不同，分为瘤胃（rumen）、网胃（reticulum）、瓣胃（omasum）和皱胃（abomasum）4个胃。前3个胃合称为前胃（proventriculus），黏膜无腺体，相当于其它单室胃家畜胃的无腺部。瘤胃以贲门接食管，皱胃以幽门连十二指肠。胃沟则顺次沿网胃、瓣胃和皱胃分为三段。多室胃的肌层与单室胃的相似。瘤胃和网胃肌层的外层由外斜纤维和内环纤维构成，内层由内斜纤维构成。瓣胃和皱胃的肌层，由外纵层和内环层构成。皱胃又称真胃，黏膜具有腺体。

### 5.1.4.1 瘤胃

（1）瘤胃的形态和位置　成年牛的瘤胃最大，占胃总容积的80%，呈前、后稍长，左、右略扁的椭圆形大囊，几乎占据整个腹腔左侧（图5-2，图5-16），其后腹侧部越过正中平面而突入腹腔右侧。瘤胃前端至膈，后端达盆腔前口。左侧面为壁面，与脾、膈及腹壁相接触；右侧面为脏面，与瓣胃、皱胃、肠、肝及胰相接触。背侧借腹膜和结缔组织附着于膈脚和腰肌的腹侧；腹侧隔着大网膜与腹腔底壁相接触。瘤胃以左、右侧面较浅的左纵沟（left longitudinal groove）和右纵沟（right longitudinal groove）和前、后方较深的前沟（cranial groove）和后沟（caudal groove）又将瘤胃分为背囊（dorsal sac）和腹囊（ventral sac）两部分。背囊较长。右纵沟分成两支围绕形成瘤胃岛（rumen island）。两纵沟在后端又分出环形的背侧冠状沟（dorsal part of coronary sulcus）和腹侧冠状沟（ventral part of coronary sulcus），从背、腹囊分出后背盲囊（caudodorsal blind sac）和后腹盲囊（caudoventral blind sac）。瘤胃的前背盲囊和前腹盲囊前端，分别称为瘤胃房（ruminal atrium）和瘤胃隐窝（ruminal recess）。瘤胃沟内含有脂肪、血管、淋巴管、淋巴结和神经；沟表面覆盖有浆膜，有时还有肌纤维跨过。瘤胃与网胃之间有较大的瘤网胃口（reticulorumen orifice）。口的腹侧和两侧有向内折叠的瘤网胃褶（plica reticulorumen），呈纵长的椭圆形，约为18 cm×13 cm；口的背侧形成一个穹隆，称瘤胃前庭（vestibule reticulorumen）。该处与食管相接处为贲门（图5-16至图5-18）。

（2）瘤胃壁的构造　瘤胃壁由黏膜、黏膜下组织、肌层和浆膜构成，黏膜表面被覆复层扁平上皮，角化层发达，成年牛除肉柱（trabeculae carneae）的颜色较淡外，其余均被饲草中的染料和鞣酸染成深褐色，初生牛犊则全部呈苍白色，上皮的角化层不发达。在前、后沟和

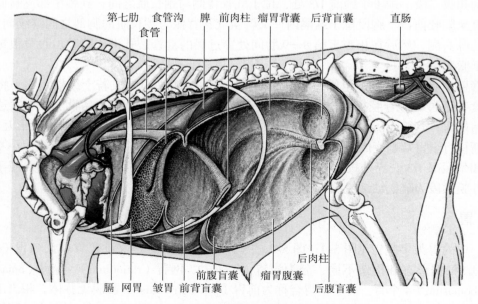

图5-16　牛左侧内脏器官（瘤胃、网胃已切开）

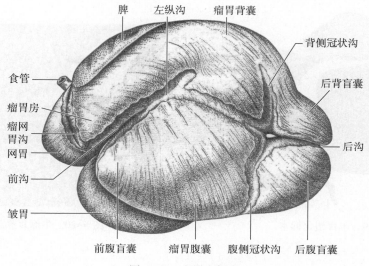

图 5-17　牛胃左侧观

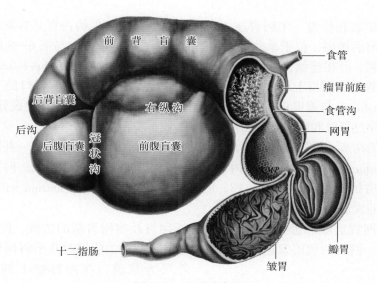

图 5-18　牛胃右侧观

左、右肉沟相对应处分别形成厚的前、后肉柱（anteroposterior trabeculae carneae）和左、右肉柱（left and right trabeculae carneae），将背、腹囊分开，以肉柱围成的瘤胃内口（rumen internal orifice）相互交通。在相当于冠状沟处，则形成背、腹冠状肉柱（dorsal and ventral coronary trabeculae carneae），作为两盲囊的界限。黏膜表面形成无数圆锥状或叶状的瘤胃乳头（papillae rumen），长的达 1 cm，使之表面粗糙异常。腹囊、盲囊和瘤胃房的乳头最发达，向肉柱方向逐渐变小，肉柱上及背囊的顶部无乳头，色白。乳头与瘤胃的吸收功能有关。瘤胃的黏膜无黏膜肌层，其固有膜与较致密的黏膜下组织直接相连。黏膜内无腺体。瘤胃肌层很发达，由外纵层和内环层构成。外纵层在瘤胃背囊为外斜纤维，内环层主要在瘤胃腹囊。瘤胃肉柱由内斜纤维构成，在瘤胃蠕动中起着重要作用。浆膜无特殊结构，只有背囊顶部和

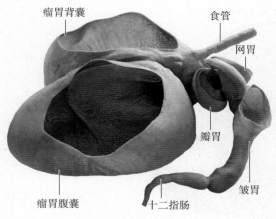

图 5-19    羊胃塑化标本

图 5-20    牛瘤胃黏膜表面观

脾附着处无浆膜（图 5-20）。

### 5.1.4.2    网胃

（1）网胃的形态和位置    牛网胃在 4 个胃中最小，成年牛约占胃总容积的 5 %。网胃的外形略呈梨形，前后稍扁，位于季肋区正中矢面、瘤胃房的前方，与第 6—8 肋间隙相对。网胃的膈面凸，与膈、肝相接触；脏面平，与瘤胃房相邻。网胃底（fundus reticulum）则置于胸骨后端和剑状软骨上。网胃上端的瘤网胃口与瘤胃背囊相通，在瘤网胃口的下方有网瓣胃口（reticulo-omasal orifice）与瓣胃相通。由于网胃前面与膈紧贴，当牛吞食尖锐异物留于网胃时，常因网胃收缩而穿过胃壁和膈引起创伤性心包炎。

（2）网胃壁的构造    网胃黏膜上皮角化层发达，呈深褐色。黏膜形成一些隆起皱褶，称网胃嵴（crista reticulum），高约 1.3 cm，内含肌组织，由黏膜肌层延伸而来。网胃嵴形成多边形的小室，形似蜂房状（图 5-16，图 5-18，图 5-21），称为网胃房（antrum reticulum）。小室的底还有许多较低的次级嵴。

在网胃嵴和网胃房底部密布角质乳头，靠近网胃及瘤网胃褶的边缘，网胃房逐渐变小，嵴变低以至消失。网胃的肌层发达，与反刍时的逆呕有关，收缩时几乎将网胃完全闭合。最外层为浆膜。在网胃壁上的网胃沟（sulcus reticulum），又称食管沟（sulcus oesophagus）。食管沟起于贲门，沿瘤胃前庭和网胃右侧壁向下伸延至网瓣胃口，与瓣胃相接。沟两侧隆起的黏膜褶，富含肌组织，称为左、右唇（left and right labium），两唇之间为食管沟底。沟底黏膜形成一些浅的纵褶，在网瓣胃口处具有细而弯的爪状乳头。由于沟略呈螺旋状，沟底在上部向后，中部向左，而直部则向前。犊牛的食管沟发达，机能完善，当吸吮时，可反射性地闭合两唇形成管状，乳汁从贲门经食管沟和瓣胃沟直达皱胃。成年牛的食管沟闭合不全。

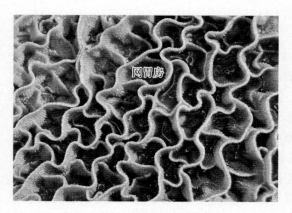

图 5-21    牛网胃黏膜表面观

#### 5.1.4.3 瓣胃

（1）瓣胃的形态和位置 牛的瓣胃占胃总容积的7%～8%，呈两侧稍扁的球形，位于右季肋区，在网胃和瘤胃交界处的右侧，与第7—11（12）肋间隙下半部相对。凸缘为瓣胃弯（curvatura omasum），朝向右后上方；凹缘为短的瓣胃底（fundus omasum），和凸缘方向相反。瓣胃以较细的瓣胃颈（collum omasum）与网胃相连接；以较大的瓣皱胃沟（sulcus of omasum and abomasum）与皱胃为界。瓣胃的壁面（右面）斜向右前方，隔着小网膜与膈、肝和胆囊接触；脏面（左面）与瘤胃、网胃和皱胃相贴。羊的瓣胃在4个胃中最小，呈卵圆形，位于第8～10肋骨的下半部。

（2）瓣胃壁的构造 瓣胃壁的构造（图5-18，图5-19，图5-22）与瘤胃、网胃的相似，而黏膜形成百余片互相平行的新月形皱褶，称瓣胃叶（leaf of omasum）。从横切面上看，很像一叠"百叶"，故瓣胃又称百叶胃。瓣胃叶皱褶的凸缘附着于胃壁，凹缘游离，朝向瓣胃底。瓣胃叶间形成叶间隐窝（interlobar recessus），平时充满较干的饲草和饲料细粒。瓣胃叶按高低可分为4级，呈有规律地相间排列，最大的瓣胃叶有12～16片，在大叶之间有中叶、小叶和最小叶片，最小瓣叶几乎呈线状。瓣胃叶的表面分布许多小的角质化乳头。瓣胃底处无瓣胃叶，仅有一些小的皱褶和乳头，称瓣胃沟（sulcus of omasum），起于网瓣胃口，止于瓣皱胃口，长10～12 cm。最大的瓣胃叶游离缘与瓣胃沟之间的空隙称瓣胃管（omasum duct），位于网瓣胃口与瓣皱胃口（omasum and abomasum orifice）之间，液体和细粒饲料可由网胃经过此管沟直接进入皱胃。瓣皱胃口呈卵圆形，口的前方有瓣胃柱（omasum column）所环绕，柱内肌组织向外扩展至瓣胃壁。瓣皱胃口上有一黏膜，称皱胃帆（abomasum velamen），有启闭瓣皱胃口的作用。瓣胃的肌层，也由外纵肌和内环肌构成。

#### 5.1.4.4 皱胃

（1）皱胃的形态和位置 皱胃占胃总容积的7%～8%，呈一端粗一端细的弯曲长囊，位于右季肋区和剑状软骨区。在网胃和瘤胃腹囊的右侧、瓣胃腹侧和后方，大部分与腹腔底壁紧

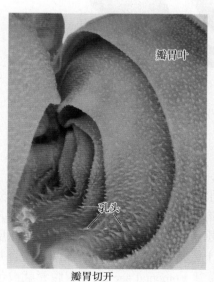

瓣胃切开

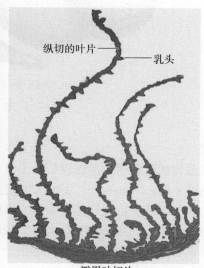

瓣胃叶切片

图5-22 牛瓣胃解剖

贴，与第 8～12 肋骨相对。皱胃前端粗大，称胃底（fundus of stomach），与瓣胃相连；后端狭窄，称幽门部。幽门部则在瓣胃后方沿右肋弓转向后上方，在肝的脏面与十二指肠相接。皱胃脏面（内侧）与瘤胃隐窝相邻，当充盈时可从瘤胃房下方越至左侧与腹壁接触。皱胃大弯凸向下，与腹腔底壁接触；小弯凹向上，与瓣胃接触。

（2）皱胃壁的构造  皱胃壁由黏膜、黏膜下组织、肌层和浆膜构成（图 5-18，图 5-19）。皱胃黏膜光滑、柔软，含有胃腺。胃底和大部胃体的黏膜形成 12～14 片与皱胃纵轴斜行的大皱褶，称皱胃旋褶（abomasum plica spiralis），向后逐渐变低。皱胃黏膜依据固有层内的腺体不同而分区：环绕瓣皱胃口的狭带为贲门腺区，色淡，内有贲门腺；胃底和大部分胃体为胃底腺区，呈灰红色，内有胃底腺；幽门部和一部分胃体为幽门腺区，淡而稍黄，常形成一些暂时性的皱褶，内有幽门腺。

### 5.1.4.5  犊牛胃的特点

牛胃各室的容积和形态随着年龄而变化。初生犊牛因吃奶，所以皱胃特别发达，瘤胃较小，局限于腹腔左侧的前上部（图 5-23），从犊牛吃草料开始，前胃发育加快，到 1～1.5 岁时达到成年时的比例；成年牛的胃容积也有差异，一般为 110～235 L，其中瘤、网胃约占 84%，瓣胃占 7%～8%，皱胃占 7%～8%。以质量计算，4 个胃占体重 2.5%。其中前胃占胃的总质量的 89%，皱胃占 11%。羊胃的形态结构基本上与牛相似，但是网胃较大，而瓣胃较小。

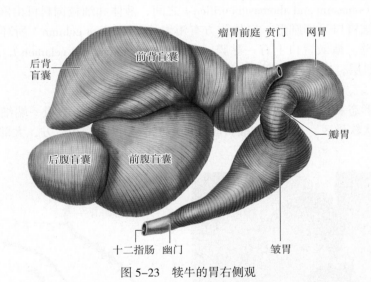

图 5-23  犊牛的胃右侧观

### 5.1.4.6  网膜

网膜是联系胃的浆膜褶，由腹膜折转形成，可分大网膜和小网膜（图 5-24）。

（1）大网膜（larger omenta）  牛的大网膜很发达，覆盖在肠管右侧面的大部分和瘤胃腹囊的表面，可分浅、深两层。浅层起自瘤胃左纵沟，向下绕过瘤胃腹囊到腹腔右侧，继续沿右腹侧壁向上延伸，止于十二指肠和皱胃大弯。浅层由瘤胃后沟折转到右纵沟转为深层。深层向下绕过肠管到肠管右侧面，沿浅层向上，也止于十二指肠（但有时浅、深两层先合并，然后止于十二指肠）。浅、深两层网膜形成一个大的网膜囊（omental sac），瘤胃腹囊就被包在其中。在两层网膜和瘤胃右侧壁之间，形成一个似兜袋的网膜囊隐窝（crypt of omental sac），兜着大部

襻的背侧。旋襻为升结肠第二段，是很长的肠襻，卷曲成椭圆形的结肠圆盘，羊的略呈矮的锥体形，位于瘤胃右侧，夹在总肠系膜两层浆膜之间。旋襻可分为向心回（centripetal gyrus）和离心回（centrifugation gyrus），在结肠盘的中心有中央曲（centre flectin）。向心回和离心回各有1.5～2圈（绵羊3圈，山羊4圈）。从旋襻右侧观察，可见向心回在旋襻外周，继承近襻以顺时针方向向内旋，转至中央曲，然后转为离心回；离心回由此以逆时针方向旋转，在第1腰椎处延续为远襻，而靠近空肠襻。羊旋襻离心回的最后一圈的腹侧肠管距结肠远，而靠近空肠襻。远襻位于近襻内侧，为升结肠的第三段，在肠系膜根部沿十二指肠升部向后至第5腰椎处，再折转向前沿肠系膜右面至最后胸椎处，延续为横结肠。横结肠很短，在最后胸椎的腹侧经肠系膜前动脉前方，由右侧急转向左，此肠管悬于短的横结肠系膜（transverse mesocolon）之下，其背侧为胰腺。降结肠是自横结肠沿肠系膜和肠系膜前动脉的左侧至盆腔前口的一段肠管。从第2腰椎处起，降结肠系膜加长，故后部活动性较大。

（3）直肠（rectum）　直肠位于盆腔内，较短而直。直肠前3/5大部分被覆有腹膜，由直肠系膜连接于盆腔顶壁。其后部为腹膜外部，借疏松结缔组织和肌肉附着于盆腔周壁，营养好的个体还含有脂肪组织。牛的直肠后部当蓄积粪便时能扩张变粗，形成不明显的直肠壶腹（ampulla of rectum）。

（4）大肠壁的构造　大肠壁的构造与小肠壁基本相似，也由黏膜、黏膜下组织、肌层和外膜构成。黏膜表面光滑，无绒毛。在固有膜内有排列整齐的大肠腺，在盲肠和结肠黏膜内有较多的淋巴孤结，淋巴集结则很少，仅见于升结肠近襻的后部。肌层为内环、外纵两层平滑肌，分布均匀。背侧外纵肌形成一对较粗的肌束，称直肠尾骨肌（rectococcygeal muscle），从直肠背侧向后上方止于第2、3尾椎侧面。腹侧外纵肌向下在会阴腱膜中心处交叉，母畜汇入阴道前庭和阴唇，公畜则汇入尿道。

### 5.1.6.2　肛门的形态构造和位置

肛门（anus）为肛管的后口，肛管（anal canal）是直肠壶腹后端变细所形成的管。牛的肛管短而平滑，以肛直肠线为界与直肠黏膜分开，按顺序分为三区：前面为肛柱区，黏膜形成一圈长约10 cm（羊为1 cm）的纵褶，称直肠柱（rectal column）或肛柱（anal column），各柱后端之间借半月形皱褶相连，称肛瓣（anal valve），它与相邻直肠柱后端之间围成的小隐窝，称直肠窦（sinus rectalis）或肛窦（anal sinus），此区反刍动物不明显；中间区很狭窄；后部为皮区，围绕肛门内表面，上皮角化。黏膜与皮肤相互移行的界线称齿状线，线的前端为黏膜覆盖，后端为皮肤。齿状线附近的黏膜有毛和色素沉积。肛门是消化管末端的开口，位于尾根下方，平时不突出于体表。外面被盖的皮肤薄而无毛。肌肉有：肛门内括约肌（sphincter anal internus），为直肠环行肌所形成；肛门外括约肌（external anal sphincter），为内括约肌周围的环行横纹肌，部分肌纤维走向背侧的尾椎筋膜和腹侧的会阴部筋膜。在肛管两侧还有起始于荐结节阔韧带或坐骨棘的肛提肌，向后伸入肛门外括约肌的深层。

## 5.2　马（驴）消化系统的解剖学特点

马的消化器官见图5-28至图5-30。

马、驴、骡属于草食动物，但无反刍习性，消化管结构也与反刍动物的明显不同，以相对较小的胃和极其发达的大肠为显著特征。

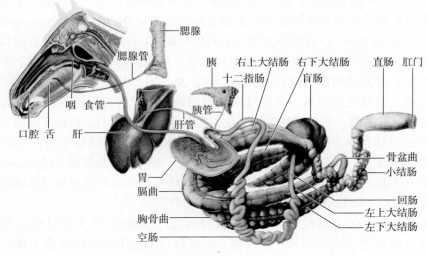

图 5-28　马消化系统模式图

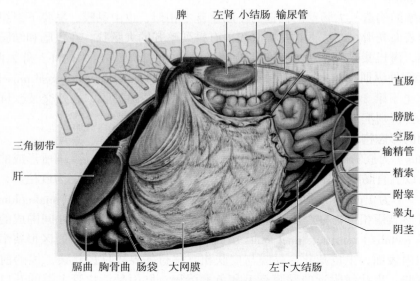

图 5-29　马左侧网膜和内脏器官

### 5.2.1　口腔和咽

#### 5.2.1.1　口腔

　　马的口腔较狭长，黏膜柔软光滑。口腔的前壁为唇，侧壁为颊，顶壁为硬腭，颊、唇黏膜缺锥形乳头，底壁大部分为舌所占据，仅舌尖下方有下颌骨切齿部为基础形成的口腔底（图 5-31，图 5-32）。

　　（1）唇和颊　马唇薄而灵活，是采食的主要器官，上唇正中为一条浅缝，称为人中（philtrum）。颏（chin）圆隆而突出，为马属动物的显著特征。唇表面密生被毛，并掺杂有长的触毛。唇和颊部黏膜薄而呈粉红色，常有色素斑，黏膜内分布有唇腺和颊腺。

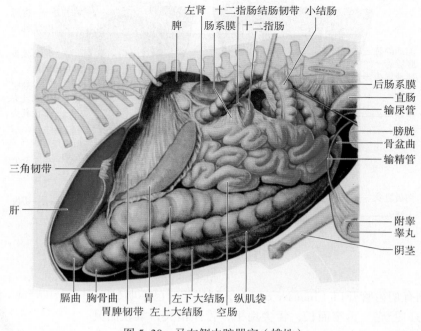

左肾　十二指肠结肠韧带　小结肠
脾　肠系膜　十二指肠
后肠系膜
直肠
输尿管
膀胱
骨盆曲
输精管
三角韧带
附睾
睾丸
阴茎
肝
膈曲　胸骨曲　胃　左下大结肠　纵肌袋
胃脾韧带　左上大结肠　空肠

图 5-30　马左侧内脏器官（雄性）

　　颊腺分为颊背侧腺和颊腹侧腺，颊背侧腺呈长条形，分布于颊肌外面面嵴腹侧，大部被咬肌覆盖。颊腹侧腺位于颊肌腹缘内侧的颊黏膜下层。

　　在正对第 3 前臼齿的颊黏膜上，有圆形隆突的腮腺乳头（papillae of parotid gland），腮腺管开口其上。

　　（2）硬腭　厚而坚实，有 16～18 条横行的腭褶，腭缝前端有一扁平的切齿乳头，幼驹的

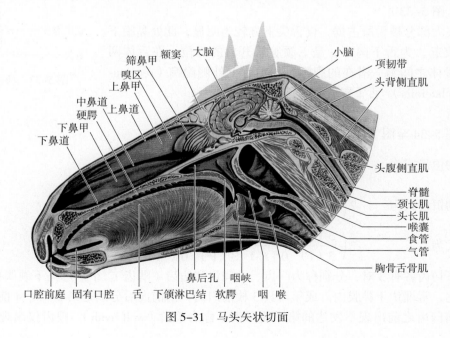

筛鼻甲　额窦　大脑　小脑
嗅区　项韧带
上鼻甲　头背侧直肌
中鼻道
硬腭
下鼻甲
下鼻道
头腹侧直肌
脊髓
颈长肌
头长肌
喉囊
食管
气管
胸骨舌骨肌
口腔前庭　固有口腔　舌　下颌淋巴结　软腭　咽　喉
鼻后孔　咽峡

图 5-31　马头矢状切面

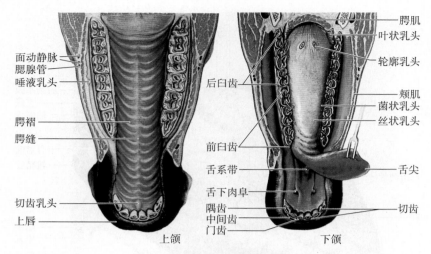

图 5-32　马口腔的构造

切齿乳头两侧有切齿管开口（incisive canal），到成年时已不明显。

（3）舌与口腔底　舌窄而长，舌尖扁平，舌体稍大，柔软而灵活。舌体无舌圆枕，舌表面有 4 种乳头：丝状乳头、菌状乳头、轮廓乳头和叶状乳头。丝状乳头呈丝状密布于舌背及舌尖两侧，浅层的扁平上皮细胞不断角化脱落，与食物、细菌混合而附着于舌表面，形成舌苔。菌状乳头为数众多，为小的圆形突起，散布于舌两侧和舌背。轮廓乳头一般只有 2 个，位于舌后部背面中线两侧，叶状乳头也为 2 个，位于腭舌弓附着部前方，为一长 2～3 cm 的长形隆起，表面有数条横裂。4 种乳头中丝状乳头无味觉作用，仅起机械性作用（图 5-33）。

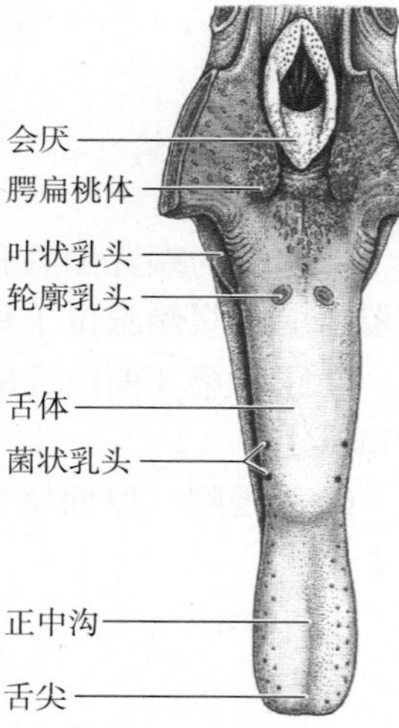

口腔底大部分被舌所占据，仅舌尖下方较为明显，此处黏膜下方有一对突起，为舌下肉阜，是下颌腺管开口的部位。在舌体两侧与下颌骨体之间为一潜在的裂隙，称为舌下外侧隐窝（recessus sublingualis lateralis），舌下腺管开口于此。

（4）齿

参照图 5-34 至图 5-36。

图 5-33　马舌背面观

公马的恒齿式为

$$2\left(\frac{3\,(I)\quad 1\,(C)\quad 3\,(P)\quad 3\,(M)}{3\,(I)\quad 1\,(C)\quad 3\,(P)\quad 3\,(M)}\right)=40$$

母马的恒齿式为

$$2\left(\frac{3\,(I)\quad 0\,(C)\quad 3\,(P)\quad 3\,(M)}{3\,(I)\quad 0\,(C)\quad 3\,(P)\quad 3\,(M)}\right)=36$$

乳齿式为

$$2\left(\frac{3\,(I)\quad 0\,(C)\quad 3\,(P)\quad 0\,(M)}{3\,(I)\quad 0\,(C)\quad 3\,(P)\quad 0\,(M)}\right)=24$$

上、下切齿各有 3 对，分别称为门齿、中间齿和边齿（隅齿）。个别母马下颌偶见有犬齿，但很不发达，常埋伏于黏膜内。成年马具 3 枚前臼齿，由前向后分别是第 2、3、4 前臼齿。偶见在第 2 前臼齿之前出现不发达的第 1 前臼齿，称为狼齿（wolf tooth）。狼齿仅出现于上列齿弓，只有恒齿而无乳齿。

切齿属长冠齿，呈楔形，长约 7 cm，部分齿冠嵌埋于齿龈和齿槽内，随着咀嚼面的磨损，齿冠不断长出，由于齿冠各部分断面的形状和构造不同，在未磨损的切齿咀嚼面上，具有椭圆形的齿漏斗，也称齿坎、黑窝；初步磨损后在齿漏斗周缘和齿周缘各出现一圈乳白色齿釉质的磨面，称内釉质环和外釉质环。随着磨损加深，在齿漏斗前方的内、外釉质环之间出现黄褐色条状斑，称为齿星，随年龄增加，磨损继续加深，齿星可渐变短，由条状变为斑点状，齿漏斗也由长椭圆形变为短椭圆形乃至三角形，齿漏斗最终可被磨掉，仅见齿星和外

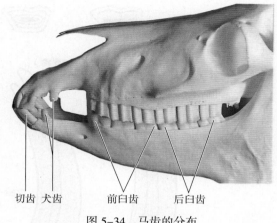

图 5-34　马齿的分布

釉质环，磨面轮廓也由横向椭圆形过渡为三角形，根据切齿出齿、换齿及咀嚼面磨损的形态变化可判断马的年龄（图 5-36）。

犬齿属短冠齿，前臼齿和后臼齿属长冠齿。前臼齿和后臼齿的咀嚼面上可见黑色月牙状的齿漏斗和波浪状的釉质嵴，这种形状的齿既有磨碎食物的功能，也有切割的功能。

（5）齿龈　为贴衬于齿颈周围的口腔黏膜，与一般口腔黏膜不同的是，此处黏膜不具有黏膜下层，对齿有保护功能。

（6）唾液腺　具有 3 对大的唾液腺。

① 腮腺：是马属动物最大的唾液腺，位于耳根下方，下颌骨支和寰椎翼之间，呈长四边形，灰黄色，腺小叶明显。腮腺管在腺体的下部由 3~4 条小支合成，从腮腺前缘向前下方伸延，随舌面静脉沿下颌骨腹缘内侧前行，越过下颌骨血管切迹至面部皮下，沿咬肌前缘上行，开口于颊黏膜的腮腺乳头。

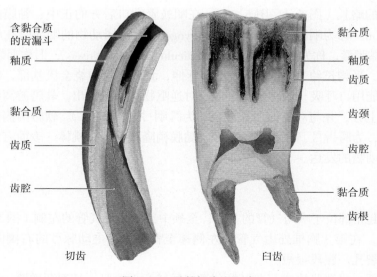

图 5-35　马的切齿和臼齿

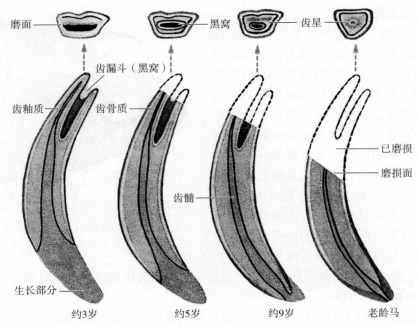

图 5-36　不同年龄门齿矢状切面及嚼面形态

② 下颌腺：比腮腺小，狭长而弯曲，后端位于寰椎窝，前端位于舌根的外侧，位置略深，在腮腺的深层和下颌间隙，呈茶褐色。上缘薄而凹；下缘厚而凸，下颌腺管沿腺的凹缘向前延伸，离开腺的前端，横越二腹肌中间腱，行于下颌舌骨肌和舌骨舌肌之间，继而沿舌下腺腹缘前伸，至口腔底的黏膜下，开口于舌下阜。

③ 舌下腺：腺体呈片状，仅含多口舌下腺而无单口舌下腺。腺管有 30 余条，直接开口于舌下外侧隐窝。

### 5.2.1.2　咽与软腭

马的咽较牛的略长（图 5-1，图 5-31）。在咽鼓管咽口后方的正中、黏膜向后上方形成一盲囊，深约 2.5 cm，称为咽隐窝（recessus pharyngeus）。马属动物的咽鼓管在颅底和咽后壁之间形成一膨大的黏膜囊，称为咽鼓管憩室（diverticulum tubae auditivae），旧称咽鼓管囊或喉囊。

马软腭发达，平均长约 15 cm，向后下方延伸，其游离缘围绕会厌基部，将口咽部与鼻咽部隔开，故马不能用口呼吸，病理情况下逆呕时逆呕物从鼻腔流出。软腭游离缘向后沿咽侧壁延伸到食管口的上方，并与对侧的相互汇合，为腭咽弓（图 5-31）。软腭两侧以短而厚的黏膜褶连于舌根两侧，为腭舌弓。在腭舌弓之后，黏膜稍隆凸为腭扁桃体，表面有许多小孔。马腭扁桃体不如牛等动物的发达。

## 5.2.2　食管

颈段较长，起始部位于喉与气管的背侧，至颈中部渐偏至气管的左侧（图 5-28，图 5-31）。胸段位于纵隔内，在第 3 胸椎处由气管的左侧移至背侧，经主动脉弓的右侧向后，约在第 13 肋骨处穿过食管裂孔。腹段很短。

食管肌层前部由横纹肌构成，在气管分叉之后转为平滑肌，且逐渐增厚。食管外膜在颈段为疏松结缔组织，在胸、腹段为浆膜。

### 5.2.3 胃

#### 5.2.3.1 胃的形态

马（驴）胃为单室混合型胃，容积5～8 L，大的可达12 L（驴的为3～4 L），为横向朝下弯曲的囊状，位于腹腔前部，膈的后方，大部分位于左季肋区，仅幽门部在右季肋区，其腹缘即使在饱食状态下也不达于腹腔底壁。胃的形状呈前后压扁的囊袋状，具有两面两缘，壁面凸，朝向前上方，与膈、肝接触；脏面朝向后下方，与大结肠、小结肠、小肠、胰及大网膜相接触。胃的腹缘称为胃大弯，凸向下方，从贲门延伸至幽门，左侧部有脾附着；背缘为胃小弯，凹陷而短。胃的左端向后背侧膨大，形成胃盲囊（saccus cecus ventriculi）。胃的右端较细，称为幽门窦。中间膨大的部分为胃体（图5-28，图5-30，图5-37，图5-38）。

胃的位置比较固定，一方面有胃膈韧带和食管将其固着于膈上，另一方面受邻近器官，特别是背侧大结肠的挤压。胃的周围有许多浆膜结构附着：胃膈韧带为联系胃大弯与膈之间的双层浆膜褶；大网膜不甚发达，折叠于胃和右上大结肠之间，附着于胃大弯、十二指肠起始部、大结肠末端和小结肠起始部，形成不大的网膜囊；胃脾韧带连于脾和胃大弯之间；小网膜连于胃小弯及十二指肠起始部与肝门之间；胃胰皱褶连于胃盲囊与胰及十二指肠之间。

#### 5.2.3.2 胃壁的构造

胃的黏膜由一褶缘（margo plicatus）分为无腺部和有腺部。无腺部黏膜厚而苍白，无消化腺分布，类似食管的黏膜。褶缘以下和幽门部的黏膜柔软而光滑，表面覆有黏液，含有胃腺，

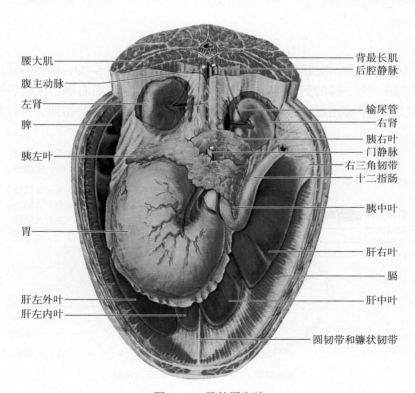

图5-37 马的胃和胰

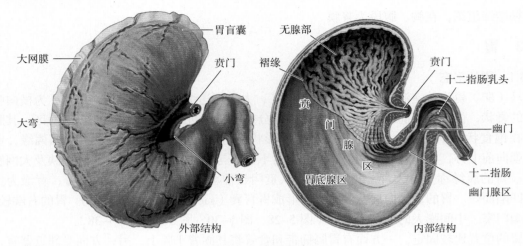

图 5-38　马胃的构造

为有腺部。此部又可分为三个界线不清的腺区：贲门腺区为沿褶缘分布的窄带状区域，呈灰黄色，黏膜内含贲门腺；在贲门腺区下方有大片棕红色区域，黏膜厚且表面有小凹，称胃底腺区；胃底腺区的右侧及幽门窦部的黏膜薄而呈灰黄或灰红色，内含幽门腺，为幽门腺区（图 5-38）。

胃的肌层可分三层，外层为纵行纤维层，很薄；中层为环行肌，仅存在于有腺部，在幽门处增厚形成发达的幽门括约肌；内层为斜行肌，仅分布于无腺部，在贲门处最厚。

### 5.2.4　肠

#### 5.2.4.1　小肠

小肠可分为十二指肠、空肠和回肠（图 5-28 至图 5-30，图 5-39，图 5-40）。

（1）十二指肠　为小肠的第一段，长约 1 m，由幽门起始，沿右季肋区向后至腰部延接空肠，以短的十二指肠系膜连系于肝、右上大结肠、盲肠底、小结肠起始部、右肾和腰下肌，位

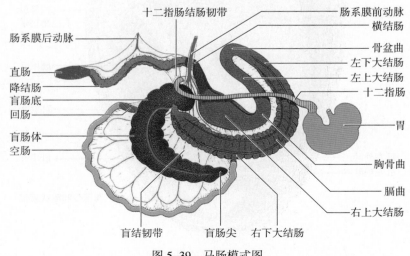

图 5-39　马肠模式图

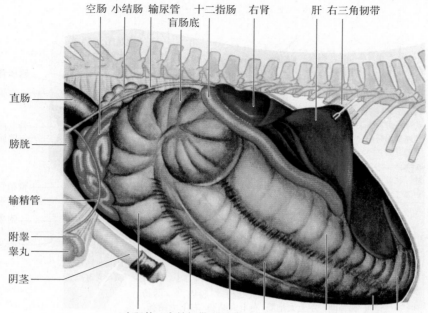

空肠 小结肠 输尿管  十二指肠  右肾      肝 右三角韧带
盲肠底

直肠

膀胱

输精管

附睾
睾丸

阴茎

盲肠体  官结韧带 纵肌带 右下大结肠 右上大结肠 胸骨曲 脂曲

图 5-40  马腹腔右侧器官

置比较固定。全程可分为前部、降部和升部。前部为十二指肠第一部分，向右侧弯曲成两个曲，第一曲小而凸向上方，其近幽门处管腔膨大，称为十二指肠壶腹；第二曲凸向右下方，又称肝门曲，其黏膜面具有一纽扣状突起，中央凹陷，内有胰管和肝总管的开口，称为十二指肠憩室（diverticulum duodeni）。由于第一曲和第二曲排列成 S 状，因此前部也称乙状弯曲或 S 状弯曲。从第二曲向后背侧走向肝门，在此形成另一个向背侧的弯曲，称为前曲。前曲的顶点即为十二指肠前部和降部的分界。降部最长，由肝右叶腹侧沿右上大结肠的背侧向后伸延，至右肾和盲肠底。约在最后肋骨水平折转向左，转为升部，至空肠系膜根部后方，然后向前至左肾腹侧接空肠。

（2）空肠  最长，约 20 m，迂回盘曲，系于宽阔的空肠系膜上，位置变化大，常与降结肠（小结肠）混在一起，占据腹腔左半部的背侧，分布于腹腔的左季肋区、左腹外侧区、左腹股沟区、耻骨区、右腹股沟区，但由于其系膜很长，移动范围广，向前可抵达胃、肝，向后可入骨盆腔，向右可到右腹外侧区，向腹侧可经两腹侧结肠之间抵达腹腔底壁，在某些公马可经腹股沟管下降至阴囊（即腹股沟疝）。

（3）回肠  与空肠界线不甚明确，一般常将小肠最后一段，长约 1 m 视为回肠。回肠与空肠比较，由于管壁内含大量淋巴组织，因而壁较厚，肠管较直。其走向为从左腹外侧区斜向右背侧走向盲肠底小弯，以回肠口突入盲肠，回肠口周围黏膜环形隆起，称为回肠乳头。在回肠与盲肠之间有三角形的回盲韧带相连。

### 5.2.4.2  大肠

马（驴）的大肠见图 5-28，图 5-39 至图 5-41。

（1）盲肠  十分发达，容积为 25～30 L，整个外形呈逗点状，可分为盲肠底（basis ceci）、盲肠体（corpus ceci）和盲肠尖（apex ceci），从右腹外侧区斜向前下方到脐区和剑突区。盲肠

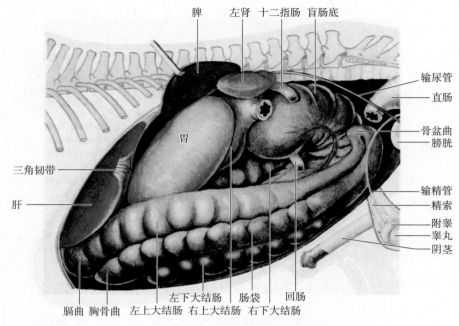

脾　左肾　十二指肠　盲肠底

输尿管
直肠

骨盆曲
膀胱

胃

输精管
精索
附睾
睾丸
阴茎

三角韧带

肝

膈曲　胸骨曲　　左下大结肠　　肠袋　回肠
　　　　左上大结肠　右上大结肠　右下大结肠

图 5-41　马腹腔左侧器官

底为盲肠后上方的弯曲部分，由浆膜附着于胰和右肾腹侧，背缘凸出，称为盲肠大弯，腹缘凹，称为盲肠小弯。盲肠小弯处有回肠口和结肠口分别通回肠和右下大结肠。盲肠体向后腹侧弯曲，再折转向前，占据右腹外侧区、右腹股沟区、耻骨区和脐区。盲肠尖是盲肠体前端渐缩细的部分，为一盲端，在剑状软骨的稍后方。

马（驴）盲肠表面有 4 条增厚的纵肌带，称为盲肠带（teniae ceci），分别位于盲肠的内、外、背、腹侧，盲肠带之间为盲肠袋（haustra ceci），也有 4 列，为囊状隆起。

窗口

**马肠梗阻和膈疝**

　　马属动物的盲肠和结肠在肠管直径和体积方面变化很大，如由回肠进入盲肠管径急剧变大，盲结口处管径又急剧变小，从左下大结肠到盆曲管径逐渐变小，然后又逐渐增粗，至结肠壶腹处增至最大，然后急剧变细为横结肠。这种结构特点在正常情况下有利于肠内容物充分混合，便于消化吸收。但在病理情况下，常常成为肠梗阻（结症）的结构基础，如盆曲、结肠壶腹末端及小结肠是肠梗阻的多发部位。此外，由于升结肠的大部分是游离的，并且体积巨大，而胸骨曲和膈曲紧位于膈的后面，在特殊情况下如剧烈运动，易于造成膈破裂和膈疝。

　　（2）结肠　可分为升结肠、横结肠和降结肠。其中升结肠十分发达，体积庞大，又称为大结肠（图 5-42）。降结肠体积较小，称为小结肠。

　　① 大结肠：起始于盲结口，长 3 ~ 3.7 m（驴约 2.5 m），盘曲成双层马蹄铁形，可分为四部三曲，即右下大结肠—胸骨曲—左下大结肠—盆曲—左上大结肠—膈曲—右上大结肠。

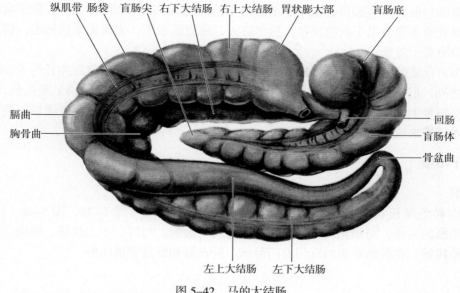

纵肌带　肠袋　盲肠尖　右下大结肠　右上大结肠　胃状膨大部　　　　盲肠底

膈曲——

胸骨曲——

——回肠

——盲肠体

——骨盆曲

左上大结肠　　　左下大结肠

图 5-42　马的大结肠

右下大结肠（colon ventrale dextrum）：起自盲肠小弯的盲结口，约与最后肋骨或肋间隙的下端相对，起始端附近，管径仍较细，称为结肠颈（collum coli），由此沿右肋弓向前下方至剑状软骨上方并行向左侧，构成胸骨曲（flexura sternalis），延接左下大结肠。右下大结肠除起始部较细外，余皆较粗，具有 4 条结肠带和 4 列结肠袋，并有三角形的盲结襞连于盲肠小弯。

左下大结肠（colon ventrale sinistrum）：由胸骨曲沿左侧肋弓向后上方行至骨盆腔口。再曲向背侧，此曲为盆曲（flexura pelvina），为大结肠最细的部分，临床上易与空肠混淆。左下大结肠粗细约与右下大结肠相似，但在近盆曲处管径变细，结肠带也减少为 1 条。

左上大结肠（colon dorsale sinistrum）：由盆曲沿左下大结肠背侧向前至胸骨曲背侧，形成膈曲（flexura diaphragmatica）。此部后半部分管径与盆曲粗细相似，前半部分渐增粗，结肠带也由 1 条逐渐增至 3 条。

右上大结肠（colon dorsale dextrum）：由膈曲在右下结肠背侧向后行，管径继续增大，至盲肠底内侧，体积增到最大，膨大如囊，称结肠壶腹（ampulla coli），旧称胃状膨大部。结肠壶腹之后，管径急剧变细成漏斗状，延续为横结肠（小结肠）。右上大结肠具 3 条结肠带。

大结肠除起始部和终末部以无浆膜区与周围器官相附着外，其余部分仅上、下结肠之间以系膜相连，与其它器官无任何连系，呈游离状态。但由于大结肠体积巨大，受腹壁局限和周围器官挤压，位置比较恒定。大结肠近末端处背侧与胰、右侧与盲肠底以及肝分出的浆膜褶相连。

② 横结肠：为大结肠（升结肠）向小结肠（降结肠）之间的移行部，借腹膜和疏松结缔组织附着于胰的腹侧面及盲肠底，位置固定；横结肠承接大结肠末端漏斗状缩细部，由右至左在肠系膜前动脉前方越过，延续为小结肠。

③ 小结肠（colon tenue）：粗细及结构与横结肠相仿。长约 3.5 m（驴约 2 m），直径 7.5～10 cm（驴 5～6 cm）。小结肠由降结肠系膜连于左肾腹侧至荐骨岬之间的腹腔顶壁，降结肠系膜起初很窄，以后变宽（为 80～90 cm），因此小结肠的移动范围很大，常与空肠混在一起。小结肠具有 2 条结肠带和 2 列结肠袋，借此可与空肠相区别。

（3）直肠与肛管　直肠自骨盆口起至肛门止，长约 30 cm（驴约 25 cm），位于盆腔内，直肠的前部由直肠系膜悬吊于盆腔顶壁，后部膨大，称直肠壶腹，表面无浆膜被覆，借疏松结缔组织与肌肉附着于盆壁。

肛门为消化管的末端，位于尾根下方，在第 4 尾椎正下方。肛门前方为长约 5 cm 的肛管，除排粪期之外，肛管由于括约肌收缩，黏膜形成褶状紧相闭锁。肛管黏膜呈灰白色，缺腺体，上皮为复层扁平上皮。肛管处有肛门内括约肌和肛门外括约肌，此外还有肛提肌，前者属平滑肌，后二者属横纹肌。

### 5.2.5 肝和胰

#### 5.2.5.1 肝

肝呈棕褐色厚板状，重约 5 kg，分叶较明显，但无胆囊（图 5-28，图 5-40，图 5-43）。其壁面紧贴膈的后面，与膈相对，呈凸面，脏面向后腹侧，与胃、十二指肠、膈曲、右上大结肠和盲肠相接触。在脏面中央的肝门有门静脉、肝动脉和肝总管进出肝。

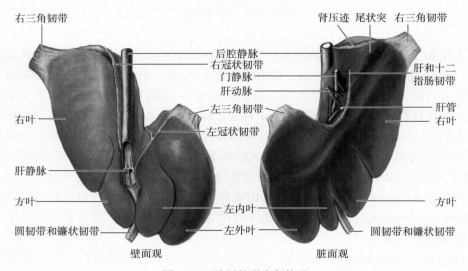

图 5-43　马肝的形态与构造

肝大部分位于右季肋区，小部分位于左季肋区。肝的腹缘有两个大切迹，将肝分为右叶、左叶和中间叶，其中左叶由一深的叶间切迹再分为左外叶和左内叶，中间叶从脏面上又可分为肝门背侧的尾状叶和腹侧的方叶。

肝的位置较为固定，左、右三角韧带将左、右叶背缘连于膈上；左、右冠状韧带沿腔静脉沟两侧连于膈上；镰状韧带由中间叶和左叶之间连于膈及腹腔底壁，其游离缘增厚呈索状，为胎儿期脐静脉的遗迹，称为肝圆韧带。肝肾韧带由尾状突至右肾腹侧，小网膜由肝的脏面连于胃小弯和十二指肠。

肝的输出管为肝总管，由肝左管和肝右管汇合而成，开口于十二指肠肝门曲的十二指肠憩室。

#### 5.2.5.2 胰

胰重约 350 g（驴为 200～250 g），在 16～18 胸椎水平横位于腹腔顶壁下方，大部分在体

褶。在幽门处的小弯侧，有一圆枕的隆起，突入幽门管腔，称幽门圆枕（torus pyloricus），由肌组织和脂肪组织构成，长 3～4 cm，与其对侧的唇型隆起相对，有关闭幽门的作用。

胃的肌层分纵肌层、环肌层和斜行纤维。纵肌层分布于胃大弯、胃小弯和幽门部的浅层。环肌层分布于胃体和幽门部，并形成幽门括约肌。斜行纤维分浅、深两层，外斜纤维分布于贲门、胃底和胃体；内斜纤维分布于胃底和胃体，并参与形成贲门括约肌。

### 5.3.3.3　胃的网膜

小网膜与其它家畜的相似，联系胃小弯与肝和十二指肠。大网膜发达，位于胃与升结肠襻及空肠襻之间，联系胃大弯与十二指肠、横结肠、脾、胃膈韧带等。大网膜分浅、深两层，两层之间形成网膜囊，网膜孔位于肝尾状叶基部，腹侧界为门静脉，背侧界为后腔静脉，后界为胰体，通网膜囊前庭。在营养良好的个体，大网膜富含脂肪而呈网格状。

## 5.3.4　肠

猪肠为体长的 15 倍，比牛、羊的肠长：体长比（20：1 和 25：1）小（图 5-44 至图 5-46，图 5-50）。

### 5.3.4.1　小肠

小肠全长 15～21 m。

（1）十二指肠（duodenum）　位于右季肋区和腰区，长 40～90 cm。在第 10～12 肋间隙平面起始于幽门，前部在肝的脏面向后背侧延伸，在右肾紧前方形成水平的乙状曲。降部在右肾腹侧与结肠之间向后延伸至右肾后端，折转向左越过中线延续为升部。升部转向前行，与降结肠相邻，二者之间有十二指肠结肠韧带相连。在肠系膜前动脉前方，升部转向右行，移行为空肠。在距幽门 2～5 cm 处，胆总管开口于十二指肠大乳头，在距幽门 10～12 cm 处，胰管开口于十二指肠小乳头。

（2）空肠（jejunum）　长 14～19 m，形成许多肠襻，借较宽的空肠系膜悬吊于胃后方的腰下部，并与大肠的系膜相连。空肠大部分位于腹腔右半部，小部分位于腹腔左后部。空肠自胃

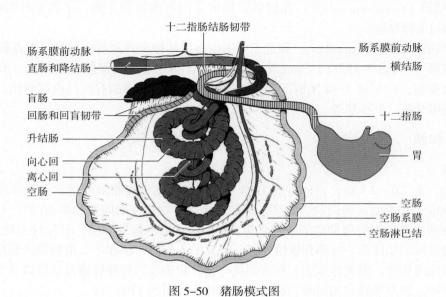

图 5-50　猪肠模式图

和肝向后伸至骨盆入口，与腹腔右壁广泛接触，其内侧与升结肠和盲肠相邻，背侧与十二指肠、胰、右肾、降结肠后部、膀胱及母畜的子宫相邻。当胃空虚时，空肠襻在升结肠前方移向左侧，与胃的脏面和肝的左叶广泛接触。

（3）回肠（ileum） 长 0.7~1 m，肠管较直，管壁较厚，在左腹股沟部直接与空肠相连，走向前背内侧，末端斜向突入盲肠与结肠交界处的肠腔内，形成回肠乳头，长 2~3 cm，顶端有回肠口。空肠和回肠内有大量的淋巴孤结和淋巴集结，淋巴孤结呈白色，直径 1~2 mm，包埋于黏膜内；淋巴集结斑呈长带状隆起，有 20~30 个，平均长约 10 cm，表面有无数深而不规则的凹陷。

### 5.3.4.2 大肠

大肠长 3.5~6 m，管径比小肠粗，借系膜悬吊于两肾之间的腹腔顶壁。

（1）盲肠（cecum） 呈圆筒状，盲端钝圆，长 20~30 cm，直径 8~10 cm，容积 1.5~2.2 L。盲肠位于左髂部，与结肠交界处在左肾腹侧，盲肠由此沿左侧腹壁向后向下并向内侧延伸至结肠圆锥后方，盲端达骨盆前口与脐之间的腹腔底壁。盲肠壁有 3 条肠带和 3 列肠袋。

（2）结肠（colon） 长 3~4 m，起始部的管径与盲肠的相似，以后逐渐变细。结肠位于胃后方，主要在腹腔左侧。

① 升结肠（ascending colon）：分结肠旋襻和远襻。结肠旋襻在结肠系膜中盘曲呈圆锥形，称结肠圆锥，锥底宽，朝向背侧，附着于腰部和左髂部，锥顶向下向左与腹腔底壁接触。结肠圆锥由向心回和离心回组成。向心回位于结肠圆锥的外周，肠管较粗，有 2 条肠带和 2 列肠袋，它在第 3 腰椎平面起始于盲肠，从背侧面观察，以顺时针方向绕中心轴向下旋转 3 圈至锥顶，折转方向为离心回，折转处称中央曲。离心回位于结肠圆锥的内心，肠管较细，无肠袋和肠带，以逆时针方向绕中心轴向上旋转 3 圈至锥底延续为远襻。远襻经十二指肠升部腹侧面，沿肠系膜根右侧向前延伸，移行为横结肠。当胃中度充盈时，结肠圆锥占据腹腔左侧半部的中和前 1/3，与左侧腹壁广泛接触，其前方为胃和脾，右侧、后方和腹侧为空肠，背侧为胰、左肾、十二指肠升部、横结肠和降结肠。升结肠借升结肠系膜附着于肠系膜根左侧面。

② 横结肠（transverse colon）：在肠系膜根前方由右侧伸至左侧，于胰左叶左端前缘处，折转向后移行为降结肠。

③ 降结肠（descending colon）：靠近正中平面向后延伸至骨盆前口，移行为直肠。

（3）直肠（rectum）和肛门（anus） 直肠在肛管前方形成明显的直肠壶腹，周围有大量的脂肪。肛管短，位于第 3—4 尾椎下方，不向外突出。肛门周围有肛门内括约肌、肛门外括约肌、直肠尾骨肌、肛提肌等。

## 5.3.5 肝和胰

### 5.3.5.1 肝

肝较大，重 1.0~2.5 kg，占体重的 1.5%~2.5%。肝位于腹腔最前部，大部分位于右季肋区，小部分位于左季肋区和剑状软骨区，肝的左侧缘伸达第 9 肋间隙和第 10 肋，右侧缘伸达最后肋间隙的上部，腹侧缘伸达剑状软骨后方 3~5 cm 处的腹腔底壁。肝呈淡至深的红褐色，中央厚而边缘薄。壁面凸，与膈和腹壁相邻，脏面凹，与胃、胰和十二指肠等内脏接触，并有这些器官形成的压迹，但无肾压迹。肝背侧缘有食管切迹及后腔静脉通过。肝以三个深的叶间切迹分为四叶，即左外叶、左内叶、右内叶和右外叶（图 5-51）。

　　左外叶最大。右内叶内侧有不发达的中叶，方叶呈楔形，位于肝门腹侧，不达肝腹侧缘；尾叶位于肝门背侧，尾状突突向右上方，无乳头突，缺肾压迹。

　　胆囊（gallbladder）位于肝右内叶与方叶之间的胆囊窝内，呈长梨形，不达肝腹侧缘。胆囊管与肝管在肝门处汇合形成胆总管，开口于距幽门 2～5 cm 处的十二指肠大乳头。

　　猪肝的小叶间结缔组织很发达，因此肝小叶分界清楚，肉眼清晰可见，为 1～2.5 mm 大小的暗色小粒，肝也不易破裂。固定肝的韧带有左、右三角韧带、冠状韧带、镰状韧带和肝圆韧带。镰状韧带和肝圆韧带仅小猪明显。

### 5.3.5.2　胰

　　胰的重量主要取决于营养状态而不是体重，在体重 100 kg 以上的猪，胰重 110～150 g。胰呈三角形，灰黄色，位于最后两个胸椎和前两个腰椎的腹侧（图 5-52）。胰体居中，位于胃小弯和十二指肠前部附近，在肝门静脉和后腔静脉腹侧，有胰环供门静脉通过。左叶从胰体向左延伸，与左肾前端、脾上端和胃左端接触。右叶较左叶小，沿十二指肠降部向后延伸至右肾前端。胰管由右叶走出，开口于距幽门 10～12 cm 处的十二指肠小乳头。

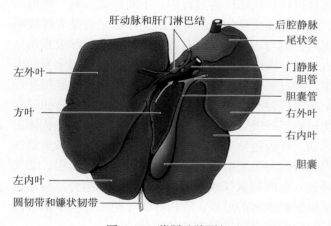

图 5-51　猪肝（脏面）

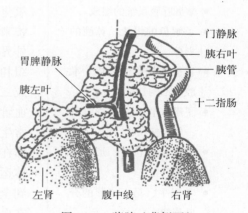

图 5-52　猪胰（背侧面）

## 思考与讨论

1. 牛、马、猪消化系统由哪些器官构成，各器官的功能如何？
2. 牛、羊 4 个胃的位置关系、黏膜特点和通口如何？
3. 试比较马胃与猪胃在形态结构上的异同点。
4. 牛、羊创伤性网胃炎与牛、羊解剖学特点有何关系？
5. 颈段食管偏于气管的左侧在兽医临床上有何应用价值？
6. 牛、马、猪结肠的形态和走向如何？

# 6 呼吸系统

**本章重点**

- 掌握呼吸系统的组成。
- 了解鼻的组成、鼻腔的划分。
- 掌握喉软骨的组成、喉腔的结构特征。
- 了解气管和主支气管的一般结构特征。
- 掌握肺的位置、形态和结构特征。
- 掌握牛、马、猪肺的分叶规律。

本章英文摘要

动物有机体在新陈代谢过程中，不断地吸入氧，呼出二氧化碳，这种气体交换的过程称呼吸。呼吸主要是靠呼吸系统来实现的，但与心血管系统有着密切的联系。呼吸系统从外界吸入的氧，由红细胞携带沿心血管系统运送到全身的组织和细胞，经过氧化，产生各种生命活动所需要的能量并形成二氧化碳等代谢产物，而二氧化碳又与红细胞结合通过心血管系统运输至呼吸系统，排出体外，这样才能维持机体正常生命活动。呼吸包括三个过程：①外呼吸（肺呼吸）是气体在肺内的肺泡与毛细血管之间进行气体交换的过程；②气体运输是进入血液的氧气或二氧化碳与红细胞结合，被运送到全身组织细胞或肺的过程；③内呼吸（组织呼吸）是气体在血液与组织细胞之间进行交换的过程。

呼吸系统（respiratory system）包括鼻、咽、喉、气管、主支气管和肺（图 6-1）。鼻、咽、喉、气管和主支气管是气体出入肺的通道，称呼吸道。兽医临床上，通常将鼻、咽、喉、气管称上呼吸道。呼吸道的特征是由骨或软骨构成支架，围成不塌陷的管腔，以保证气体自由畅通。肺是气体交换的器官，主要由肺内各级支气管和肺泡构成，总面积很大，有利于气体交换。胸膜和纵隔是呼吸系统的辅助装置。

## 6.1 鼻

鼻（nose）位于面部中央，既是呼吸器官，又是嗅觉器官，对发音也有辅助作用。鼻包括鼻腔和副鼻窦（又称鼻旁窦）。

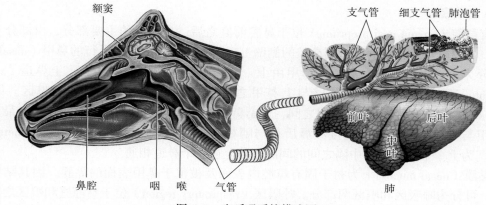

图 6-1 牛呼吸系统模式图

## 6.1.1 鼻腔

鼻腔（nasal cavity）为呼吸道的起始部，呈长圆筒状，位于面部的上半部，由鼻骨、额骨、切齿骨、上颌骨、腭骨、犁骨和鼻甲骨及鼻软骨等面骨构成骨性支架，内衬黏膜（图6-2）。鼻腔的腹侧由硬腭与口腔隔开，前端经鼻孔（nares）与外界相通，后端经鼻后孔（choanae）与咽相通。鼻腔正中有鼻中隔，将其分为左右互不相通的两半。鼻中隔（nasal septum）主要由鼻中隔软骨（septal cartilage of nose）和犁骨两侧被覆黏膜构成，由于黄牛的犁骨不达鼻腔底壁，故左、右鼻腔在后部彼此相通，形成总的鼻咽道（nasopharyngeal meatus）。

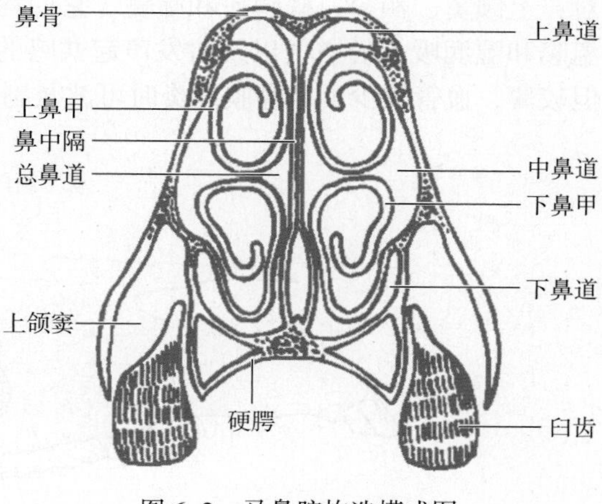

鼻孔为鼻腔的入口，由内侧鼻翼和外侧鼻翼围成。鼻翼（wing of nose）为包有鼻翼软骨（nasal alar cartilage）和肌肉的皮肤褶，有一定的弹性和活动性。

牛的鼻孔小，呈不规则的椭圆形，位于鼻唇镜的两侧，鼻翼厚而不灵活。马的鼻孔大，呈逗点状，鼻翼灵活。猪的鼻孔也小，呈卵圆形，位于吻突前端的平面上。

鼻腔可分鼻腔前庭和固有鼻腔两部分。

图 6-2 马鼻腔构造模式图

### 6.1.1.1 鼻腔前庭

鼻腔前庭（nasal vestibule）位于鼻孔与固有鼻腔之间，为鼻腔前部衬着皮肤的部分，相当于内侧和外侧鼻翼所围成的空间，表面有色素沉着，并生有短毛。

马鼻腔前庭背侧的皮下有一盲囊，向后伸达鼻颌切迹，称为鼻憩室（nasal diverticulum）或鼻盲囊。囊内皮肤呈黑色，生有细毛，富含皮脂腺。在鼻腔前庭外侧的下部距黏膜约0.5 cm（马）处，或上壁距鼻孔上连合1.0～1.5 cm（驴、骡）处有一小孔，为鼻泪管口（orifice of nasolacrimal duct）。

牛无鼻盲囊，鼻泪管口位于鼻前庭的侧壁。猪也无鼻盲囊，鼻泪管口在下鼻道的后面。

#### 6.1.1.2  固有鼻腔

固有鼻腔（cavum nasi proprium）位于鼻腔前庭之后，是鼻腔的主要部分，由部分头骨围成支架，内衬以黏膜构成。在每侧鼻腔的侧壁上，附着有上、下两个纵行的鼻甲（nasal shell）将鼻腔分为上、中、下三个鼻道。鼻甲由上、下鼻甲软骨覆以黏膜构成。上鼻道（superior nasal meatus）较窄，位于鼻腔顶壁与上鼻甲之间，其后部主要为司嗅觉的嗅区。中鼻道（middle nasal meatus）在上、下鼻甲之间，通副鼻窦。下鼻道（inferior nasal meatus）最宽，位于下鼻甲与鼻腔底壁之间，直接经鼻后孔与咽相通。此外，还有一个总鼻道（general nasal meatus），为上、下鼻甲与鼻中隔之间的间隙，与上述三个鼻道相通。

鼻黏膜（nasal mucosa）为衬于固有鼻腔内表面及被覆于鼻甲表面的黏膜，因其结构与功能不同，可分为呼吸区和嗅区两部分。呼吸区（respiratory region）位于鼻前庭和嗅区之间，占绝大部分，黏膜呈粉红色，由黏膜上皮和固有膜组成。嗅区（olfactory region）位于呼吸区之后，其黏膜颜色因家畜种类不同而异。马、牛呈浅黄色，绵羊呈黄色，山羊呈黑色，猪呈棕色。黏膜上皮中有嗅神经细胞，为双极神经元，具有嗅觉作用。其树突（外周突）伸向上皮表面，末端形成许多嗅毛；轴突（中枢突）则向上皮深部伸延，在固有膜内集合成许多小束，然后穿过筛骨筛孔进入颅腔，与嗅球相连。

### 6.1.2  副鼻窦

副鼻窦（paranasal sinus）又称鼻旁窦（图 6-3），为鼻腔周围头骨内的含气空腔，共有四对：上颌窦、额窦、蝶腭窦和筛窦。它们均直接或间接与鼻腔相通。副鼻窦有减轻头骨质量、温暖和湿润吸入的空气以及对发声起共鸣的作用。副鼻窦内面衬有黏膜，与鼻腔黏膜相连续，但较薄，血管较少。鼻黏膜发炎时可波及副鼻窦，引起副鼻窦炎。

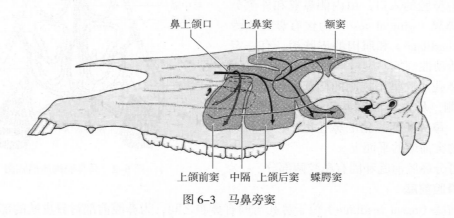

图 6-3  马鼻旁窦

## 6.2  咽、喉、气管和主支气管

### 6.2.1  咽

见消化系统。

### 6.2.2 喉

喉（larynx）既是空气出入肺的通道，又是调节空气流量和发声的器官。喉位于下颌间隙的后方，头颈交界处的腹侧，悬于两个舌骨大角之间。前端以喉口与咽相通，后端与气管相接，背侧为咽和食管的入口，腹侧为胸骨舌骨肌。喉由喉软骨、喉肌和喉黏膜构成（图6-1，图6-4至图6-6）。

#### 6.2.2.1 喉软骨

喉软骨（laryngeal cartilages）共有4种5块，包括不成对的会厌软骨、甲状软骨、环状软骨和成对的杓状软骨（图6-4，图6-5）。

（1）会厌软骨（epiglottic cartilage） 位于喉的前部，呈叶片状，基部厚，由弹性软骨构成，借弹性纤维与甲状软骨体相连；尖端向后。会厌软骨表面被覆黏膜，合称会厌（epiglottis），具有弹性和韧性，当吞咽时，会厌向后翻转关闭喉口，以防止食物误入气管。

（2）甲状软骨（thyroid cartilage） 是喉软骨中最大的一块，呈弯曲的板状，位于会厌软骨和环状软骨之间，可分为甲状软骨体（thyroid cartilage body）和左、右甲状软骨侧板（lamina）。体连于两侧板之间，构成喉腔的底壁，其腹侧面形成喉结（laryngeal prominence），可在活体触摸到；两侧板呈四边形（牛）或菱形（马），从软骨体的两侧伸出，构成喉腔左右两侧壁的大部分。

（3）环状软骨（cricoid cartilage） 位于甲状软骨之后，呈指环状，由环状软骨板（lamina of cricoid cartilage）和环状软骨弓（arcus of cricoid cartilage）组成。环状软骨板位于背侧，较宽，呈四边形，构成喉腔背侧壁，环状软骨弓较窄，位于两侧和腹侧，构成侧壁和腹壁，其前缘和后缘以弹性纤维分别与甲状软骨及气管软骨相连。

（4）杓状软骨（arytenoid cartilage） 位于环状软骨的前缘两侧，部分在甲状软骨侧板的内侧，左右各一，呈三面锥体形，其尖端弯向后上方，形成喉口的后侧壁。杓状软骨上部较厚，下部变薄，形成声带突（vocal process），供声韧带（vocal ligament）和声带肌（vocal muscle）附着。

喉软骨彼此借关节、韧带和纤维相连，构成喉的支架。

#### 6.2.2.2 喉肌

喉肌（laryngeal muscle）属横纹肌，可分外来肌和固有肌两群。外来肌有胸骨甲状肌和舌骨甲状肌等，固有肌均起止于喉软骨。它们的作用与吞咽、呼吸及发声等运动有关（图6-6）。

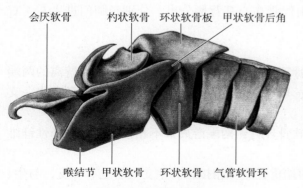

图6-4 喉的侧面观

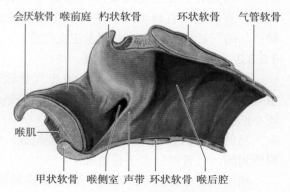

图6-5 马喉的内部构造

### 6.2.2.3 喉腔

喉腔（laryngeal cavity）是由衬于喉软骨内面的黏膜所围成的腔隙，前方借喉口通咽，后方与气管相通。在喉腔中部的侧壁上有一对明显的黏膜褶，称为声带（vocal cord）。声带由声韧带和声带肌覆以黏膜构成，连于杓状软骨声带突和甲状软骨体之间，是喉的发声器官。声带将喉腔分为前、后两部分：前部为喉前庭（vestibule of larynx），其两侧壁凹陷，称喉侧室；后部为声门下腔（infraglottic cavity），又称喉后腔。在两

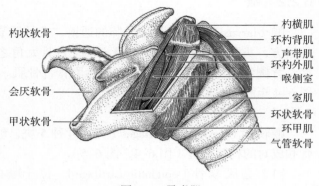

图 6-6　马喉肌

侧声带之间的狭窄缝隙，称为声门裂（fissure of glottis），喉前庭与声门下腔经声门裂相通。

### 6.2.2.4 喉黏膜

喉黏膜（mucous membrane of larynx）被覆于喉腔的内面，与咽的黏膜相连续，包括上皮和固有膜。上皮有两种：被覆于喉前庭和声带的上皮为复层扁平上皮，在反刍动物、肉食动物和猪会厌部的上皮内，还含有味蕾；声门下腔（在马包括喉侧室）的黏膜上皮为假复层柱状纤毛上皮，柱状细胞之间常夹有数量不等的杯状细胞。固有膜由结缔组织构成，内有淋巴小结（反刍动物特别多，马次之，猪和肉食动物较少）和喉腺。喉腺分泌黏液和浆液，有润滑声带等作用。

牛的喉较马的短，会厌软骨和声带也短，声门裂宽大。猪的喉较长，声门裂较窄。

## 6.2.3　气管和主支气管

### 6.2.3.1　形态、位置和构造

气管（trachea）为由一系列呈 U 形的气管软骨环（tracheal cartilage ring）作支架，以环韧带（annular ligament）连接的长圆筒状管道，前端与喉相接，向后沿颈部腹侧正中线而进入胸腔，然后经心前纵隔达心基的背侧（在第 5、6 肋间隙处），分为左、右两条主支气管，分别进入左、右肺（图 6-1）。气管壁由黏膜、黏膜下层和外膜组成。

主支气管（principal bronchus）是肺与气管之间的分叉管道，由气管的分支形成，牛（羊）、猪共有 3 支主支气管：气管支气管（tracheal branch）又称右尖叶支气管，自气管右侧发出，直接进入右肺尖叶；左、右主支气管由气管在心基背侧分出，分别经肺门进入左、右肺；马的气管只分为左、右两条主支气管。

### 6.2.3.2　牛、马、猪气管的特点

牛、羊的气管较短，由 48~60 个气管软骨环借环韧带连接而成。软骨环缺口游离的两端重叠，形成向背侧突出的气管嵴（tracheal ridge）。气管在分左、右主支气管之前，还分出一支较小的右尖叶支气管，进入右肺尖叶。

马的气管由 50~60 个软骨环连接组成。软骨环背侧两端游离，不相接触，而为弹性纤维膜所封闭。气管横径大于垂直径。

猪的气管呈圆筒状，软骨环缺口游离的两端重叠或互相接触。主支气管也有 3 支，与牛、羊相似。

# 7 泌尿系统

**本章重点**

- 掌握泌尿系统的组成及各器官功能。
- 了解肾的分类及各种家畜肾的类型。
- 掌握肾的基本结构。

泌尿系统（urinary system）由肾、输尿管、膀胱和尿道组成（图 7-1），其主要功能是排出机体新陈代谢过程中产生的废物和多余的水分，维持机体内环境的平衡与稳定。

肾是生成尿液的器官。通过尿的生成与排出，机体可以排出大部分代谢终产物和进入畜体的异物，调节细胞外液量和渗透压，调节体液中重要的电解质如钠、钾、碳酸氢盐以及氯离子、氢离子等浓度，维持畜体内环境的酸碱平衡。同

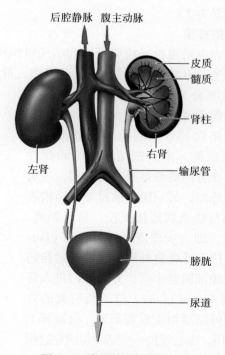

图 7-1　猪泌尿系统模式图

本章英文摘要

时，肾还具有内分泌功能，分泌促红细胞生成素、前列腺素、肾素、羟胆钙化醇等物质。

机体代谢过程产生的含氮废物以溶解于水的形式由血管进入肾小球滤过到肾小囊腔，经肾小管重吸收后，由排尿管道排出体外。家畜适应陆地生活，既要排出含氮废物，又不能使体内水分大量丢失，为此家畜肾小管形成了有利于尿液重吸收的 U 形髓襻，很好地解决了含氮废物排出需大量水与陆地生活保水的矛盾。肾小球滤过障碍，体内含氮废物蓄积将会导致尿毒症。输尿管是输送尿液的肌性管道，膀胱是暂时储存尿液的器官，尿道是排出尿液的通道。

# 7.1 肾

## 7.1.1 肾的形态和位置

肾（kidney）左、右各一，形似蚕豆，红褐色。肾的内侧缘有一凹陷，为肾动脉、肾静脉、淋巴管、神经及输尿管出入之门户，称肾门（renal hilum）。由肾门伸入肾实质的凹陷称肾窦（renal sinus），肾门是肾窦的开口。肾窦内有肾盂、肾盏、血管、淋巴管和神经，在这些结构之间常有大量脂肪填充。

肾位于腰椎下方，脊柱两侧，腹主动脉和后腔静脉两侧的腹膜外间隙内，属腹膜外器官，借腹膜外结缔组织与周围器官相连（图 5-3，图 5-29，图 5-45）。

## 7.1.2 肾的结构

肾是实质性器官，外覆被膜，被膜向肾实质伸入形成间质。实质包括位于外周的皮质和内部的髓质（图 7-2）。

### 7.1.2.1 肾的被膜

肾皮质表面被覆由平滑肌纤维和结缔组织构成的肌质膜（sarcoplasm membrane），它与肾实质紧密粘连，不可分离，由肾门进入肾窦，被覆于肾乳头以外的肾窦壁上。除肌质膜外，通常将肾的被膜分为三层：由内向外依次为纤维囊、脂肪囊和肾筋膜。纤维囊（fibrous capsule）为坚韧而致密的包裹于肾实质表面的结缔组织膜，由致密结缔组织和弹性纤维构成。在肾门处纤维囊分为两层，一层贴于肌质膜外面，另一层包被肾窦内结构表面。纤维囊与肌质膜连接疏松，易于剥离。如剥离困难，即为病理现象。脂肪囊（fatty capsule）是位于纤维囊外周，包裹肾的脂肪层，肾的边缘部脂肪丰富，并经肾门进入肾窦。肾筋膜（renal fascia）位于脂肪囊的外面，由腹膜外结缔组织发育而来，包被肾上腺和肾的周围，由它发出一些结缔组织穿过脂肪囊与纤维囊相连，有固定肾位置的作用。

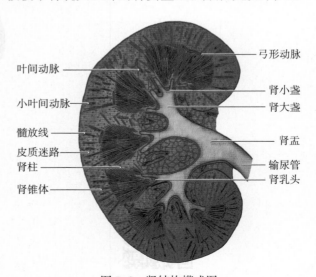

图 7-2 肾结构模式图

#### 7.1.2.2 肾实质

肾由若干肾叶（renal lobe）组成，每个肾叶分浅层的皮质和深层的髓质。肾皮质（renal cortex）大部分位于肾叶的外周，小部分内伸到髓质肾锥体之间。肾皮质由肾小体（renal corpuscle）和肾小管（renal tubule）组成，新鲜标本呈红褐色并可见有许多红色点状细小颗粒，即为肾小体。肾髓质（renal medulla）位于肾的内部，淡红色，呈圆锥形，称肾锥体（renal pyramid），锥底与皮质相接，锥尖朝向肾窦。肾锥体的尖端称肾乳头（renal papilla）。肾乳头突入肾小盏（minor renal calice）或肾盂（renal pelvis）内，肾乳头顶端有许多小孔，称肾乳头孔（renal papillary foramina）。肾产生的终尿经乳头孔流入肾小盏或肾盂内。伸入相邻肾锥体之间的肾皮质部分称肾柱（renal column）。肾髓质经肾锥体底部向皮质放射状行走的条纹称髓放线（medullary ray）。髓放线的条纹由肾的直行小管与血管平行排列形成。髓放线之间的皮质部分即为皮质迷路。每个髓放线及两侧 1/2 的皮质迷路称肾小叶。肾叶即指一个肾锥体及其周围的皮质。

家畜因物种不同肾有多种形态，但肾的基本结构和功能相似。肾单位（nephron）由肾小体和与其相连的肾小管构成，是尿液形成的结构和功能单位。肾小体中形成的原尿经肾小管和集合管的重吸收，形成终尿。

#### 7.1.2.3 肾间质

肾间质为分布于肾单位、集合管系之间的结缔组织、血管和神经等。肾间质的结缔组织在皮质部很少，从皮质到髓质肾乳头逐渐增多。

### 7.1.3 哺乳动物肾的分类

肾由肾叶拼成，根据其外形和内部结构，可将哺乳动物的肾分为四种类型（图 7-3）。

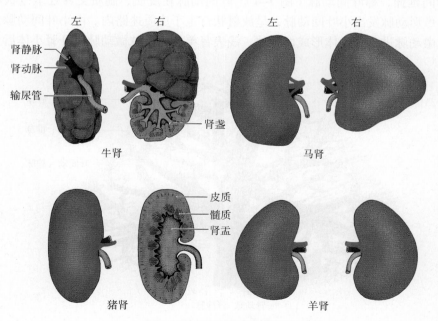

图 7-3 大家畜肾模式图

#### 7.1.3.1　复肾

肾由许多独立的肾叶构成，每个肾叶又称为一个小肾。据肾叶的形状、每个肾叶上肾乳头的数目，复肾又分叶状多乳头型复肾与球状单乳头型复肾。河马和大象的肾为叶状多乳头型复肾，每个肾叶有多个肾锥体和肾乳头。熊和海豹的肾为球状单乳头型复肾，每个肾叶只有一个肾乳头。复肾肾叶数目因动物种类而不同，如巨鲸的可达 3000 个，海豚的也可超过 200 个。肾叶呈锥体形，外周的皮质为泌尿部，中央的髓质为排尿部，末端形成肾乳头，肾乳头被输尿管分支形成的肾盏包住。象、鲸、熊、水獭等动物肾为复肾。

#### 7.1.3.2　有沟多乳头肾

在肾的表面有许多区分肾叶的沟，但各肾叶中间部分相互连接。在肾的切面可见到每个肾叶内部所形成的肾乳头，被输尿管分支形成的肾小盏包住，许多肾盏管汇合成两条收集管，再注入输尿管。家畜中牛肾属此类型。

#### 7.1.3.3　光滑多乳头肾

肾叶皮质部完全合并，肾表面光滑。但在切面上可见到显示肾叶髓质形成的肾锥体，肾锥体末端为肾乳头，肾乳头被肾小盏包住，肾小盏开口于肾盂或肾盂分出的肾大盏。家畜中猪肾属此类型。人肾也属此类型。

#### 7.1.3.4　光滑单乳头肾

各肾叶皮质和髓质完全合并，肾表面光滑无沟，肾乳头合并为一个总乳头，呈嵴状，称肾嵴（renal crista），突入于输尿管在肾内扩大形成的肾盂中。在肾的切面上，仍可见到显示各肾叶髓质部的肾锥体。大多数哺乳动物的肾属此种类型，家畜中马、羊、犬、兔肾属此类型。

### 7.1.4　肾的血管、淋巴管与神经分布

肾的血液供给极为丰富，肾动脉由腹主动脉发出，经肾门入肾分为前后两支，再分成数支，在肾叶间延伸，称叶间动脉（图 7-4）。叶间动脉在皮质、髓质交界处呈弓状弯曲，称弓形动脉。由弓形动脉发出小叶间动脉，呈放射状行走于皮质迷路内。由小叶间动脉分支发出短而粗的入球微动脉进入肾小体形成血管球。浅表肾单位的出球微动脉离开肾小体后又分支形成

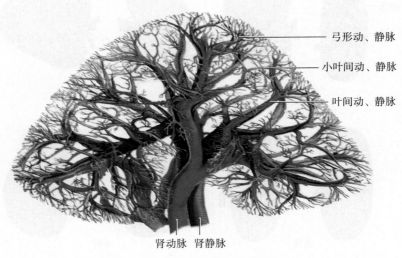

弓形动、静脉

小叶间动、静脉

叶间动、静脉

肾动脉　肾静脉

图 7-4　肾血管

球后毛细血管网，分布近曲小管和远曲小管周围。毛细血管依次汇合成小叶间静脉、弓形静脉和叶间静脉，与相应动脉伴行，最后由肾静脉经肾门出肾，注入后腔静脉。髓襻肾单位的出球微动脉不仅形成毛细血管网，而且还分出分支直小动脉直行于髓质，又返折为直小静脉，形成血管襻与髓襻伴行，直小静脉汇入弓形静脉。肾血液循环的特点可概括为：①肾动脉直接由腹主动脉发出，血流量大。②血流通路中两次形成毛细血管网，血管球为动脉型毛细血管网，起滤过作用；球后毛细血管网分布于肾小管周围，起营养及运输重吸收物质的作用。③入球微动脉较出球微动脉粗，故血管球内压力较高，有利于滤过作用。④髓质内直小血管与髓襻伴行，有利于髓襻及集合小管重吸收和尿液的浓缩。

　　肾有深浅两组淋巴丛：深组为肾内淋巴丛，肾内毛细淋巴管分布于肾单位周围，沿血管逐级汇成小叶间淋巴管、弓形淋巴管和叶间淋巴管，经肾门淋巴管出肾；浅组为被膜淋巴丛，被膜内的毛细淋巴管汇合成淋巴管后，与肾内淋巴丛吻合，汇入邻近器官的淋巴管。

　　肾的神经来自肾丛，其中交感神经主要来自腹腔神经丛，副交感神经主要来自迷走神经。神经纤维从肾门入肾，分布于肾血管、肾间质和球旁复合体。

### 7.1.5　各种动物肾的结构特征

#### 7.1.5.1　牛肾

　　牛肾属有沟多乳头肾，每个肾由 16～22 个大小不一的肾叶构成。左右肾的形态、位置和质量因品种、年龄及体重而有差异。一般成年牛每个肾重 600～700 g，左肾略大于右肾。

　　右肾呈上下压扁的长椭圆形（图 7-3，图 7-5），位于最后肋间隙上部，至第 2、3 腰椎横

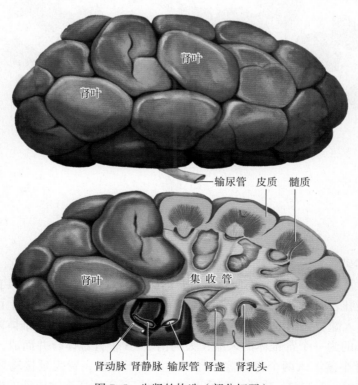

图 7-5　牛肾的构造（部分切开）

突的腹侧。背侧面隆突与腰椎腹侧肌接触；腹侧面较平，隔腹膜与肝、胰、十二指肠和结肠相邻；前端伸入肝的肾压迹内；内侧缘平直与后腔静脉平行，肾门位于腹侧面近内侧缘的前部，与肾窦无分界而一同形成椭圆形腔，外侧缘隆突。

左肾的形态和位置比较特殊。初生犊牛因瘤胃未充分发育，左肾与右肾形态相近，位置近于对称。成年牛左肾呈三棱形，前端较小，后端大而钝圆，有三个面：背侧面隆突，隔肾筋膜与腰椎腹侧肌及椎体接触；腹侧面隔腹膜与肠管相接触；前端左外侧面小而平直，与瘤胃相接触。成年牛左肾位置不固定，一般位于第 2、5 腰椎左侧横突近椎体处的腹侧；左肾系膜较长，受瘤胃的影响位置变动较大，当瘤胃充满时，左肾横过体正中线到椎体右侧，右肾的后下方，瘤胃空虚时，返回左侧。

牛肾切面上可见肾叶内外部分分开，肾叶中间部分愈合在一起。肾皮质位于肾叶的外层和内伸于肾锥体之间，锥体末端钝圆，每肾有 16~22 个肾乳头。乳头管黏膜上皮为单层柱状上皮，与肾小盏上皮相延续。肾小盏上皮为变移上皮，肾小盏中膜为平滑肌，外层结缔组织与肾被膜和间质结缔组织相延续。

牛输尿管不膨大形成肾盂，输尿管起始端在肾窦内形成前后两条集收管，又称肾大盏（ major renal calices ），每条集收管分出许多分支，分支末端膨大形成肾小盏，每个肾小盏包围着一个肾乳头（图 7-6 ）。

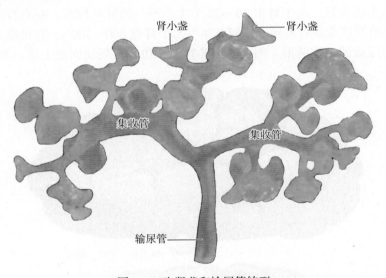

图 7-6  牛肾盏和输尿管铸型

### 7.1.5.2  猪肾

猪肾属光滑多乳头肾，左右肾均呈蚕豆形，较长而扁，色淡呈棕黄色，两肾位置近于对称，位于最后胸椎及前三个腰椎腹面两侧。右肾前端不与肝接触，家畜中只有猪和猫的右肾不向前伸达肝，不在肝表面形成肾压迹。肾门位于肾内侧缘正中部。肾切面上可见，猪肾皮质部完全合并，皮质突入髓质之间的肾柱明显。肾切面髓质部可见肾锥体及锥体末端的肾乳头，肾乳头大小不一，小的为一个肾锥体的末端，大的由 2~5 个肾锥体合并而成，每个肾乳头均与一肾小盏相对，肾小盏汇入两个肾大盏，肾大盏汇注于肾盂，肾盂延接输尿管。猪肾皮质较厚，髓质只有皮质的 1/3~1/2。皮质、髓质厚薄比例与肾产生高浓缩尿液的能力有关，一般髓质相对较厚的物种，长髓襻肾单位多，产生高浓缩尿液的能力强；而皮质相对厚的物种短髓襻肾单位多，长髓襻肾单位少，产生高浓缩尿液的能力差（图7-7）。

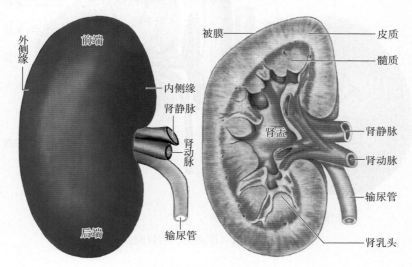

图7-7　猪肾（右肾剖开）

### 7.1.5.3　马肾

马肾属于光滑单乳头肾（图7-8）。右肾位置靠前，形态呈上下压扁的圆角等边三角形，位于最后2～3肋骨的椎骨端及第一腰椎横突的腹侧。家畜肾中只有马属动物右肾横径大于纵径。背侧面隆突，与膈和腰椎腹侧肌接触。腹侧面稍凹，隔腹膜与肝、胰、盲肠底及右肾上腺接触。前端钝而圆，伸入肝的肾压迹内；后端薄而窄，外侧缘薄而圆，肾门位于内侧缘中部，肾门向深部延续为肾窦。肾窦内有肾盂、肾血管、淋巴管和神经，这些结构周围有脂肪组织填充。

左肾呈豆形，比右肾长而狭，位置偏后，靠近体正中面，最后肋骨的椎骨端和第1、2、3腰椎横突的腹侧。背侧面隆突，与左膈脚、腰椎腹侧肌及脾接触；腹侧面亦凸，表面不平整，大部分被腹膜覆盖，与十二指肠末端、小结肠起始端、左肾上腺及胰的左端接触。内侧缘长而直，较右肾内侧缘厚，与腹主动脉、肾上腺和输尿管接触。外侧缘与脾的背侧端接触。后端通常比前端大。左肾肾门位于内侧缘约与右肾后端相对处（图7-8）。

马肾切面上皮、髓质完全合并，肾锥体与肾柱不太明显。肾锥体较细，肾乳头合并为一个总乳头，呈峰状突入肾盂，称肾峰。输尿管在肾窦内膨大形成肾盂，肾盂自肾窦向肾的两端伸延形成窄长的盲管，称为终隐窝（terminal recessus）。乳头管在肾峰部开口于肾盂，肾两端的乳头管开口于终隐窝。

马肾位置的固定，主要靠肾筋膜和周围器官的挤压来固定，肾筋膜为腹膜外结缔组织发育而来，包绕于肾周肾脂囊的外周。右肾因与肝、胰及结肠起始部毗邻，而较左肾位置固定；左肾有时可后移，后端达第3、4腰椎横突的腹侧。

肾盂壁由三层结构构成，外层为纤维层，中为平滑肌，内侧为黏膜，黏膜上皮为变移上皮。

### 7.1.5.4　羊肾

羊肾属光滑单乳头肾。两肾均呈豆形，右肾位于最后肋骨至第2腰椎腹侧，左肾位于第

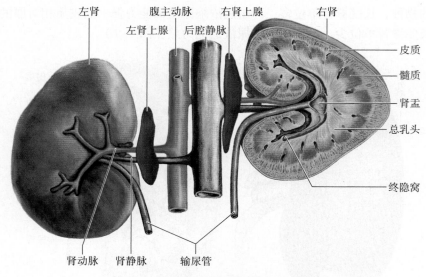

图 7-8　马肾（腹侧面，右肾剖开）

4 至第 5 腰椎的腹侧，瘤胃背囊的后方。外形椭圆，背侧面与腹侧面均隆突，前后端较圆；长约 7.5 cm，宽 5 cm，厚 3 cm。包于脂肪囊中。位置与牛肾相似，左肾位置受瘤胃的影响而有变化，当瘤胃充满时可以被挤压到体正中面右侧。每个肾重约 120 g。羊肾皮质相对较薄，肾切面可见 12~16 个肾锥体合并为肾嵴，肾嵴宽厚，呈圆钝的嵴形。肾门位于内侧缘的中部（图 7-9）。

　　临床实践中进行的肾切除术、移植术，肾血管、输尿管造影术，肾大小的影像诊断等都需要准确掌握各种家畜肾的形态、大小、位置和结构。

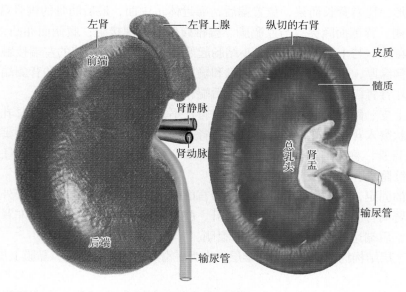

图 7-9　羊肾的解剖

**窗口**

---

### 慢性肾衰竭、肾小球肾炎和肾盂肾炎

**慢性肾衰竭**　肾的逐步损伤和萎缩，导致不能产生尿液。它可由肾小球肾炎或肾盂肾炎所引起。早期的症状是多尿和夜尿增多，之后患者出现虚弱无力、失眠、食欲下降、恶心、酸中毒和碱中毒。由于损伤是永久性的，患者只能选择血液透析或肾移植来维持生命。

**肾小球肾炎**　肾小球的炎症，通常是由体内其它部位的细菌（链球菌）感染所引起。当链球菌释放毒素时，抗原－抗体复合物就沉积在肾小球，产生炎症。如果不进行治疗，肾小球被纤维组织所替代，将逐渐发展成为慢性肾疾病。

**肾盂肾炎**　肾盂的细菌感染和炎症。如果不治疗，病变将逐步扩散到肾盏和肾小管。

---

## 7.2　输尿管、膀胱和尿道

### 7.2.1　输尿管

输尿管（ureter）是将尿液从肾盂（马、猪、羊）或集收管（牛）不断输送到膀胱的一对狭而直的管道（图 7-1，图 7-3）。出肾门后，于腹腔顶壁的腹膜外向后伸延，横过髂外动脉和髂内动脉腹侧进入骨盆腔，公畜输尿管在尿生殖褶中，母畜输尿管沿子宫阔韧带背侧缘继续伸延，最后斜穿膀胱背侧壁以缝状的输尿管口（ureteric orifice）开口于膀胱。输尿管于膀胱壁内要向后走几厘米，这种结构可以保证膀胱内充满尿液时不会逆流。

输尿管管壁从内向外由黏膜、肌层和外膜三层结构组成。黏膜形成许多纵行皱襞，管腔呈星形。黏膜上皮为变移上皮，固有层为结缔组织，有的动物分布有黏膜腺（输尿管腺）。肌层由内外两层纵肌包一层环肌构成。外膜为结缔组织，与周围结缔组织移行。

输尿管的血液供应，来自肾动脉、精索内动脉和脐动脉的分支。神经纤维来自腰荐神经丛。

牛输尿管起于集收管，经肾门出肾，管径 6～8 mm。左输尿管由于左肾位置的变动，因而也有变动。开始位于正中矢面的右侧，在右输尿管之下，后段逐渐移向左侧。公牛入盆腔后行于尿生殖褶，母牛输尿管入盆腔走行于子宫阔韧带背侧缘，输尿管在膀胱壁内穿行 3～5 cm。

马输尿管起于肾盂，除左输尿管与牛不同外，其余走向、位置皆相同。左右输尿管走向相似。

猪输尿管起于肾盂，在肾静脉的背侧出肾门，两侧输尿管行程、走向相似。输尿管起始部较粗，逐渐变细，略有弯曲。

羊输尿管起于肾盂，行程、走向与牛输尿管相似。

输尿管结石、肿瘤或血凝块可能导致输尿管阻塞，一侧阻塞可导致肾盂积水，两侧完全阻塞则会导致尿毒症。

### 7.2.2　膀胱

膀胱（urinary bladder）（图 7-1，图 7-10，图 7-11）是暂时储存尿液的肌膜性囊状器官，略呈梨形。其形状、大小、位置和壁的厚薄随尿液充盈程度而异。

膀胱的前部为钝圆的盲端，称膀胱顶（fundus of urinary bladder），朝向腹腔，幼龄动物膀胱顶有脐尿管的遗迹，胚胎时期脐尿管与尿囊相通。膀胱的中部为膀胱体（body of bladder），膀胱的后部为膀胱颈（neck of bladder），膀胱颈延续为尿道，两者经尿道内口（internal urethral orifice）相通。

膀胱位于盆腔底壁上。膀胱下方为耻骨联合，二者之间称膀胱下间隙，此间隙内有丰富的结缔组织和静脉丛（venous plexus）。背侧与公畜的精囊腺、输精管壶腹和直肠以及母畜的子宫和阴道相毗邻，直肠检查常可触摸到。空虚时缩小而壁增厚，质坚实，全部位于盆腔内。膀胱充盈时则扩大而壁变薄，向前伸出盆腔外达腹腔底壁。此时膀胱腹膜返折线可前移至耻骨联合前方，此可在耻骨联合前方行穿刺术，不会伤及腹膜和污染腹膜腔。幼畜膀胱的位置偏前。胚胎时期，膀胱主要位于腹腔，呈细长的囊状，顶端伸达脐孔，并与尿囊相通，以后逐渐缩至盆腔内。膀胱异位见于：公畜前列腺肿大将膀胱挤向前方，母畜子宫和阴道下垂致膀胱下垂，盆腔肿瘤可能导致膀胱异位，膀胱扭转致弯曲阻塞。

膀胱壁由三层构成。内层为黏膜，当膀胱空虚时，黏膜形成许多皱褶。在近膀胱颈处的背侧壁上，输尿管末端行于黏膜下组织内，使黏膜形成隆起的一对输尿管柱（columna of ureter），终于输尿管口。在输尿管口处有一对低的黏膜褶向后延伸，称输尿管襞（plica of ureter），向后相互接近并汇合而成尿道嵴（urethral crest），经尿道内口延续入尿道壁。在膀胱背侧黏膜表面上由两个输尿管口和一个尿道内口形成的三角区，称膀胱三角（trigone of bladder），此处黏膜与肌层紧密连接，缺少黏膜下层组织，无论膀胱扩张或收缩，始终保持平滑。两个输尿管口之间的皱襞称输尿管间襞（interureteric fold, interureteric ridge），膀胱镜下所见为一苍白带，是临床寻找输尿管口的标志。肌层由内纵、中环、外纵三层平滑肌构成。中层平滑肌在尿道内口处增厚为括约肌。外膜在膀胱顶和膀胱体为浆膜，在膀胱颈为疏松结缔组织。

膀胱表面的浆膜移行于膀胱与周围器官之间，形成一些浆膜褶。膀胱背侧的浆膜，母畜折转到子宫上，公畜折转到生殖褶上。膀胱腹侧的浆膜褶沿正中矢面与盆腔底相连，形成膀胱中韧带（median ligament of bladder）。膀胱两侧的浆膜褶与盆腔侧壁相连，形成膀胱侧韧带（side ligament of bladder）。在两侧膀胱侧韧带的游离缘各有一索状物，称膀胱圆韧带（teres ligament of bladder），是胚胎时期脐动脉的遗迹。

膀胱的血液供应来自阴部内动脉（internal pudendal artery）、闭孔动脉（obturator artery）和脐动脉（umbilical artery）的分支。静脉汇入阴部内静脉（internal pudendal vein）。淋巴管汇合为外层和肌层两丛。神经纤维来自盆神经丛，在黏膜下形成神经丛，内含神经节。

### 7.2.3　尿道

尿道（urethra）是将尿液从膀胱排出的肌性管道（图7-1，图7-10，图7-11）。尿道内口起始于膀胱颈，尿道外口（external orifice of urethra）在公畜开口于阴茎头，在母畜开口于阴道与阴道前庭的交界处。雌性尿道较短，位于阴道腹侧，在盆腔底壁上。尿道壁结构与膀胱相似，但黏膜下组织内含有静脉丛，又称海绵层（spongy layer），黏膜上皮下则分布有尿道腺（urethral gland），肌膜为平滑肌，与膀胱的肌层相连续，也可分为三层，其外面尚具有环行横纹肌构成的尿道肌（urethral muscle），在尿道内口处则称为膀胱外括约肌，肌膜之外是结缔组织构成的外膜，常将尿道与阴道相连。雄性尿道较长，又分为盆腔部和阴茎部，因兼有排尿和排精的作用，又称尿生殖道，参见雄性生殖器。

　　牛尿道黏膜层常有许多淋巴组织。猪和马的尿道黏膜有尿道腺。在公马和公羊尿道外口以尿道突凸出于龟头的前方。母牛尿道在阴道前庭的下方形成尿道下憩室（suburethral diverticulum）。因此，在给母牛导尿时，应注意导尿管要直插，以免插入憩室内（图 7-11）。

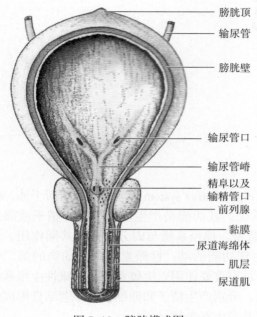

图 7-10　膀胱模式图

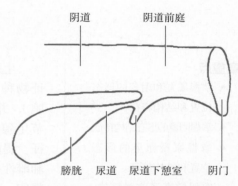

图 7-11　母牛尿道下憩室模式图

## 思考与讨论

1. 家畜泌尿系统由哪些器官组成，各自的功能如何？
2. 结合肾的类型，说明各种家畜肾分属哪一种类型，其结构特点如何。
3. 用解剖学的观点，说明为什么在临床上给公畜导尿要比给母畜导尿困难。

# 8 生殖系统

**本章重点**

- 掌握睾丸和附睾的形态、位置和结构特征。
- 掌握阴囊的形态结构特征。
- 掌握家畜卵巢的形态、位置和结构特征。
- 掌握家畜子宫的形态、位置和结构特征。

生殖系统（reproductive system）是动物繁殖新个体，保证物种延续的系统。其功能是产生生殖细胞（精子或卵细胞），并分泌性激素。神经系统与内分泌系统共同作用，调节生殖器官的生理功能活动。性激素对维持动物的第二性征、提高动物性欲有重要作用。生殖系统包括雄性生殖系统和雌性生殖系统，分别产生精子和卵细胞，二者结合形成受精卵，逐步发育并产生新个体。

## 8.1 雄性生殖系统

雄性生殖系统的器官由生殖腺（睾丸）、生殖管（附睾、输精管、尿生殖道）、副性腺、交配器官（阴茎和包皮）和阴囊组成（图8-1，图8-2）。睾丸是产生精子、分泌雄性激素的器官；附睾、输精管、尿生殖道是生殖管道；副性腺有精囊腺、前列腺和尿道球腺，可分泌精清，与精子共同组成精液；阴茎是交配器官；包皮是皮肤折转而形成的管状皮肤鞘，容纳和保护阴茎。

### 8.1.1 睾丸和附睾

#### 8.1.1.1 睾丸

睾丸（testis）位于阴囊中，左、右各一，中间由阴囊中隔隔开（图8-1至图8-5）。睾丸可产生精子，分泌雄性激素，促进第二性征出现和其它生殖器官的发育。

睾丸呈左右稍扁的椭圆形，表面光滑。一侧有附睾附着，称为附睾缘，另一侧为游离缘，血管进出的一端为睾丸头，与附睾头相连，另一端为睾丸尾，与附睾尾相连，中间为睾丸体。

本章英文摘要

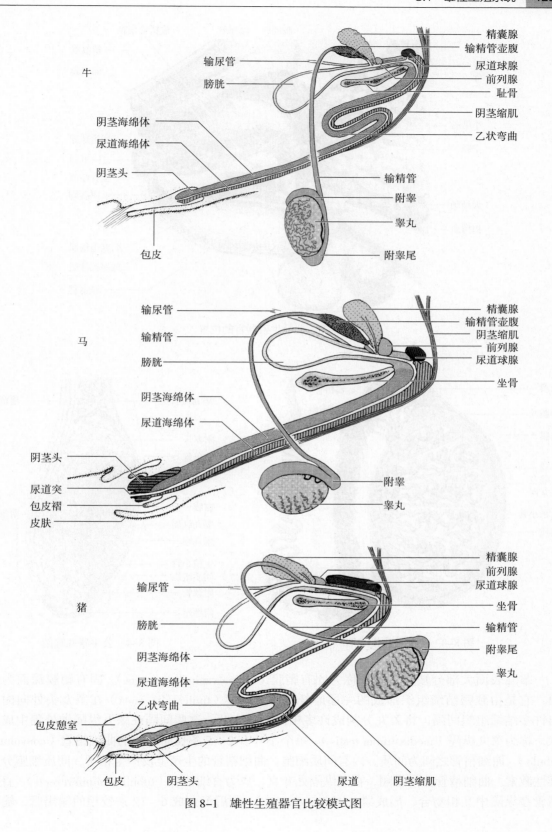

图 8-1 雄性生殖器官比较模式图

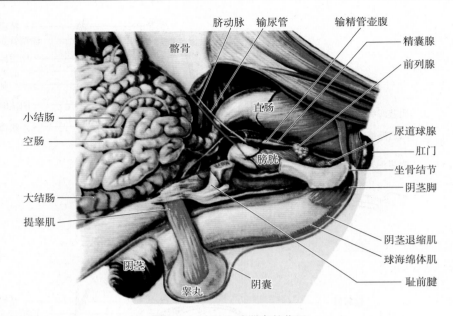

图 8-2　公马生殖器官的位置

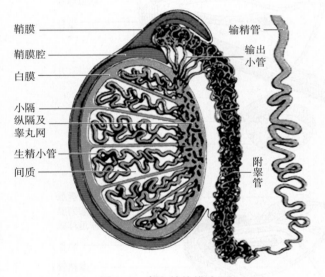

图 8-3　睾丸结构模式图

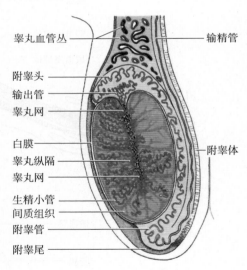

图 8-4　公牛睾丸解剖

　　睾丸表面大部分被覆浆膜，称为固有鞘膜（tunica vaginalis propria）。固有鞘膜深面为白膜，它是由致密结缔组织形成的一层厚纤维膜。白膜（tunica albuginea）在睾丸头处向内分出许多结缔组织间隔，将睾丸分割成许多锥体形的小叶。这些间隔在睾丸纵隔轴处集中成网状，称为睾丸纵隔（mediastinum testis）。每个小叶有 2～5 条长而卷曲的曲细精管（convoluted tubule），曲细精管之间为间质，内有间质细胞。曲细精管的生殖上皮产生精子，间质细胞分泌雄性激素。曲细精管伸向纵隔，在近纵隔处变直，成为直细精管（tubuli seminiferi recti）。直细精管在纵隔中互相吻合，形成睾丸网（rete testis）。此后汇合成 6～12 条较粗的输出管，输出

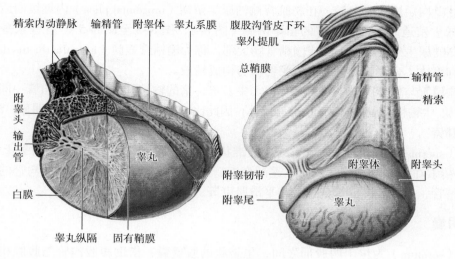

图 8-5　公马的睾丸

管穿出睾丸头的白膜进入附睾头。

　　胚胎时期的睾丸位于腹腔内，在肾的附近；随着胎儿的发育，睾丸和附睾一起经腹股沟管下降到阴囊中，这一过程称为睾丸下降。家畜出生后，如果有一侧或两侧睾丸没有下降，仍留在腹腔内，则称为单睾或隐睾，故这种家畜不宜用作种畜。

　　各种家畜睾丸的外形和位置特点：

　　牛、羊的睾丸呈长椭圆形，位于两股部之间的阴囊内（图 8-1，图 8-3，图 8-4）。长轴方向与地面垂直，睾丸头位于上方，附睾位于睾丸的后面。牛的睾丸实质呈黄色，羊的睾丸实质呈白色。

　　马的睾丸呈椭圆形，长轴与地面平行，位于两股部之间的阴囊内，睾丸头位于前方，附睾位于睾丸的背侧，睾丸实质呈淡棕色（图 8-1，图 8-2，图 8-5）。

　　猪的睾丸很大，长轴斜向后上方，位于股部后方会阴部的阴囊内。睾丸头位于前下方，附睾位于睾丸前上方，附睾尾很发达，位于睾丸的后上端。睾丸实质呈淡灰色，但因品种差异有深浅之分（图 8-1）。

### 8.1.1.2　附睾

　　附睾（epididymis）（图 8-1，图 8-3 至图 8-5）是储存精子和精子进一步成熟的地方，它附着在睾丸上，外面也被覆固有鞘膜和薄的白膜。分为附睾头（caput epididymidis）（与睾丸头相对应）、附睾体（corpus epididymidis）和附睾尾（cauda epididymidis）（与睾丸尾相对应）。附睾由睾丸输出管和附睾管构成。睾丸输出管形成附睾头，输出管进而汇合成一条较粗且长的附睾管（ductus epididymidis），盘曲成附睾体和附睾尾，在附睾尾处管径增大，最后延续为输精管。附睾尾借附睾韧带与睾丸尾相连。附睾韧带由附睾尾延续至阴囊的部分，称为阴囊韧带。去势时切开阴囊后，必须切断阴囊韧带和睾丸系膜，才能摘除睾丸和附睾。

## 8.1.2　输精管和精索

### 8.1.2.1　输精管

　　输精管（ductus deferens）为运送精子的管道，起始于附睾尾，经腹股沟管入腹腔，再沿腹腔后部底壁向后进入骨盆腔，在膀胱背侧的尿生殖褶（urogenital plica）内继续向后伸延，末端开口于尿生殖道起始部背侧壁的精阜两侧（图 8-1，图 8-3 至图 8-5）。有些家畜的输精管在膀胱背侧的尿生殖褶内膨大形成输精管膨大部，称为输精管壶腹（ampulla ductus deferentis）。其黏膜内有腺体（壶腹腺）分布，分泌物参与构成精液。

马的输精管与精囊腺排出管合并开口。牛、羊、猪的输精管与精囊腺排出管一同开口于精阜两侧。马、牛输精管壶腹的黏膜内分布腺体，因此比较粗；猪的输精管壶腹不明显，没有腺体。

#### 8.1.2.2　精索

精索（spermatic cord）为一扁平的近圆锥状结构，其基部附着在睾丸和附睾上（图 8-5，图 8-6）。精索在睾丸背侧较宽，向上逐渐变细，进入腹股沟管，终止于腹股沟管的腹环。精索内有输精管、血管、淋巴管、神经和平滑肌束等，外包固有鞘膜。

### 8.1.3　阴囊

阴囊（scrotum）为位于两股部之间，呈袋状的腹壁囊，借助腹股沟管与腹腔相通，相当于腹腔的突出部，容纳睾丸和附睾（图 8-6）。阴囊壁的结构与腹壁相似，由以下几层结构构成：阴囊皮肤、肉膜、精索外筋膜（即阴囊筋膜）、睾外提肌、精索内筋膜和鞘膜（分为脏层和壁层）。精索内筋膜和鞘膜的壁层共同构成总鞘膜，鞘膜的脏层即为固有鞘膜。

#### 8.1.3.1　阴囊皮肤

阴囊皮肤（scrotal skin）薄而柔软，富有弹性，表面有少量短而细的毛，内含丰富的皮脂

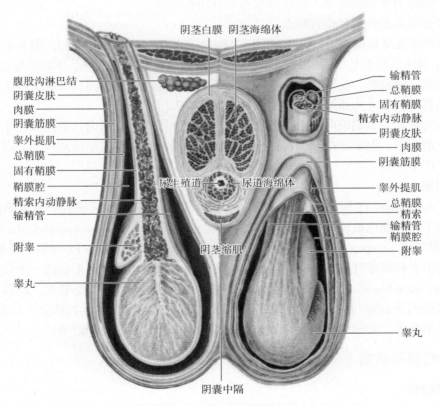

图 8-6　马阴囊和精索

腺和汗腺。阴囊表面的腹侧正中有阴囊缝（scrotal raphe），将阴囊从外表分为左、右两部分。

### 8.1.3.2 肉膜

肉膜（sarcolemma）紧贴阴囊皮肤的内面，不易分离，相当于腹壁的皮下结缔组织，由富含弹性纤维和平滑肌的致密结缔组织组成。肉膜在阴囊正中形成阴囊中隔，将阴囊分为左、右互不相通的两个腔。中隔的背侧分为两层，包围阴茎两侧，固定在腹黄膜上。肉膜具有调节温度的作用，冷时肉膜收缩，使阴囊起皱，面积减小，天热时肉膜松弛，阴囊松弛下垂。

### 8.1.3.3 阴囊筋膜

阴囊筋膜（scrotal fascia）位于肉膜深面，由腹壁深筋膜和腹外斜肌腱膜延伸而来，将肉膜与总鞘膜较疏松地连接起来。

### 8.1.3.4 睾外提肌

睾外提肌（cremaster）位于阴囊筋膜深面，来自腹内斜肌，包在总鞘膜的外侧面和后缘，收缩时可上提睾丸，接近腹壁，与肉膜一同调节阴囊内的温度。猪的睾外提肌发达，沿总鞘膜几乎扩展到阴囊中隔。

### 8.1.3.5 总鞘膜

总鞘膜（total tunica vaginalis）为阴囊壁的最内层，由腹膜壁层延续而来。其外面有一薄层来自腹壁筋膜纤维组织构成的精索内筋膜。总鞘膜折转而覆盖于睾丸和附睾上，称为固有鞘膜。折转处所形成的浆膜褶，称为睾丸系膜。固有鞘膜和总鞘膜之间的空隙称为鞘膜腔（cavum of tunica vaginalis），内有少量浆液。鞘膜腔上段细窄，形成管状，称为鞘膜管（canalis of tunica vaginalis），精索位于其中。鞘膜管通过腹股沟管以鞘膜管口或鞘膜环（annulus of tunica vaginalis）与腹膜腔相通。当鞘膜管口较大时，小肠可脱入鞘膜管或鞘膜腔内，形成腹股沟疝或阴囊疝，须通过手术进行恢复。

阴囊具有保护睾丸和附睾等功能，并可调节其里面的温度略低于体腔内的温度，有利于精子的生成、发育和活动。阴囊筋膜和睾外提肌在天冷时收缩，在天热时舒张，使阴囊表面积缩小或扩大，调节睾丸与腹壁的距离，维持精子发育和生存的适宜温度。

## 8.1.4 尿生殖道

公畜的尿道兼有排尿和排精作用，故又称尿生殖道（urogenital tract）。它起于膀胱颈的输精管口，沿骨盆腔底壁向后伸延，绕过坐骨弓，再沿阴茎的腹侧向前伸延至阴茎头末端、并开口于外界。

尿生殖道管壁从内向外由黏膜层、海绵体层、肌层、外膜构成。黏膜层集拢成褶，马和猪有一些小腺体；海绵体层主要是由毛细血管膨大而形成的海绵腔；肌层由深层平滑肌和浅层横纹肌组成。浅层横纹肌称为尿生殖道肌，其收缩在交配时对射精起重要作用，还可帮助排出余尿；外膜为结缔组织，周围器官相连。

尿生殖道可以分为骨盆部和阴茎部两个部分，两者间以坐骨弓为界。在交界处，尿生殖道的管腔变窄，形成尿道峡（urethral isthmus）；峡部后方的海绵层稍变厚，形成尿生殖道球（urogenital bulbus）或称尿道球（图 8-1，图 8-2）。

### 8.1.4.1 尿生殖道骨盆部

尿生殖道骨盆部是指自膀胱到骨盆腔后口的一段，位于骨盆腔底壁与直肠之间（图 8-1，图 8-2）。在骨盆部起始处的背侧黏膜上有一圆形隆起，称为精阜（seminal colliculus），输精管和精囊腺的排出管开口于此。此外，在骨盆部的黏膜上还有其它副性腺开口。家畜中以公猪的尿生殖道骨盆部为最长，牛、羊次之，马的较短。阴茎部的海绵层比骨盆部稍发达，其外面的横纹肌在各种家畜中有所不同，称为球海绵体肌。马的球海绵体肌分布较长，可延至龟头，分布于尿生殖道的腹侧。牛、羊的球海绵体肌仅覆盖在尿道球和尿道球腺的表面，不到阴茎部。猪的球海绵体肌发达，但也只延伸很短距离。

#### 8.1.4.2　尿生殖道阴茎部

尿生殖道阴茎部是尿道经坐骨弓至阴茎腹侧的一段，末端开口在阴茎头，开口处称尿道外口（图 8-1，图 8-2，图 8-7）。

### 8.1.5　副性腺

家畜的副性腺（accessory gland）包括精囊腺、前列腺和尿道球腺（图 8-1，图 8-2，图 8-7 至图 8-9），有的动物还包括输精管壶腹。副性腺的分泌物参与形成精液，并有稀释精子、营养精子，改善阴道内环境等作用，有利于精子的生存和活动。

#### 8.1.5.1　精囊腺

精囊腺（vesicular gland）为一对，位于膀胱颈背侧的尿生殖褶中，输精管的外侧。每侧精囊腺的导管与同侧输精管共同开口于精阜。

牛、羊的精囊腺较发达，属于分叶状腺体，呈粉红色，是致密的腺体组织，表面凹凸不平。左右侧腺体常不对称。其输出管与输精管分别开口于精阜。

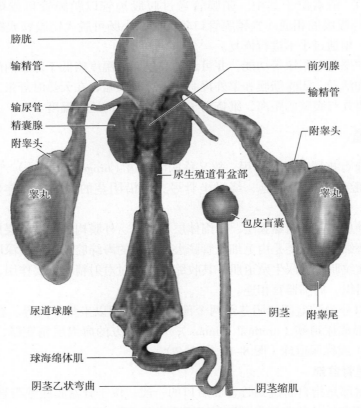

图 8-7　公猪生殖器官

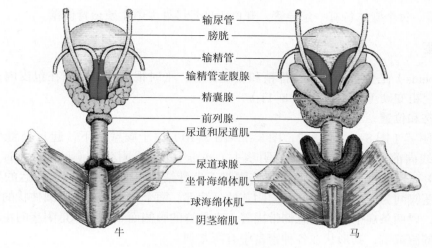

图 8-8　牛、马副性腺

马的精囊腺呈梨形囊状，表面光滑。囊壁由腺体组织构成。每侧精囊腺的输出管与输精管汇合，共同开口于精阜。

猪的精囊腺很发达，呈菱形三面体，由许多腺小叶组成，呈浅红色。其输出管在输精管口的外侧以缝管状孔开口于精阜，有时两管合并而开口。

#### 8.1.5.2　前列腺

前列腺（prostate gland）位于尿生殖道起始部背侧，以多数小孔开口于尿生殖道中。前列腺因年龄而有变化。幼龄时较小，到性成熟期增长较大，老龄时又逐渐退化。

牛的前列腺分为腺体部和扩散部，腺体部很小，横位于尿生殖道壁起始部的背侧；扩散部较发达，包围尿生殖道骨盆部的黏膜，外由尿生殖道肌覆盖。输出管分成两列，开口于精阜后方的两个黏膜褶之间和外侧。羊的前列腺只有扩散部。

马的前列腺发达，由左、右两侧腺叶和中间的峡部构成，无扩散部。每侧前列腺有 15～20 条（导管），穿过尿道壁，开口于精阜外侧。

猪的前列腺也包括腺体部和扩散部。与牛的前列腺相似。

#### 8.1.5.3　尿道球腺

尿道球腺（bulbo-urethral gland）成对位于尿生殖道骨盆部末端，在坐骨弓附近。

牛的尿道球腺为胡桃状，表面被覆薄的结缔组织和球海绵体肌，每侧腺体各有一条腺管，开口于尿生殖道背侧壁，开口处有半月状黏膜褶被盖。此半月状黏膜褶在对公牛导尿时会造成一定困难。

马的尿道球腺呈卵圆形，表面被覆尿道肌，每侧腺体有 6～8 条导管，开口于尿生殖道背侧两列小乳头上。猪的尿道球腺很发达，呈圆柱形，位于尿生殖道骨盆部后 2/3 部分，尿道球腺后小部分被球海绵体肌（bulbospongiosus

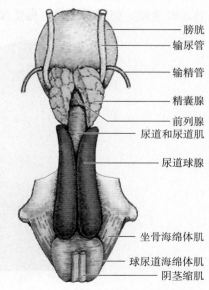

图 8-9　猪副性腺

muscle）覆盖。每个腺体各有一条导管，开口于坐骨弓处尿道生殖道背侧壁。

### 8.1.6　阴茎

阴茎（penis）是公畜的排尿、排精和交配器官，平时很柔软，退缩在包皮内；交配时勃起，伸长并变粗变硬（图 8-10，图 8-11）。

#### 8.1.6.1　形态和位置

家畜的阴茎（图 8-1，图 8-2，图 8-7，图 8-10）位于腹壁之下，起自坐骨弓，经两股之间，沿中线向前伸延至脐部。分为阴茎头（glans penis）、阴茎体（corpus penis）和阴茎根（radix penis）三部分。阴茎根以两个阴茎脚起于坐骨结节腹面，外面覆盖发达的坐骨海绵体肌。两个阴茎脚间为尿生殖道骨盆部向阴茎的延续部。两个阴茎脚合并为圆柱状的阴茎体。在两者移行处，以两条扁平的阴茎悬韧带固着于坐骨缝的腹侧面。阴茎体是阴茎的主要部分。阴茎头为阴茎的游离端，其形状在各种家畜中有所差别。

牛、羊的阴茎呈圆柱状，细而长。阴茎体在阴囊后方形成乙状弯曲，勃起时伸直。阴茎头长而尖，自左向右扭转，游离端形成阴茎头帽，尿生殖道外口位于阴茎头前端的尿道突（urethral processus）上。羊的阴茎头伸出长 3～4 cm 的尿道突凸出于阴茎头之前。马的阴茎粗大、平直，腹侧有阴茎退缩肌。阴茎头端膨大形成龟头，其上有龟头窝，尿道外口开口于此。猪的阴茎与牛相似，阴茎体也有乙状弯曲，但位于阴囊的前方，阴茎头尖细呈螺旋状扭转。尿生殖道外口呈裂隙状，位于阴茎头前端的腹外侧（图 8-11）。

#### 8.1.6.2　阴茎的构造

阴茎由白膜、阴茎海绵体、尿生殖道阴茎部和肌肉构成（图 8-1，图 8-2，图 8-6，图 8-7）。白膜为致密结缔组织，包围在阴茎海绵体和尿生殖道阴茎部的外面，伸进海绵体内形成小梁，并分支互相连接成网。小梁及其分支之间有许多空隙，称为阴茎海绵体腔（cavum of penis corpus cavernosum），衬以内皮，与血管相通。当充血时，海绵体膨胀，阴茎变粗变硬而勃起，故海绵体又称勃起组织。牛的阴茎海绵体腔不发达，而致密结缔组织丰富，所以阴茎较坚实，勃起时变硬，但增粗不多。尿生殖道阴茎部在阴茎海绵体腹侧的尿道沟内，其周围的尿道海绵

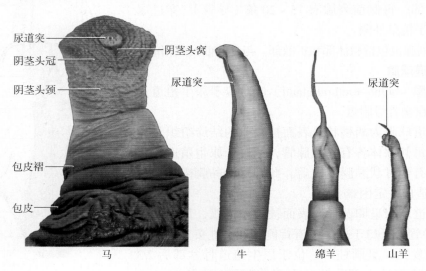

图 8-10　家畜的阴茎和包皮

体有较发达的海绵腔。阴茎的肌肉包括球
海绵体肌、坐骨海绵体肌和阴茎缩肌。球
海绵体肌起于坐骨弓，伸至阴茎根背侧，
覆盖尿道球腺，肌纤维呈横向。坐骨海绵
体肌（ischiocavernosus）较发达，呈纺锤
形，包于阴茎脚外面，起于坐骨结节，止
于阴茎根与阴茎体交界处。收缩时阴茎向
上牵拉，压迫阴茎海绵体及阴茎背侧静脉，
阻止血液回流，使海绵腔充血，阴茎勃起，
故又称阴茎勃起肌。阴茎缩肌（retractor
penis）为两条长带状肌，起于前两个尾椎

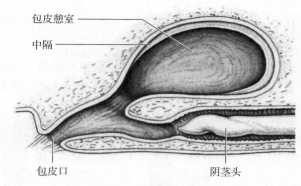

图 8-11　猪的阴茎和包皮

的腹侧，经直肠后段两侧，在阴茎根的腹侧左、右两肌汇合，沿阴茎体的腹侧向前伸延，在乙
状弯曲的下面处附着于阴茎，止于阴茎头的后方。此肌收缩时，使阴茎退缩，将阴茎头隐藏于
包皮内。

### 8.1.7　包皮

　　包皮（preputium）为一长而窄、末端下垂于腹底壁的双层皮肤鞘，其腔为包皮腔，内藏
阴茎头。包皮口位于脐部的稍后方，周围有长毛。包皮外层为腹壁皮肤，在包皮口向包皮腔折
转，形成包皮内层。两层之间含有前、后两对发达的包皮肌，可将包皮向前和向后牵引。包皮
具有容纳、保护阴茎头和配合交配等作用（图 8-1，图 8-10，图 8-11）。

　　牛的包皮长而狭窄，包皮口在脐部稍后方，周围有长毛，并且有两对较发达的包皮肌，将
包皮向前和向后牵引。

　　猪的包皮以一狭窄的包皮口而开口，包皮口周围有长毛，包皮腔很长，前宽后窄，前部背
侧壁上有一圆孔，通向包皮盲囊。盲囊呈椭圆形，囊腔中常聚积有腐败的余尿和脱落上皮，具
有特殊的臭味（图 8-11）。

 窗口

#### 精子分离

　　根据 X 精子和 Y 精子的 DNA 含量差别，采用流式细胞仪分离精子的技术是有效的哺乳动物性
别控制方法。X 精子和 Y 精子的常染色体是相同的，而性染色体的 DNA 含量几乎总是有所差异，这
一差异性奠定了利用流式细胞仪分离 X 和 Y 精子的理论基础。具体方法是：利用流式细胞仪的分离
程序，先将精液稀释，然后与荧光染料 Hoechst33342 共同培养，使这种染料与 DNA 定量结合。当
精子通过流式细胞仪时被定位，从而被激光束激发，由于 X 精子比 Y 精子含较多的 DNA，所以 X
精子放射出较强的荧光信号。放射出的信号通过仪器和计算机系统扩增，分析并分辨出哪些是 X 精
子哪些是 Y 精子，或是分辨模糊的精子（未能分辨出是 X 或 Y 的精子）。当含有精子的缓冲液离开
激光系统时，借助于颤动的流动室将垂直流下的液柱变成微小的液滴。与此同时，含有单个精子的
液滴被充上正电荷或负电荷，并借助两块各自带正电或负电的偏斜板，把 X 精子或 Y 精子分别引导
到两个收集管中，达到 X 精子和 Y 精子分离的目的。

## 8.2   雌性生殖系统

雌性生殖系统的器官由生殖腺（卵巢）、生殖管（输卵管、子宫）、交配器官及产道（阴道、尿生殖前庭）和阴门等组成（图8-12，图8-13）。

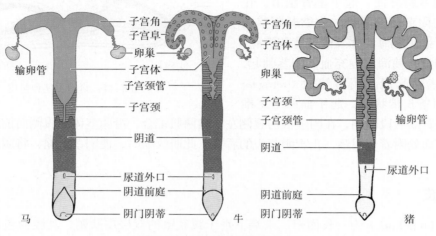

图 8-12   母畜生殖系统的比较

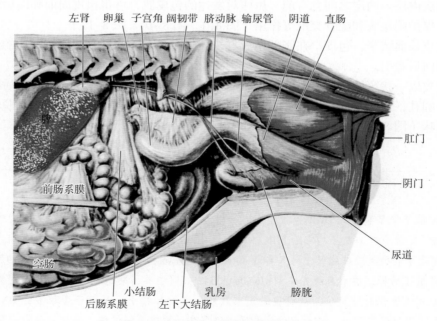

图 8-13   母马生殖器官在体内的位置

### 8.2.1   卵巢

卵巢（ovary）有一对，是产生卵细胞和分泌雌性激素的器官，以促进其它生殖器官及乳腺的发育。

#### 8.2.1.1 形态和位置

卵巢由卵巢系膜（mesovarium）悬吊在腹腔的腰下部，在肾的后方或骨盆前口两侧（图 8-13）。大多数家畜的卵巢呈椭圆形，但因畜种、个体、年龄及性周期而有一些差异。卵巢的子宫端以卵巢固有韧带（ovarian ligamentum propria）与子宫角相连，前端接输卵管伞。血管、神经沿卵巢系膜出入于卵巢附着缘的地方，称卵巢门（ovarian hilum）。卵巢没有专门的排卵管道，成熟的卵泡破裂时，卵细胞从卵巢表面排出（马除外）。卵巢表面覆盖着一层生殖上皮，但在与卵巢系膜相延续的地方则被有一般的腹膜上皮。生殖上皮亦称胚上皮，即间皮覆盖于卵巢表面的部分。在生殖上皮的深面，是一薄层由致密结缔组织构成的白膜。白膜内为卵巢实质，可分皮质和髓质两部分。皮质位于外周，表面被覆生殖上皮，皮质内含有许多不同发育阶段的各级卵泡。成熟卵泡常突出于卵巢表面，呈小丘状。在性成熟的家畜中，卵巢表面还有凸出的红体或黄体。髓质位于卵巢内部，由结缔组织构成，含有丰富的血管、神经、淋巴管和平滑肌。马的皮质和髓质区分不明显，但皮质与髓质的位置与其它家畜相反，生殖上皮仅分布于排卵窝处。

#### 8.2.1.2 各种家畜卵巢的形态和位置特征

（1）牛和羊的卵巢　位于骨盆前口的两侧、子宫角起始部的上方。未怀过孕的母牛，卵巢多位于骨盆腔内，在耻骨前缘两侧稍后，髂外动脉的前方。经产多次后的母牛，卵巢则位于耻骨前缘的前下方。牛的卵巢一般比马小，平均长约 3.7 cm，厚 1.5 cm，宽 2.5 cm，呈椭圆形（羊的较圆）；常可看到不同大小的卵泡以及黄体凸出于表面。成年牛右侧的卵巢常比左侧的稍大。卵巢系膜较短，卵巢固有韧带由卵巢后端延伸至子宫阔韧带（图 8-14）。

（2）马的卵巢　呈豆形，平均一般长约 7.5 cm，厚 2.5 cm。左侧卵巢悬吊在左侧第 4、5 腰椎横突末端之下，左侧子宫角的内下方，位置较低；右侧卵巢在右侧第 3、4 腰椎横突之下，靠近腹腔顶壁，位置较高。经产老龄马的卵巢，常因卵巢系膜松弛，而被肠管挤到骨盆前口处。卵巢的外面大部分由浆膜被覆，表面平滑。卵巢固有韧带明显，向后伸延至子宫角，并与输卵管系膜围成向腹侧开口的卵巢囊，其内侧为卵巢。卵巢游离缘有一凹陷，称排卵窝，成熟卵泡仅由此排出卵细胞，这是马属动物的特征（图 8-15）。

（3）猪的卵巢　一般较大，其位置、形状和大小因年龄不同而有很大变化。在 4 月龄以前，未性成熟小母猪的卵巢位于荐骨岬两旁稍后方，在腰小肌附近或在骨盆前口两侧的上部。卵巢呈豆形，表面光滑，颜色淡红。左侧卵巢稍大，约为 0.5 cm × 0.4 cm；右侧卵巢为 0.4 cm × 0.3 cm。5～6 月龄接近性成熟时，卵巢增大，达 2 cm × 1.5 cm。卵巢表面有很多小卵泡，颇似桑葚；位置也稍下垂前移，在第 6 腰椎前缘或髋结节前端的断面上。性成熟后，根据性周期的不同时期，卵巢有大的卵泡、红体和黄体凸出于卵巢表面，因此形成结节状。卵巢门以一蒂与卵巢系膜相连。卵巢的位置在经产多次后即移向前下方，位于膀胱之前，在髋结节前缘约 4 cm 的断面上，或在髋结节与膝关节之间中点水平位置。一般左侧卵巢在正中矢状

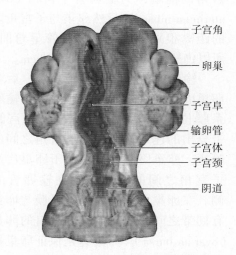

图 8-14　母牛生殖器官（背面切开）

子宫角

卵巢

子宫阜

输卵管

子宫体

子宫颈

阴道

面上，右侧卵巢则在正中矢状面稍偏右侧（图 8–16）。

### 8.2.2  输卵管

输卵管（oviduct，uterine tube）是位于卵巢和子宫角之间的细管（图 8–14 至图 8–16），是输送卵细胞和受精的场所。输卵管的前端为膨大的漏斗状，漏斗的边缘为不规则的皱褶，称输卵管伞（fimbria of uterine tube），其前部附着在卵巢前端。漏斗中央的深处有一口通向腹膜腔，为输卵管腹腔口（abdominal orifice of uterine tube）；输卵管的后端开口于子宫角的前端，为输卵管子宫口（ostium uterinum tubae）。虽然卵巢与子宫角之间的距离很短，但由于输卵管呈弯曲状，所以仍然较长，平均达 10～30 cm。

输卵管由输卵管系膜固定，后者与卵巢固有韧带之间形成卵巢囊。输卵管系膜位于卵巢的外侧，是由子宫阔韧带分出的连系输卵管和子宫角之间的浆膜褶。卵巢固有韧带是位于卵巢后端与子宫角之间的浆膜褶，在输卵管的内侧。在卵巢附近，输卵管系膜与卵巢固有韧带之间形成阔而腹侧有口的卵巢囊（ovarian bursa）。卵巢囊是保证卵巢排出的卵细胞进入输卵管的有利条件。

牛的输卵管弯曲较宽，延伸较长，它位于发达的输卵管系膜内；该系膜形成宽大的卵巢囊，输卵管伞即开口于系膜的游离缘上，在卵巢囊口近卵巢处。输卵管沿卵巢囊壁走向子宫角，并逐渐变细，而与逐渐增大的子宫角相延续，二者间没有明显分界。

马的输卵管前段较粗而特别弯曲，称为壶腹，向后逐渐变细，子宫端稍变直，与子宫角之间界限明显，开口于子宫角黏膜内的小乳头上。卵巢囊较狭，距排卵窝很近。输卵管的卵巢端贴近卵巢，

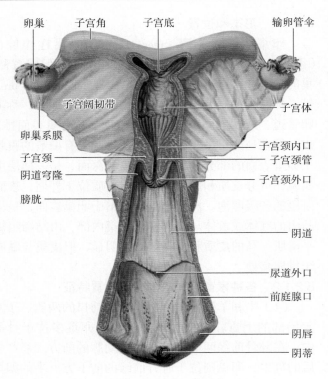

图 8–15  母马生殖器官

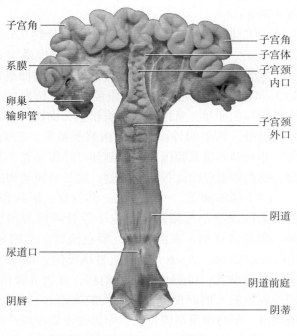

图 8–16  母猪生殖器官

伞的一部分即附着在排卵窝上。

　　猪的输卵管与牛相似。输卵管系膜发达，卵巢囊很大，常将卵巢完全包于其内。

### 8.2.3　子宫

　　子宫（uterus）是中空的肌质性器官，富有伸展性，是胚胎发育和胎儿娩出的器官。

#### 8.2.3.1　形态和位置

　　子宫借子宫阔韧带悬于腰下，大部分位于腹腔内，小部分位于骨盆腔内。背侧为直肠，腹侧为膀胱；前接输卵管，后接阴道，两侧为骨盆腔侧壁（图 8-13）。

　　家畜的子宫均为双角子宫，即左、右两个子宫角。整个子宫可分为子宫角、子宫体和子宫颈三部分。

　　子宫角（uterine horn）一对，为子宫的前部，全部位于腹腔内，呈弯曲的圆筒状。前端通输卵管，并连接卵巢固有韧带，两角的后端汇合而成为子宫体。

　　子宫体（uterine body）呈圆筒状，位于骨盆腔内，部分在腹腔。子宫体向后延续为子宫颈。

　　子宫颈（uterine cervix）是子宫的后部，位于骨盆腔内，向后接阴道；子宫颈呈圆筒状，壁很厚，黏膜形成许多纵褶，其内腔为窄细的管道，称子宫颈管。前端开口于子宫体，称子宫颈内口。后端开口于阴道，称子宫颈外口。马、牛的子宫颈后部突入于阴道内，形成子宫颈阴道部（portio vaginalis）。子宫颈管平时闭合，发情时稍松弛，分娩时扩大。

#### 8.2.3.2　子宫壁的结构

　　子宫壁由内膜、肌层和浆膜三层构成。子宫内膜粉红色，膜内有子宫腺，分泌物对早期胚胎有营养作用。子宫肌层由厚的内环行肌和薄的外纵行肌构成，含丰富的血管和神经。肌层在妊娠期增生，在分娩过程中起着极为重要的收缩作用。子宫颈的环肌层发达，形成子宫颈括约肌，分娩时开张。浆膜被覆于子宫的表面。在子宫角背侧和子宫体两侧形成浆膜褶，称为子宫阔韧带（ligamentum latum uteri）或子宫系膜，将子宫悬吊于腰下方，支持子宫并使之有可能在腹腔移动。妊娠期子宫阔韧带也随着子宫增大而加长并变厚。在子宫阔韧带的外侧面另有一条浆膜褶，称为子宫圆韧带（ligamentum teres uteri）。子宫阔韧带内有到卵巢和子宫的血管通过，其中动脉由前向后有子宫卵巢动脉、子宫中动脉和子宫后动脉。这些动脉在怀孕时增粗，可通过直肠检查感觉到，其粗细和脉搏性质的变化，常用于妊娠诊断。

#### 8.2.3.3　各种家畜子宫的形态和结构特征

　　（1）牛、羊的子宫（图 8-12，图 8-14）　由于瘤胃的影响，在成年个体大部分位于腹腔的右侧。子宫角较长，左、右两角的后部因有肌肉组织及结缔组织相连，表面包以腹膜，很像子宫体，所以又称为伪子宫体，子宫角的前部是分开的，每侧子宫角向前下方偏外侧盘旋蜷曲，并逐渐变细；子宫体很短；子宫颈外口有明显的环状及辐射状黏膜褶，在青年母牛呈菊花状，经产母牛皱褶肥大；子宫颈管窄细，呈螺旋状，管壁突起嵌合，形成横褶，平时紧闭，不易开张。子宫体和子宫角的黏膜上，具有卵圆形隆起的特殊结构，称为子宫阜（caruncle）或子宫子叶，有 100 余个，这是妊娠时胎膜与子宫壁相结合的部位（图 8-17）。羊的子宫阜的顶端呈凹窝状（图 8-18）。

　　（2）马的子宫（图 8-12，图 8-15）　呈 Y 形。子宫角稍弯曲呈弓形，凹缘朝向上方，是子宫阔韧带附着的地方。凸缘游离，朝向下方。子宫体与子宫角等长。子宫颈阴道部的黏膜褶形成花冠状，子宫颈外口位于中央。

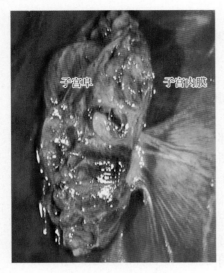

图8-17　牛子宫肉阜

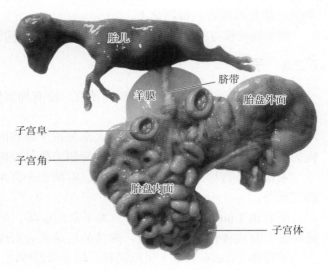

图8-18　羊子宫及胎儿

（3）猪的子宫（图8-12，图8-16）　子宫角特别长（0.9～1.4 m），外形弯曲似小肠，但壁较厚，子宫角黏膜褶大而多。子宫体极短（3～5 cm）。子宫颈较长，不形成子宫颈阴道部，因此与阴道无明显界限，其黏膜在两旁集拢成两行半圆形隆起，相间排列，因而子宫颈管呈螺旋形。

 **窗口**

### 转基因动物

　　转基因动物是指借助基因工程技术将确定的外源基因，通过生殖细胞或早期胚胎导入动物个体的染色体上，在其基因组内稳定地整合导入的外源基因，并能遗传给后代的一类动物。其基本原理是将改建后的目的基因（或基因组片段）用显微注射等方法，注入实验动物的合子内或着床前胚胎细胞，然后，将此受精卵（着床前胚胎细胞）再植入受体动物的输卵管或子宫内，使其发育成为携带有外源基因的转基因动物。

　　通过分析转基因和动物表型的关系，可以揭示外源基因的功能。转基因技术使物种之间的隔离被打破，通过转入外源基因，可以按照人类意愿培育品系优良的工程动物及生产基因产品，可应用于动物的抗病育种，在人类组织器官移植中也具有重要作用。该技术具有能在个体水平上、从时间和空间角度同时观察基因表达功能和表型效应的独特优点，并具有生物反应器的功能，还可利用转基因动物建立人类疾病模型，研究人类遗传性疾病的治疗方案。因此，可应用于生命科学研究的许多方面。

### 8.2.4　阴道

　　阴道（vagina）是交配器官，也是产道，位于骨盆腔内，背侧为直肠，腹侧为膀胱和尿道，前接子宫，后接尿生殖前庭（图8-12至图8-16）。阴道壁的外层在前部被覆腹膜，后部为结缔组织的外膜；中层为肌层，由平滑肌和弹性纤维构成；内层为黏膜，阴道黏膜呈粉红色，较厚，并形成许多纵褶，没有腺体。在阴道前端，子宫颈阴道部的周围，形成一个环状隐窝，称阴道穹隆（vaginal fornix）。

　　牛的阴道较长，20~25 cm，妊娠牛可增至30 cm以上。在阴道前端子宫颈阴道部腹侧直接与阴道壁融合，所以阴道穹隆呈半环状，位于子宫颈阴道部背侧和阴道壁之间。马的阴道长15~20 cm，有阴道穹隆。猪的阴道长10~12 cm，管径小，肌层厚，黏膜有皱褶，不形成阴道穹隆。

### 8.2.5　尿生殖前庭与阴门

#### 8.2.5.1　尿生殖前庭

　　尿生殖前庭（urogenital vestibulum）是交配器官和产道，也是尿液排出的路径。位于骨盆腔内，直肠的腹侧，其前接阴道，在尿生殖前庭的腹侧壁上，靠近阴瓣的后方有尿道外口，两侧有前庭小腺的开口。前庭两侧壁内有前庭大腺，开口于前庭侧壁。尿生殖前庭的黏膜呈粉红色，在与阴道交界处腹侧形成一横向的黏膜褶，称为阴瓣（hymen）。幼龄母畜的阴瓣很发达，交配过和经产的母畜阴瓣不明显。尿生殖前庭的肌层是横纹肌构成的前庭缩肌。牛、羊的阴瓣不明显，阴道与前庭之间以尿道外口为界。牛在尿道外口的腹侧面有一黏膜凹陷形成的盲囊，称尿道下憩室。前庭大腺位于前庭侧壁，以2~3支导管开口于一个小盲囊。前庭小腺不发达，开口于前庭底壁腹侧正中的沟中。猪的阴瓣形成一个环形褶；前庭腹侧壁的黏膜形成两对纵褶，前庭小腺的许多开口位于纵褶之间。

#### 8.2.5.2　阴门

　　阴门（vulva）是尿生殖前庭的外口，也是泌尿和生殖系统与外界相通的天然孔，位于肛门下方，以短的会阴部与肛门隔开。阴门由左、右两阴唇（labia）构成，两阴唇间的垂直裂缝称阴门裂（rima valvae）。阴唇上、下两端的联合，分别称为阴唇背侧联合和阴唇腹侧联合。一般家畜阴门裂的腹侧联合呈锐角，背侧联合稍钝圆；马则相反。在阴门裂的腹侧联合之内，有一小而凸出的阴蒂（clitoris）。它与公畜的阴茎是同源器官，由海绵体构成。

　　牛的阴唇背侧联合圆而腹侧联合尖，其下方有一束长毛。马的阴唇前方的前庭上，有发达的前庭球，长6~8 cm，相当于公马的阴茎海绵体。马的阴蒂较发达。猪的阴蒂长，突出于阴蒂窝的表面。

### 8.2.6　雌性尿道

　　雌性尿道较短，位于阴道腹侧，前端与膀胱颈相接，后端开口于尿生殖前庭起始部的腹侧壁，为尿道外口。牛有明显的尿道下憩室。

## 思考与讨论

　　1. 公畜生殖器官的组成及功能如何？

　　2. 阴囊包括哪几层结构？公畜去势术时如何切口？切除哪些结构？

　　3. 母畜生殖器官的组成及功能如何？

　　4. 牛、羊、马子宫的结构特点有哪些？

　　5. 母猪卵巢的位置如何？

　　6. 根据解剖学特征试说明猪为什么能够一产多胎。

# 9 心血管系统

## 本章重点

- 掌握心脏的位置和心腔的结构，了解心壁构造和心脏的传导系统。
- 掌握肺循环、体循环和冠状循环的概念。
- 掌握体循环大动脉血管的主干及分布。
- 掌握体循环静脉主干的分布。
- 掌握门脉循环和母牛乳房血管的分布。
- 掌握胎儿的心血管结构特点、胎儿血液循环特点及出生后的变化。

心血管系统（cardiovascular system）是由心脏和血管组成的密闭管道系统（图9-1，图9-2），血液在其中进行全身性循环流动。心脏是血液循环的动力器官，在神经体液调节下，进行有节律的收缩和舒张，使其中的血液按一定方向流动。血管包括动脉、毛细血管和静脉。动脉起于心脏，输送血液到肺和全身各处，沿途反复分支，管径越分越小，管壁越来越薄，最后移行为毛细血管。毛细血管是连接于动、静脉之间的微细血管，互相吻合成网，遍布全身。静脉则收集全身各部血液回流入心脏，从毛细血管起始逐渐汇集成小、中、大静脉，最后回到心脏。

血液在心血管系统流动的过程中将营养物质、氧、激素等运送到全身各组织器官，供给其生命活动的需要；同时又将各组织器官的代谢产物（如二氧化碳、尿素、尿酸和一部分水分、无机盐等）运送到肺、肾和皮肤排出体外，以维持机体正常的新陈代谢。心脏还是一个重要的内分泌器官，可产生多种心源性激素，如心房肽、抗心律失常肽、心肌生长因子等；其中心房肽具有舒张血管、降低血压、减少静脉回流和心房充盈压、影响心功能和改善心律失常的作用。此外，血液还具有调节体温的作用。若心血管系统的结构和功能发生障碍，则会导致机体的生理功能紊乱，严重时可能会危及生命。

本章英文摘要

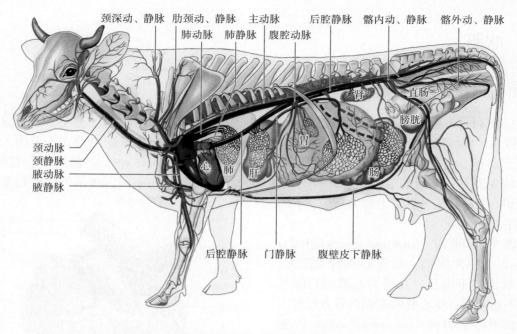

颈深动、静脉　肋颈动、静脉　主动脉　后腔静脉　髂内动、静脉　髂外动、静脉
肺动脉　肺静脉　腹腔动脉
颈动脉
颈静脉
腋动脉
腋静脉
肾
直肠
膀胱
胃
心　肺　肝　肠
后腔静脉　门静脉　腹壁皮下静脉

图 9-1　牛循环系统模式图

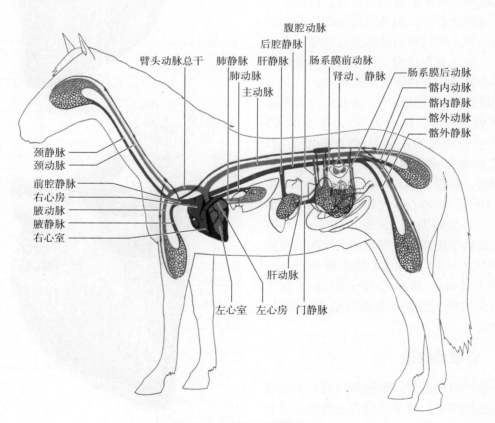

臂头动脉总干　肺静脉　肝静脉　腹腔动脉　后腔静脉　肠系膜前动脉
肾动、静脉　肠系膜后动脉
肺动脉　髂内动脉
主动脉　髂内静脉
髂外动脉
髂外静脉
颈静脉
颈动脉
前腔静脉
右心房
腋动脉
腋静脉
右心室
肝动脉
左心室　左心房　门静脉

图 9-2　马循环系统模式图

## 9.1  心脏

### 9.1.1  心脏的形态和位置

心脏（heart）是一中空的肌质性器官（图 9-3，图 9-4），外被心包，呈左、右稍扁的倒立圆锥形，前缘隆凸，后缘短而直。上部宽大，称心基（cardiac base），与进出心脏的大血管相连，且有心包附着，位置较固定；下部狭窄，称心尖（cardiac apex），游离于心包腔中。心脏的表面有一环行的冠状沟和左、右两条纵沟。冠状沟（coronary sulcus）靠近心基，是心房和心室的外表分界，上部为心房，下部为心室。

锥旁室间沟（paraconal interventricular sulcus）又称左纵沟，位于心室的左前方，由冠状沟向下纵行，几乎与心脏的后缘平行，不达心尖；牛心脏的左纵沟后方还有一条短的纵行中间沟（intermedial sulcus）。窦下室间沟（subsinus interventricular sulcus）又称右纵沟，位于心室的右后方，由冠状沟下行，可伸达心尖。两条纵沟是左、右心室的外表分界，两沟的右前部为右心室，左后部为左心室。在冠状沟、左纵沟和右纵沟内有营养心脏的血管和脂肪填充其间。

心脏位于胸腔纵隔内，夹在左、右两肺间，略偏左（马、猪心的 3/5，牛心的 5/7 位于正中矢状面的左侧），约在胸腔下 2/3 部，其前缘与第 3 对肋骨（或第 2 对肋间隙）相对，后缘与第 6 对肋骨（或第 5 对肋间隙）相对，牛的心基大致位于肩关节的水平线上，心尖略偏左，距膈 2～5 cm；马的心基大致位于胸高（鬐甲最高点至胸的腹侧缘）中点之下 3～4 cm，心尖距膈 6～8 cm，距胸骨约 1 cm；猪的心位于第 2—6 肋之间，心尖与第 7 肋软骨和胸骨结合处相对，距膈较近。

### 9.1.2  心脏的构造

心脏以纵向的房间隔和室间隔分为左右互不相通的两半，每半又分为上部的心房和下部的心室，因此心腔被分为左、右心房和

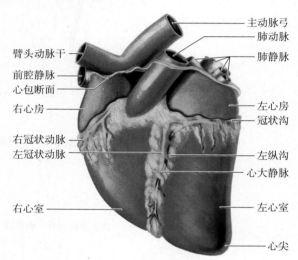

图 9-3  马心脏左侧面

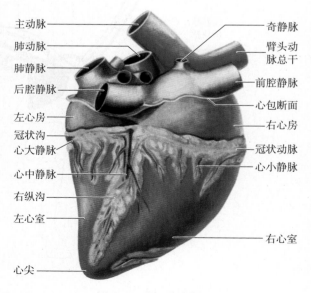

图 9-4  马心脏右侧面

左、右心室共 4 个腔。同侧的心房和心室各以房室口（atrioventricular orifice）相通（图 9-5，图 9-6）。

### 9.1.2.1 右心房

右心房（right atrium）占据心基的右前部，包括右心耳和静脉窦两部分。

（1）右心耳（right auricle）呈圆锥形盲囊，尖端向左向后至肺动脉前方，内壁有许多方向不同的肉嵴，称梳状肌（pectinate muscle）。

（2）静脉窦（venous sinus）是前、后腔静脉口与右房室口之间的腔，接受体循环的静脉血。前腔静脉开口于右心房的背侧壁，后腔静脉开口于右心房的后壁，两开口间有一发达的肉柱称静脉间嵴，有分流前、后腔静脉血，避免相互冲击的作用。后腔静脉口的腹侧有冠状窦（coronary sinus），为心大静脉和心中静脉的开口。在后腔静脉入口附近的房间隔上有稍凹陷的卵圆窝（fossa ovalis），是胎儿时期卵圆孔（foramen ovale）的遗迹。成年的牛、羊、猪约有 20% 的卵圆孔闭锁不全，但一般不影响心脏的功能。马的右奇静脉开口于右心房背侧的前、后腔静脉口之间或前腔静脉根部；牛和猪为左奇静脉，开口于冠状窦。

### 9.1.2.2 右心室

右心室（right ventricle）位于心脏的右前部，壁薄腔小，不达心尖，横断面呈半月形。其入口为右房室口，出口为肺动脉口。

右房室口（right atrioventricular orifice）位于右心房的右下方，以致密结缔组织构

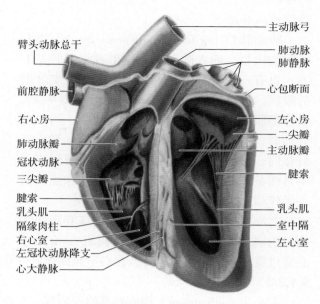

图 9-5 马心左侧纵剖面图

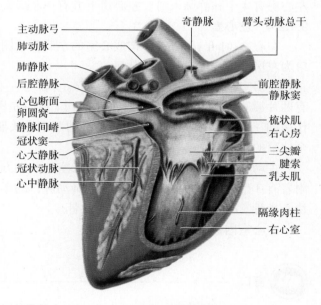

图 9-6 马心右侧纵剖面图

成的纤维环为支架，环上附着有 3 个三角形瓣膜，称三尖瓣（tricuspid valve）或右房室瓣（right atrioventricular valve）（图 9-7）。其游离缘尖端垂向心室，每片瓣膜的游离缘通过腱索（chordae tendineae）连于两个相邻的乳头肌。犬的右房室口有 2 个大瓣和 3~4 个小瓣。乳头肌（papillary muscle）为突出于心室壁的圆锥形肌肉，有 3 个，供腱索附着。当心房收缩时，房室口打开，血液由心房向下流入心室；当心室收缩时，心室内压升高，血液将瓣膜向上推使其相互合拢，关闭房室口。由于腱索的牵引，瓣膜不能翻向心房，从而可防止血

液倒流入心房。

肺动脉口（orifice of pulmonary trunk）为右心室的出口，通入肺动脉。位于右心室的左上方，也有一纤维环支持，环上附着 3 个半月形的瓣膜，称半月瓣（semilunar valve）（图 9-7）。每片瓣膜均呈袋状，袋口向着肺动脉。当心室收缩时，瓣膜开放，血液进入肺动脉；当心室舒张时，室内压降低，肺动脉内的血液倒流入半月瓣的袋口、充满瓣膜，使其相互靠拢从而关闭肺动脉口，防止血液倒流入右心室。

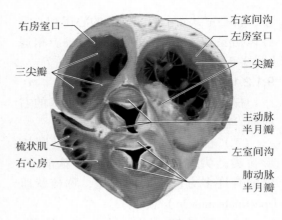

图 9-7    马心瓣膜

右心室腔面的室中隔上有横过室腔走向室侧壁的肌束，称作隔缘肉柱（心横肌），有防止心室过度扩张的作用。另外，在心室腔面还有一些肉嵴。

### 9.1.2.3　左心房

左心房（left atrium）构成心基的左后部，左心耳也呈圆锥状盲囊，向左向前突出至肺动脉后方，内壁也有梳状肌，但数量较少。在左心房背侧壁的后部，有 6～8 个肺静脉入口。猪的左心房有 4 个肺静脉入口。左心房下方有一左房室口通入左心室。

### 9.1.2.4　左心室

左心室（left ventricle）构成心室的左后部，倒置圆锥形，腔大壁厚，室腔深达心尖，其入口为左房室口，出口为主动脉口。

左房室口（left atrioventricular orifice）位于左心室的后上方，周缘也有纤维环，环上附着有两片瓣膜，称二尖瓣（bicuspid valve），也叫左房室瓣（left atrioventricular valve），其结构和作用同三尖瓣，由腱索连接到心室壁的两个乳头肌上。猪心脏的左房室口有 2 个大瓣和 4～5 个狭窄的小瓣（副瓣）相连。

主动脉口（aortic orifice）位于左心室的前上方，为左心室的出口，通入主动脉。纤维环上附着有 3 个半月瓣，其结构及作用同肺动脉口的半月瓣。在牛的主动脉口纤维环内还有左右两块心小骨（cardiac ossicle），马的为软骨。

左心室内也有隔缘肉柱或心横肌。

窗口

### 心瓣膜的作用

心腔内各种瓣膜的顺序性开放和关闭，是保证血液按一定方向在全身流动，进行正常新陈代谢的基础，若心脏的瓣膜关闭不严，则会导致全身性的血液循环障碍，如充血性心力衰竭导致的左心衰竭，即心腔内左房室口的二尖瓣或主动脉口的半月瓣狭窄或闭锁不全，使肺的血液回流受阻，造成肺水肿，引起呼吸困难。

### 9.1.3 心壁的构造

心壁分为三层：心外膜、心肌和心内膜。

#### 9.1.3.1 心外膜

心外膜（epicardium）为心包浆膜脏层，由间皮和结缔组织构成，紧贴于心肌外表面，但心脏表面的冠状沟和纵沟内无心外膜分布。在心脏基部的血管周围移行为心包壁层。

#### 9.1.3.2 心肌

心肌（cardiac muscle）为心壁最厚的一层，主要由特殊的心肌纤维构成，内有血管、淋巴管和神经等。心肌由房室口的纤维环分为心房和心室两个独立的肌系，所以心房和心室可分别交替收缩和舒张。心房肌较薄，分深、浅两层。浅层为左、右心房共有，深层分别为左、右心房所独有。心室肌较厚，其中左心室肌最厚，有些地方约为右心室壁的 3 倍，但心尖部稍薄。心室肌分为浅、中、深三层，肌纤维均呈螺旋状排列，浅层和深层分别为左、右心室所独有，而中层肌纤维为两心室共有。

#### 9.1.3.3 心内膜

心内膜（endocardium）薄而光滑，紧贴于心肌内表面，并与血管的内膜相连续，在心房内表面较薄，而在心室（特别是左心室）内表面较厚。心瓣膜是由心内膜突向心脏而成的薄片状结构。心瓣膜表面覆以内皮，内部为致密结缔组织。若心内膜发生炎症，常导致心脏的瓣膜、腱索病变。如猪丹毒杆菌，特异性地附着于心瓣膜，导致心瓣膜受损，关闭不严，引起其它器官的栓塞梗死，或发展为充血性心力衰竭，最终引起死亡。

### 9.1.4 心脏的血管

心脏本身的血液循环称为冠状循环，由冠状动脉、毛细血管和心静脉组成，其中的血液在循环流动的过程中可以供给心脏的营养。

#### 9.1.4.1 冠状动脉

冠状动脉（coronary artery）分为左冠状动脉和右冠状动脉。左冠状动脉较粗，由主动脉根部左后方发出，经肺动脉根部和左心耳之间穿过，沿冠状沟向左向后行，分为两个大支，锥旁室间支沿左纵沟下行，主要分布于左心室和室间隔，旋支沿冠状沟后行。右冠状动脉较细，起于动脉根部的前侧，沿肺动脉和右心耳之间进入冠状沟向右向后行，沿右纵沟下行，分支分布到心尖，主要供应左心室后部和右心室的血液。左右冠状动脉的分支在心肌内形成非常丰富的毛细血管网，因此心肌和血液之间的物质交换可以很快地进行。冠状动脉之间有侧支互相吻合，正常心脏的冠状动脉侧支较细小，血流量很少。因此，当冠状动脉突然阻塞时，不易很快建立侧支循环，常可导致心肌梗死。但如果冠状动脉阻塞是缓慢形成的，则侧支可逐渐扩张，并可建立新的侧支循环，起代偿作用。

#### 9.1.4.2 心静脉

心静脉包括心大、心中和心小静脉。心大静脉较粗，沿左纵沟上行，再沿冠状沟向后向右行，主要汇集经左冠状动脉分支的毛细血管回流的静脉血。心中静脉较细，沿右纵沟上行至冠状沟，主要汇集经右冠状动脉分支的毛细血管回流的静脉血。最后心大、心中静脉均注入右心房的冠状窦。心小静脉分成数支，在冠状沟附近直接开口于右心房。

### 9.1.5　心脏的传导系统和神经

#### 9.1.5.1　心脏的传导系统

由特殊的心肌纤维组成，能自动产生并传导心搏动的冲动至整个心脏，调控心脏的节律性收缩和舒张。心脏传导系统包括窦房结、房室结、房室束和浦肯野纤维丛（图9-8）。

（1）窦房结（sinuatrial node）　位于前腔静脉和右心耳间界沟内的心外膜下，除分支到心房肌外，还分出数支结间束与房室结相连。窦房结能自动产生节律性搏动，并传导至心房肌使心房收缩；同时，还通过结间束将搏动传导至房室结，引起房室结搏动。

（2）房室结（atrioventricular node）　位于房中隔右房侧的心内膜下、冠状窦的前方，分支分别与心房肌和房室束相连。房室结可将来自窦房结的搏动传导至心房和房室束。

（3）房室束（atrioventricular bundle）　为房室结的直接延续，在室中隔上部分为一较细的右束支（右脚）和一较粗的左束支（左脚），分别在室中隔的右室侧和左室侧心内膜下延伸，分出小分支至室中隔，还分出一些分支通过心横肌到心室侧壁。上述的小分支在心内膜下分散成浦肯野纤维丛，与普通心肌纤维相连接。房室束可将来自房室结的冲动传导至室中隔和心室壁，并通过浦肯野纤维传导至普通心肌纤维，使心室收缩。

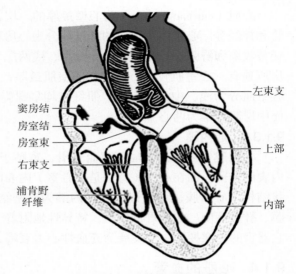

图9-8　心脏传导系统示意图

#### 9.1.5.2　心脏的神经

心脏的神经包括心运动神经和心感觉神经。心运动神经有交感神经和副交感神经，前者可兴奋窦房结，使心肌活动加强，心搏动加快，升高血压，因此称为心加强神经或心兴奋神经；后者作用正好相反，使心搏减慢，所以称为心抑制神经。心脏的感觉神经分布于心壁各层，其纤维随交感神经和迷走神经进入脊髓和脑，分别传导痛觉和压力、牵张感觉。

### 9.1.6　心包

心包（pericardium）为包在心脏外面的锥形囊，囊壁由外层的纤维膜和内层的浆膜组成，可保护心脏（图9-9）。

纤维膜（fibrous membrane）为致密结缔组

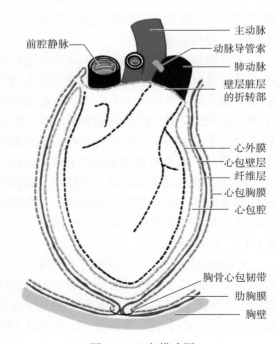

图9-9　心包模式图

织，在心基部与出入心脏的大血管的外膜相延续，在心尖部折转而附着于胸骨背侧，与心包胸膜共同构成胸骨心包韧带，其远端附着于胸骨背侧面而固定心脏。浆膜（serosa）分为壁层和脏层，壁层衬于纤维膜内表面，在心基大血管根部移行为脏层，覆盖于心肌表面形成心外膜。壁层和脏层之间的裂隙称为心包腔（pericardial cavity），内含少量清亮的淡黄色浆液，称心包液，可润滑心脏，减少其搏动时的摩擦。心包位于胸腔纵隔内，被覆在心包外面的纵隔胸膜称为心包胸膜。

 窗口

**创伤性心包炎**

反刍动物（特别是牛）常由于心脏的机械损伤而出现创伤性心包炎。由于其采食粗放，常将尖锐物体（如玻璃、铁丝等）误食入胃内；同时，其网胃的位置较低，前面经膈与心包相邻，在网胃收缩时可使尖锐物体向前刺破心包甚至心脏，造成创伤性心包炎。心包增厚，心包液增多，变得混浊，甚至呈脓样。患畜表现为体表静脉怒张，颌下胸前水肿，体温升高，脉搏增速，呼吸加快；心区触诊疼痛，叩诊浊音区扩大，听诊有心包摩擦音或心包拍水音，心搏动明显减弱。

## 9.2 血管

### 9.2.1 血管的种类及分布规律

#### 9.2.1.1 血管的种类

根据结构和功能的不同，血管分为动脉、毛细血管和静脉。

（1）动脉（artery） 管壁厚，管腔小，富有收缩性和弹性，而且离心脏越近其管壁的弹性越大。由心脏发出，向周围分支，越分越细，最后分为毛细血管。动脉血管可将心脏射出的血液送往全身各处，其中的血液按离心方向流动，血压高，速度快。若动脉血管破裂，血液常喷射而出。

（2）毛细血管（capillary） 连接在微动脉和微静脉之间，由微动脉分支而成。在体内分布最广，在器官组织内分支互相吻合成网。管壁很薄，仅由一层内皮细胞构成，具有一定的通透性；且其中的血流速度很慢，血压很低，是血液和周围组织进行物质交换的场所。皮下毛细血管破裂常导致皮下弥散性出血。

（3）静脉（vein） 管壁薄，管腔大，弹性小，有些静脉内有朝向心脏方向的静脉瓣膜，尤以四肢部的静脉中较多，有防止血液倒流的作用。最小的静脉由毛细血管汇集而成，各级属支向心脏方向汇集，越靠近心脏，管腔越大。其中的血液向心流动，可将全身各部的血液引流回心脏。静脉血管中无血液时管壁常塌陷。

#### 9.2.1.2 血管的分布规律

（1）血管的主干常位于身体深层，沿脊柱腹侧、四肢内侧或关节屈面延伸，以防止损伤或过度紧张，利于血液流通。

（2）血管的分布常与躯体的结构相适应。如躯体分为体腔壁和脏器，相应的血管也分为壁支和脏支，壁支分布到体壁和脊柱周围的皮肤和肌肉，脏支分布到脏器。有的血管沿躯体中轴呈单支分布，有的呈对称分布，脊柱周围的动脉则呈分节状分布。

（3）动脉和静脉在延伸时常与神经伴行，并由结缔组织包裹呈束状，形成血管神经束，所以当手术结扎血管时应分离神经。

（4）动脉主干分出侧支以最短的距离到达所要分布的器官，且侧支管径的粗细不取决于器官的大小，而取决于器官的功能，功能越旺盛的器官其侧支越粗，如肾动脉侧支的管径短而粗。

动脉主干在延伸过程中分出的与动脉主干平行的侧支称侧副支，其末端与主干的侧支互相吻合，汇合于本干，形成侧副循环，主干的血液可以经过侧副支再回流到主干。当主干的血流受到阻碍时，侧副支可代替主干，保证相应区域的血液供应，而不致造成局部缺血。

（5）相邻的血管间常有分支互相吻合，即交通支，可以平衡血压，转变血流方向，进行代偿性供血，保证主干血流障碍时的血液供应。主要的吻合类型有：

① 血管丛：由动脉的末端分支互相吻合成网状，吻合不在一个平面上，如脑室的脉络丛。

② 动脉弓：分布到同一个器官的两条动脉有分支互相吻合，交通支呈弓状，称动脉弓，如空肠动脉弓。

③ 动脉网：由动脉弓上发出的分支在一个平面上互相吻合成网状。

④ 动静脉吻合：小动脉和小静脉之间有分支直接相连，即微循环的动静脉短路，可根据不同的生理状态进行开放或关闭，调节毛细血管中的血流量。

（6）静脉常比伴行的动脉粗，数量多，其分支可分为深静脉与浅静脉。深静脉常有一到两支，与动脉伴行，其名称与伴行的动脉相同；浅静脉位于皮下，所以也称为皮下静脉，它不伴随动脉，但汇合入深静脉。因浅静脉位于皮下，在体表可以看见，临床上常用来采血和静脉注射。

### 9.2.2　肺循环的血管

肺循环的血管包括肺动脉、毛细血管和肺静脉（图9-10）。

肺循环又称小循环，是静脉血流经肺部，进行气体交换，成为含氧丰富的动脉血后，回到心脏的过程。当心室舒张时，从全身回流到右心房的静脉血通过右房室口进入右心室；当心室收缩时，静脉血由右心室进入肺动脉；肺动脉在肺内伴随支气管反复分支，形成肺泡周围的毛细血管，通过扩散作用进行气体交换，血液中的二氧化碳进入肺泡，肺泡中的氧气进入血液，成为含氧丰富的动脉血，后经过肺静脉流回左心房，此过程即为肺循环。

肺动脉干（pulmonary trunk）起于右心室，在两心耳之间、主动脉弓的左侧向后上方延伸，至心基的后上方分为左、右两支，左肺动脉向左后方倾斜，与左支气管一起经左肺门进入左肺，又分为两支；右肺动脉向右后方倾斜，与右支气管一起经右肺门进入右肺；牛、羊和猪的右肺动脉在右肺门处还分出一支到右肺的尖叶。肺动脉在肺内随支气管而分支，最后在肺泡周围形成毛细血管网，在此进行气体交换。

肺静脉（pulmonary vein）由肺内毛细血管网汇合而成，与肺动脉和支气管伴行，最后汇合成6～8支（牛、羊）肺静脉，由肺门出肺后注入左心房。

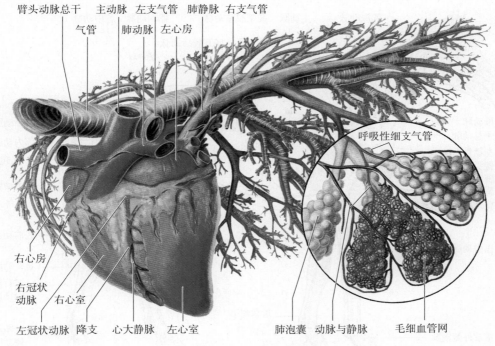

臂头动脉总干　主动脉　左支气管　肺静脉　右支气管

气管　　　肺动脉　左心房

呼吸性细支气管

右心房

右冠状
动脉　　右心室

左冠状动脉　降支　　心大静脉　左心室　　　　肺泡囊　动脉与静脉　　毛细血管网

图 9-10　肺循环血管

### 9.2.3　体循环的血管

体循环的血管也包括动脉（图 9-11）、毛细血管和静脉。

体循环又称大循环，是动脉血由左心室射出，经过动脉血管的各级分支，到达全身的组织器官，进行气体交换，形成的静脉血经静脉回流到右心房的过程。当心室舒张时，肺静脉中含氧丰富的动脉血经左心房进入左心室；心室收缩时，动脉血由左心室经主动脉口进入主动脉，主动脉反复分支到全身各处，形成毛细血管网，其与周围组织进行气体交换，含氧丰富的动脉血变成含二氧化碳丰富的静脉血，毛细血管网再逐渐汇集成静脉，最后汇入前、后腔静脉，其中的静脉血流回右心房。

#### 9.2.3.1　体循环的动脉

主动脉（aorta）是体循环的动脉主干，全身的动脉支都直接或间接由此发出（图 9-12）。主动脉起于左心室的主动脉口，分为主动脉弓、胸主动脉和腹主动脉三段。主动脉弓为主动脉的第 1 段，自主动脉口发出，呈弓状延伸至第 6 胸椎腹侧；然后沿胸椎腹侧向后延续至膈，此段称胸主动脉；最后穿过膈上的主动脉裂孔进入腹腔，称为腹主动脉。主动脉的主要分支如下：

（1）主动脉弓（aortic arch）　稍偏中线左侧，自左心室发出后，由肺动脉根部的右后方和两心房之间向前上方斜行，该段称升主动脉（ascending aorta）；转而斜向后上方，为主动脉弓。主动脉弓与肺动脉的弯曲最高点之间有一索状的连接物，称动脉导管索，是胎儿时期主动脉与肺动脉之间动脉导管的遗迹。

① 左、右冠状动脉：由升主动脉的根部分出，主要分布到心脏，仅少量小分支到大血管的起始部。

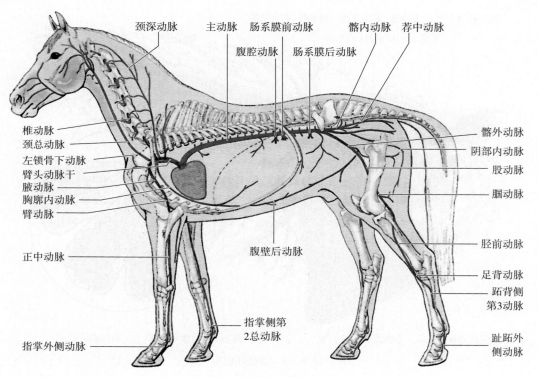

图 9-11  马全身动脉分布

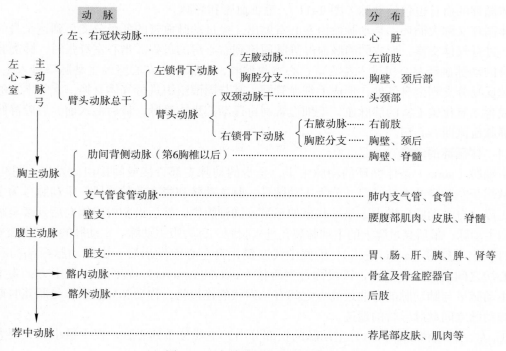

图 9-12  主动脉及主要分支简图

② 臂头动脉总干（brachiocephalic trunk）：为输送血液至头、颈、前肢和胸壁前部的总动脉干。由主动脉弓在第 2 肋相对处分出，在牛、羊和马中，臂头动脉总干出心包后沿气管腹侧、前腔静脉的左上方、稍偏中线右侧向前延伸，在第 1 对肋骨处分出左锁骨下动脉后，主干移行为臂头动脉。臂头动脉在胸前口附近分出短而粗的双颈动脉干后，主干移行为右锁骨下动脉。猪的左锁骨下动脉则与臂头动脉总干同起于主动脉弓，在第 2 肋间隙处由主动脉弓分出，臂头动脉干只发出右锁骨下动脉。

③ 锁骨下动脉（subclavian artery）：向前下方及外侧呈弓状延伸，绕过第 1 肋骨前缘出胸腔，主干延续为前肢的腋动脉。在胸腔内左锁骨下动脉发出的分支有：肋颈动脉、肩胛背侧动脉、颈深动脉、椎动脉、胸内动脉、颈浅动脉和胸外动脉。右侧的肋颈动脉、颈深动脉和椎动脉自臂头动脉干发出，胸内动脉、胸外动脉和颈浅动脉自右锁骨下动脉发出。锁骨下动脉在胸腔内的分支主要分布到胸背部和颈后部的肌肉、皮肤。

肋颈动脉干（costal neck trunk）：牛、猪的肋颈动脉干在臂头动脉总干起始部的背侧发出，向前上方延伸，沿途分出肋颈动脉、肩胛背侧动脉、颈深动脉，主干向前延续为椎动脉。马的左侧肋颈动脉干仅分出肋颈动脉和肩胛背侧动脉，右侧肋颈动脉干和颈深动脉以一总干由右锁骨下动脉发出。

（a）肋颈动脉（costal neck artery）：在气管和食管的左侧向上向后延伸，分出第 2、3、4 肋间背侧动脉，分布于气管、胸膜、胸前侧壁；主干出胸腔分布于鬐甲部的肌肉和皮肤。

（b）肩胛背侧动脉（dorsal scapular artery）：从第 2 肋间隙穿出胸腔，穿过臂神经丛根部，分布于鬐甲部和前肢内侧深层的肌肉。

（c）颈深动脉（deep cervical artery）：在胸腔内分出第 1 肋间背侧动脉，出胸腔沿头半棘肌的内侧面向前上方延伸，分布于颈背侧部的肌肉和皮肤。

（d）椎动脉（vertebral artery）：从第 1 肋骨的椎骨端出胸腔，沿途进入颈椎横突管内，向头侧延伸，沿途分出肌支分布到颈部肌肉，分出脊髓支进入椎管，主干前行至寰椎窝处与枕动脉吻合，并有分支入颅腔。主要分布于脑、脊髓、脊膜和颈部的肌肉。

（e）胸内动脉（internal thoracic artery）：为一较大的分支，在第 1 对肋相对处由锁骨下动脉发出，沿胸骨背侧向后伸延，有较小的分支到胸腺、纵隔、心包、胸壁肌肉，与肋间动脉吻合。在第 6 到第 7 肋软骨处分为两个较大的分支：其中一支为肌膈动脉（musculophrenic artery），沿肋弓内侧面向后上方行走，分布到膈和腹横肌；另一个分支向后到第 6 或第 8 肋软骨与剑状软骨交界处穿出胸腔，延续为腹壁前动脉（anterior epigastric artery），在腹直肌和腹横肌间继续向后延伸，与腹壁后动脉吻合。母猪的腹壁前动脉还有分支到乳腺。

（f）颈浅动脉（superficial cervical artery）：即肩颈动脉，在第 1 肋骨处由锁骨下动脉分出，向前分布于胸前和肩前方的肌肉、皮肤及淋巴结。

（g）胸外动脉（lateral thoracic artery）：在第 1 肋骨后缘处由锁骨下动脉分出，或由胸内动脉分出，向下出胸腔，沿胸骨外面向后延伸，分布于胸肌和皮肤。

④ 双颈动脉干：在胸前口处气管的腹侧分为左、右颈总动脉，为分布于头、颈和脑的动脉主干。

（2）胸主动脉（thoracic aorta） 是主动脉弓在第 6 胸椎以后的延续，在胸椎腹侧偏左，主干经过膈向后延伸为腹主动脉，在胸腔的主要分支有壁支和脏支：壁支为左右成对的肋间背侧动脉，分布到脊髓、胸壁和背侧的皮肤和肌肉；脏支为支气管、食管动脉（图 9-13，图 9-14）。

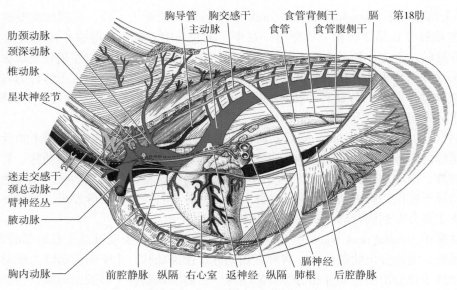

胸导管　胸交感干　　食管背侧干　　膈　第18肋
主动脉　　　食管　食管腹侧干

肋颈动脉
颈深动脉
椎动脉
星状神经节

迷走交感干
颈总动脉
臂神经丛
腋动脉

胸内动脉　　　前腔静脉　纵隔　右心室　返神经　纵隔　肺根　后腔静脉
　　　　　　　　　　　　　　　　　　　　膈神经

图 9-13　马胸腔左侧的血管神经

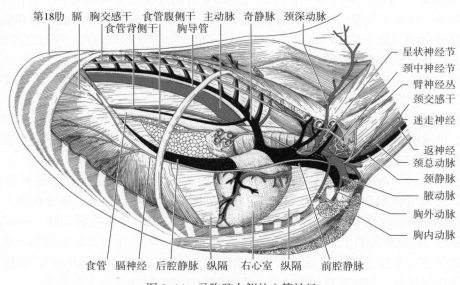

第18肋　膈　胸交感干　食管腹侧干　主动脉　奇静脉　颈深动脉
　　　　　食管背侧干　　胸导管

星状神经节
颈中神经节
臂神经丛
颈交感干
迷走神经
返神经
颈总动脉
颈静脉
腋动脉
胸外动脉
胸内动脉

食管　膈神经　后腔静脉　纵隔　右心室　纵隔　前腔静脉

图 9-14　马胸腔右侧的血管神经

① 支气管 – 食管动脉干（broncho–esophageal trunk）：在第 6 胸椎处由胸主动脉分出，很短，立即分为一支支气管动脉和一支食管动脉。牛和猪有时不形成支气管 – 食管动脉干，支气管动脉和食管动脉分别起始于胸主动脉起始部的腹侧。牛、马由第 6 胸椎处起自胸主动脉，猪的由第 4 肋骨处分出。

支气管动脉（bronchial artery）由支气管 – 食管动脉干向前分出，又分为左右支，分别与左右支气管一起经肺门进入左右肺。

食管动脉（esophageal artery）由支气管 – 食管动脉干向后分出，沿食管背侧向后延伸，沿途分布到胸段食管、心包和纵隔。

② 肋间背侧动脉（dorsal intercostal artery）：其对数与肋骨对数一致。牛肋间背侧动脉的前3对由肋颈动脉干的肋颈动脉发出，其余均起自于胸主动脉。肋间背侧动脉沿锥体侧面向前上方行走，至相应肋骨后缘的肋椎关节处，在相应的椎间孔处均分为背侧支和腹侧支。背侧支又分出脊髓支和肌支：脊髓支由椎间孔进入椎管，分布到脊髓；肌支分布于脊柱背侧的肌肉和皮肤。腹侧支较粗，称肋间动脉（intercostal artery），沿肋骨后缘内侧的肋沟向下延伸，分别与胸内动脉、肌膈动脉和腹壁前动脉的分支吻合，分布于胸侧壁的肌肉和皮肤。马肋间背侧动脉的第1对起自颈深动脉，第2、3、4对起自肋颈动脉，其余各对起自胸主动脉。肋间动脉沿肋沟向下延伸时，常伴随同名静脉和肋间神经，形成血管神经束，因此在进行开胸手术时应注意分离神经。

（3）腹主动脉（ventral aorta） 为腹腔及腹侧壁动脉的主干（图9-15）。位于腰椎腹侧，后腔静脉的左上方，向后延伸到第5、6腰椎（骨盆腔前口）处分成左、右髂外动脉和左、右髂内动脉。牛和猪的腹主动脉在分出左、右髂内动脉和髂外动脉后，主干还延续为荐中动脉，分布到荐部和尾部的皮肤和肌肉中。腹主动脉在腹腔内的分支分为壁支和脏支：壁支为左右成

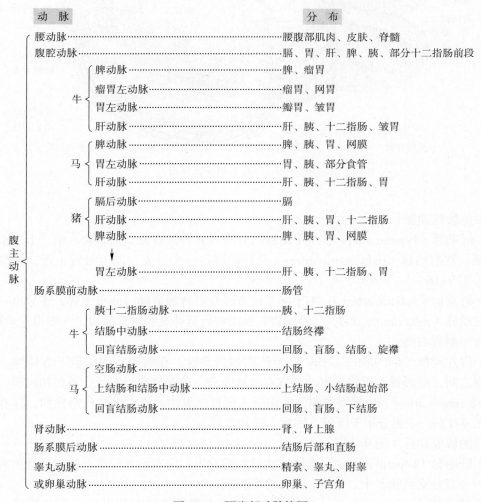

图9-15 腰腹部动脉简图

对的腰动脉，分布到腹腔侧壁；脏支主要分布到腹腔内的器官。

① 腹腔动脉（coeliac artery）：单支，短而粗，在膈上的主动脉裂孔后方起自腹主动脉，主要有肝动脉、脾动脉和瘤胃左动脉三个大的分支，分布到肝、脾、十二指肠前段、胃和网膜（图9-15）。

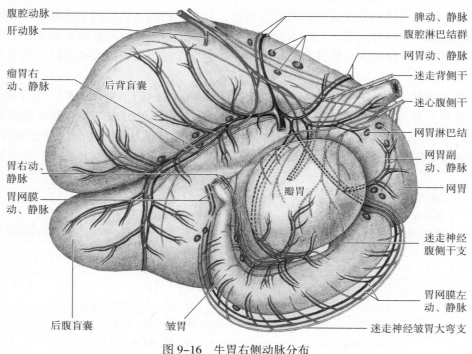

图9-16　牛胃右侧动脉分布

● 牛的腹腔动脉：

（a）肝动脉（hepatic artery）：主干由肝门分布入肝，并有分支到胆囊、胰、十二指肠、皱胃和网膜。胃右动脉（right gastric artery）是肝动脉的一个分支，伸至皱胃小弯，并与胃左动脉吻合（图9-16）。

（b）脾动脉（splenic artery）：主干向左前方经瘤胃背侧进脾门分布于脾，还分出一支较大的瘤胃右动脉（right rumen artery），沿瘤胃右纵沟向后延伸至瘤胃左纵沟，与瘤胃左动脉吻合。主要分布于瘤胃右侧。

（c）胃左动脉（left gastric artery）：也称瓣皱胃动脉，在瘤胃右侧向前下方延伸，进入瘤胃和网胃之间，经瓣胃、皱胃小弯，与胃右动脉吻合。分支分布于瓣胃、皱胃和网膜。瘤胃左动脉（left rumen artery）从瘤胃右侧经前沟进入瘤胃左纵沟，沿左纵沟向后延伸，并有分支到网胃（图9-17）。主要分布于瘤胃、网胃、膈和食管。

● 马的腹腔动脉（图9-18）：

（a）肝动脉（hepatic artery）：由腹腔动脉右侧发出，向右前方行走，经门静脉的右侧由肝门入肝，并有分支到胰、十二指肠、胃大弯和网膜。

（b）脾动脉（splenic artery）：是最粗的一支，由腹腔动脉左侧发出，向左延伸，主要分

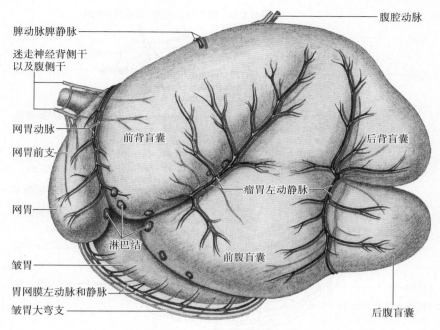

图 9-17　牛胃左侧动脉分布

布于脾，并有分支到胰、胃大弯和网膜。

（c）胃左动脉（left gastric artery）：是最细的一支，向贲门延伸，分为壁面支和脏面支，主要分布于胃壁的壁面和脏面；另外还分出食管支向前延伸，分布于食管腹段，并向前与胸主动脉分出的支气管 – 食管干的食管支相吻合。

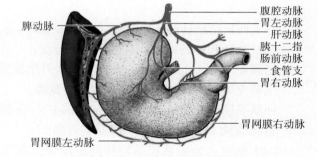

图 9-18　马腹腔动脉分支图

• 猪的腹腔动脉：

（a）膈后动脉（caudal diaphragm artery）：主要分布于膈。

（b）肝动脉（hepatic artery）：主干分布到肝，还分出胃右动脉和胃十二指肠动脉，还有分支到胰。

（c）脾动脉（splenic artery）：主干分布到脾，并分出胃左动脉到胃。

② 肠系膜前动脉（anterior mesenteric artery）：不成对，在腹腔动脉之后，为腹主动脉最粗的分支。在第 1 腰椎腹侧起于主动脉，经左右膈脚进入总肠系膜，向后向下延伸，分布到大部分肠管和胰（图 9-15）。

• 牛的肠系膜前动脉（图 9-19）：

（a）胰十二指肠后动脉（posterior pancreaticoduodenal artery）：相当于马的第 1 支空肠动脉，与肝动脉分出的胰十二指肠前动脉相吻合。向后分布于胰及十二指肠。

（b）结肠中动脉（middle colic artery）：分布于结肠终襻，还有分支分布到横结肠和降结肠。

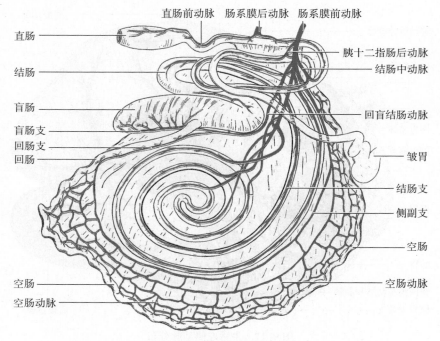

图 9-19　牛肠系膜动脉分布

（c）回盲结肠动脉（iliac cecal colonic artery）：较粗，由肠系膜前动脉向左后方分出，分布于回肠、盲肠和结肠旋襻。有以下主要分支：

结肠右动脉（right colic artery）：进入升结肠旋襻，并与结肠中动脉的分支吻合。

结肠支（colic branch）：分布到结肠旋襻。

回肠系膜侧支（iliac mesenteric branch）：分布到回肠。

盲肠动脉（cecal artery）：分布到盲肠。

（d）肠干：为肠系膜前动脉的延续干，在空肠系膜内伸延，最后延续为回肠动脉（ileal artery）。沿途还分出许多空肠支到空肠，此外还分出一侧副支（羊无），在肠干背侧与肠干平行，末端相吻合，也有分支到空肠。空肠支的分支间形成动脉弓。

• 马的肠系膜前动脉（图 9-20）：

（a）空肠动脉（jejunal artery）：由肠系膜前动脉的凸面以一总干发出，然后放射状分为18～20支，进入空肠系膜，分布于空肠。每一空肠动脉在肠系膜中又分为两支，分支间互相吻合成动脉弓，动脉弓的分支又相互吻合成动脉网。

（b）上结肠动脉（superior colonic artery）和结肠中动脉（middle colonic artery）：上结肠动脉分布于上大结肠，结肠中动脉分布于小结肠起始部。

（c）回盲结肠动脉（iliac cecal colonic artery）：为肠系膜前动脉主干的延续，分出盲肠外侧动脉（lateral cecal artery）、盲肠内侧动脉（medial cecal artery）和回肠系膜支（iliac mesenteric branch）后，主干延续为结肠支（colonic branch）。分布于回肠、盲肠和下大结肠。

• 猪的肠系膜前动脉：

与牛的肠系膜前动脉分支相似，但无侧副支。

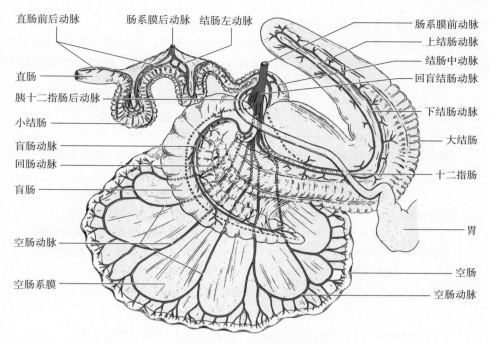

图 9-20　马肠系膜动脉分布

③ 肾动脉（renal artery）：成对，短而粗，第 2 腰椎处由腹主动脉侧面分出，主干由肾门入肾，入肾前尚有分支到肾上腺和输尿管。

④ 肠系膜后动脉（posterior mesenteric artery）：一般不成对（有的猪有两支），较细，在第 4、第 5 腰椎腹侧起于腹主动脉，经结肠系膜延伸，分为两支，前支为结肠左动脉（left colonic artery），分布于小结肠（马）或结肠后部（牛），并与结肠中动脉吻合。后支为直肠前动脉（anterior rectal artery），分布于降结肠、直肠和肛门。

⑤ 睾丸动脉（testicular artery）：成对，细长，在肠系膜后动脉附近由腹主动脉两侧发出。睾丸动脉沿腹侧壁向后下方延伸，主干经腹股沟管进入精索，分布于精索、睾丸、附睾和输精管等处。

子宫卵巢动脉（uterine ovarian artery）：成对，短而粗，经子宫阔韧带下行，分出卵巢动脉和子宫前动脉两个分支，分别分布于卵巢和子宫角。还有分支到输卵管。

⑥ 腰动脉（lumbar artery）：共 6 对，前 5 对起自腹主动脉，第 6 对起自髂内动脉。每一根腰动脉有分支分布到腰肌，有脊髓支分布到脊髓和脊膜，还有背侧肌支分布于腰部背侧的肌肉。

⑦ 膈后动脉（posterior diaphragm artery）：由腹主动脉或腹腔动脉发出，向前延伸，分布到左右膈脚和肾上腺。

（4）骨盆部动脉　其主干为左、右髂内动脉，由腹主动脉在第 6 腰椎腹侧分出，沿荐骨腹侧和荐结节阔韧带内侧向后延伸，分出第 6 对腰动脉，其主要分支有阴部内动脉（internal pudendal artery）和闭孔动脉（obturator artery）。牛无闭孔动脉，仅有一些小的闭孔支。骨盆部动脉分布于骨盆内器官、荐臀部及尾部的肌肉和皮肤等（图 9-21）。

- 牛的骨盆部动脉（图 9-22，图 9-23）：

① 脐动脉（urogenital artery）：成对，由骨盆腔前口分出，沿膀胱侧韧带向前下方延伸至膀胱（胎儿时期的脐动脉很粗，一直延伸到脐部），分布到输尿管、膀胱、公畜的输精管、母

| 动　脉 | | 分　布 |
|---|---|---|
| 牛髂内动脉 | 脐动脉 ············ | 膀胱、输尿管、输精管 |
| | 子宫动脉 ············ | 子宫角、子宫体 |
| | 尿生殖动脉 ············ | 直肠、膀胱、尿道、阴茎、阴道 |
| | 子宫后动脉 ············ | 子宫后部和阴道 |
| | 阴部内动脉 ············ | 前庭会阴、乳房或阴茎 |
| 牛荐中动脉 | ············ | 荐部脊髓、荐尾部肌肉、皮肤 |
| 马髂内动脉 | 荐动脉 ············ | 荐、臀、尾部肌肉、皮肤和荐部脊髓 |
| | 阴部内动脉 ············ | 骨盆内脏器、会阴、阴茎或阴道前庭 |
| | 闭孔动脉 ············ | 股后、股内肌群、阴茎 |

图 9-21　骨盆部和尾部动脉简图

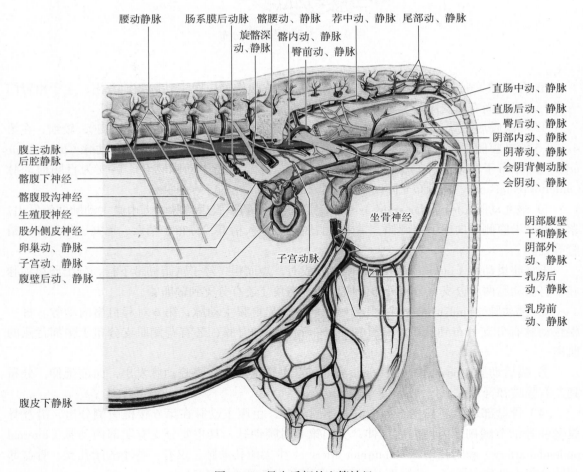

图 9-22　母牛后躯的血管神经

畜的子宫。主要分支有：

输精管动脉（deferential artery）：分布到公牛的输精管。

子宫动脉（uterine artery）：粗大，在母牛妊娠时特别发达。在子宫阔韧带内沿子宫角延伸，分布到子宫角和子宫体，并与卵巢子宫动脉分出的子宫前动脉、尿生殖动脉分出的子宫后动脉吻合。

② 髂腰动脉（iliolumbar artery）：细小，分布到髂腰肌。

③ 尿生殖动脉（urethra-genital artery）：在骨盆腔中部由髂内动脉发出，有分支分布到直肠、输尿管、膀胱和尿道，公牛的还分布到输精管和副性腺。母牛的在阴道腹侧分出前、后支：前支又分出子宫后动脉，分布到子宫体、子宫颈和阴道；后支主要分布到外阴周围。

④ 阴部内动脉（internal pudendal artery）：是髂内动脉主干的延续，分布到公牛的会阴和阴茎，母牛的阴道前庭、会阴和乳房后部。

• 马的骨盆部动脉：

① 阴部内动脉（internal pudendal artery）：由髂内动脉起始部分出，分出脐动脉后，沿荐结节阔韧带向后向下延伸至坐骨弓，分支分布于直肠、膀胱，公马的副性腺，母马的子宫（子宫后动脉）、阴道和会阴等处。

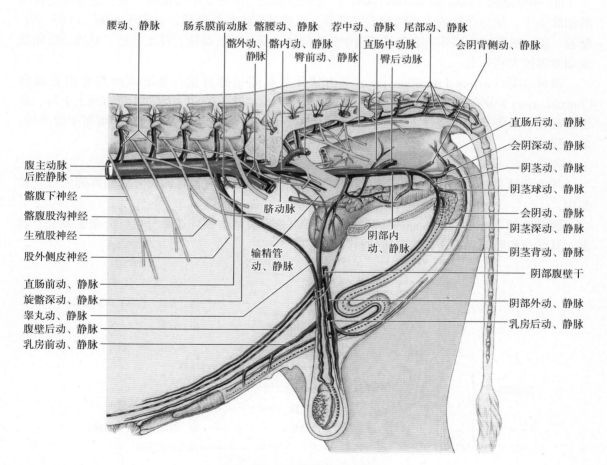

图 9-23 公牛后躯的血管神经

② 闭孔动脉（obturator artery）：沿髂骨向后向下延伸，由闭孔穿出骨盆腔，分布到股后和股内侧肌群，并有分支分布到阴蒂（母马）和阴茎（公马）。

• 猪的骨盆部动脉：

分支情况与牛相似，但其髂腰动脉还分出闭孔动脉。

（5）头颈部动脉　由臂头动脉分出的双颈动脉干是头颈部动脉的主干。双颈动脉干在胸前口分为左、右颈总动脉（common carotid artery），在颈静脉沟的深部，沿气管（右颈总动脉）或食管（左颈总动脉）的外侧向前上方伸延，在寰枕关节处分为三支——枕动脉、颈内动脉和颈外动脉，猪的枕动脉和颈内动脉以一总干起于颈总动脉。颈总动脉在向前延伸时，沿途发出许多侧支，分布到颈部的皮肤、肌肉、气管、食管、喉和甲状腺等处（图 9-24 至图 9-26）。

① 枕动脉（occipital artery）：较细，由颈总动脉背侧发出，向上延伸，经颌下腺至寰椎，延续为髁动脉（condylar artery），进入颅腔和椎管，分布到脑和脊髓。同时还有侧支分布到枕寰关节附近的皮肤、肌肉、软腭等处。

② 颈内动脉（internal carotid artery）：为三个分支中最小的一支，经破裂孔入颅腔，分布于脑和脑硬膜。成年牛的颈内动脉退化。猪的颈内动脉和枕动脉由一总干发出，其中颈内动脉较粗，又分出髁动脉至颅腔和中耳。

③ 颈外动脉（external carotid artery）：为颈总动脉三个分支中最粗的一支，是分布到头部的动脉主干，颈总动脉的主干向前上方延伸，直接延续为颈外动脉，分布于面部、口腔、咽、腮腺、齿、眼等处。颈外动脉在延伸途中分出颌外动脉、咬肌动脉、耳大动脉、颞浅动脉和颌内动脉等较大的分支。

颌外动脉（external maxillary artery）由颈外动脉起始部分出，至下颌间隙分出舌动脉（lingual artery）分布到舌肌，主干向上延伸，延续为面动脉（facial artery），分布到上下唇、鼻部和眼角。颌外动脉在绕过下颌血管切迹时，位于皮下，在下颌血管切迹处，可用于检查马、驴、骡的脉搏。

咬肌动脉（masseteric artery）经咬肌后下缘分布到咬肌。

耳大动脉（auricular large artery）在咬肌动脉附近分出，由腮腺深面分布到耳郭的皮肤和肌肉。

颞浅动脉（superficial temporal artery）在下颌关节腹侧由颈外动脉分出，分布到颞部、额部、耳前部的肌肉和皮肤。牛的还分布到角。

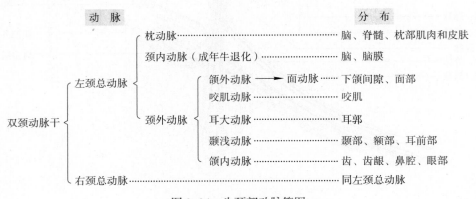

图 9-24　头颈部动脉简图

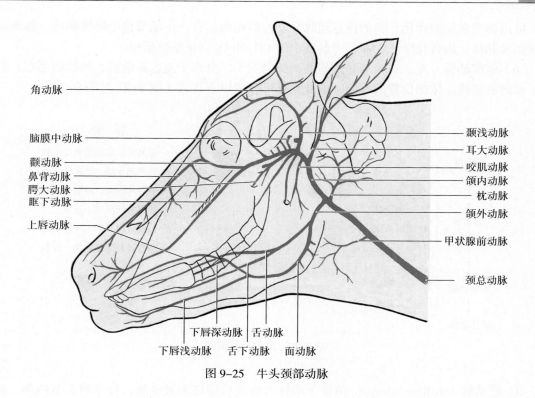

角动脉
脑膜中动脉
颧动脉
鼻背动脉
腭大动脉
眶下动脉
上唇动脉

颞浅动脉
耳大动脉
咬肌动脉
颌内动脉
枕动脉
颌外动脉
甲状腺前动脉
颈总动脉

下唇深动脉　舌动脉
下唇浅动脉　舌下动脉　面动脉

图 9-25　牛头颈部动脉

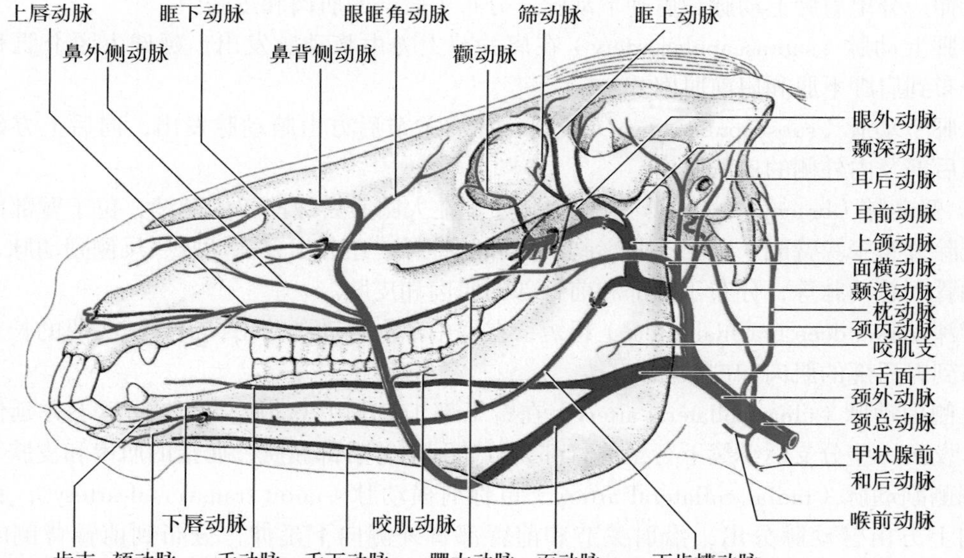

上唇动脉　眶下动脉　眼眶角动脉　筛动脉　眶上动脉
鼻外侧动脉　鼻背侧动脉　颧动脉

眼外动脉
颞深动脉
耳后动脉
耳前动脉
上颌动脉
面横动脉
颞浅动脉
枕动脉
颈内动脉
咬肌支
舌面干
颈外动脉
颈总动脉
甲状腺前
和后动脉
喉前动脉

齿支　颏动脉　舌动脉　舌下动脉　咬肌动脉　腭大动脉　面动脉　下齿槽动脉
下唇动脉

图 9-26　马头颈部动脉

　　颌内动脉（internal maxillary artery）是颈外动脉主干的延续，沿下颌骨内侧向前延伸，分支到咀嚼肌、齿、口鼻腔、眼等处。

　　在枕动脉（牛）或颈内动脉（马）的起始部血管稍膨大，称颈动脉窦，壁内含有压力感受器，可以感受血压的变化。马的颈总动脉分支处的角内，有一小结节包于纤维鞘内，称颈动脉球或颈动脉体，内含化学感受器，对血液中的 $CO_2$ 和 $O_2$ 含量变化敏感。

（6）前肢动脉　左、右腋动脉是前肢动脉的主干，分布于左、右前肢，腋动脉是左、右锁骨下动脉的延续。依据位置的不同，前肢动脉可分为以下几段（图9-27至图9-29）：

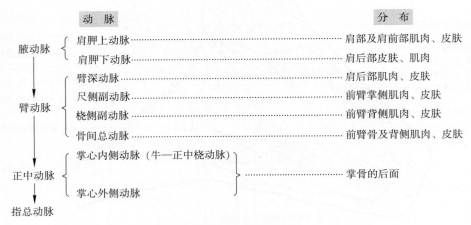

图9-27　前肢动脉简图

① 腋动脉（axillary artery）：锁骨下动脉出胸腔后即成为腋动脉，位于肩关节内侧，向后向下延伸，分出肩胛上动脉和肩胛下动脉，分布于肩部的肌肉和皮肤中。

肩胛上动脉（suprascapular artery）在肩关节上方由腋动脉发出，延伸入冈上肌和肩胛下肌，分布到肩胛下肌和肩前肌肉。

肩胛下动脉（subscapular artery）较粗，在肩关节后方由腋动脉发出，向后上方延伸，分布到肩后部及内外侧的皮肤肌肉。

② 臂动脉（brachial artery）：为腋动脉主干在大圆肌后缘向下的延续，位于臂部内侧，沿途分支除分布于喙臂肌、臂二头肌、胸深肌和肱骨外，还分出臂深动脉、尺侧副动脉、桡侧副动脉和骨间总动脉等，分布于臂部和前臂部的肌肉和皮肤。

臂深动脉（deep brachial artery）粗短，在臂中部由臂动脉分出，沿臂三头肌的长头和内侧头分布到臂后部的肌肉和皮肤。

尺侧副动脉（ulnar collateral artery）在臂下部1/3处由臂动脉分出，向后下方延伸至鹰嘴内侧，发出一些分支后继续下行至前臂部，分布到前臂后部屈腕、屈指的肌肉和皮肤。

桡侧副动脉（radial collateral artery）也称肘横动脉（cubit transversal artery），在肘关节内侧前上方由臂动脉分出，沿肘关节和前臂部背外侧向下延伸，分布到前臂背侧的肌肉和皮肤。

骨间总动脉（common interosseous artery）在前臂近端由臂动脉发出，分出骨间后动脉（posterior interosseous artery）分布到指浅屈肌和指深屈肌，主干穿过前臂骨间隙至前臂背侧，延续为骨间背侧动脉（dorsal interosseous artery），分布到前臂骨、掌骨和指骨的背侧。

③ 正中动脉（median artery）：为臂动脉主干在前臂近端内侧的延续，沿前臂内侧向下延伸，分布于前臂掌侧的肌肉和皮肤中。马的正中动脉在前臂远端还分出掌心内、外侧动脉，沿

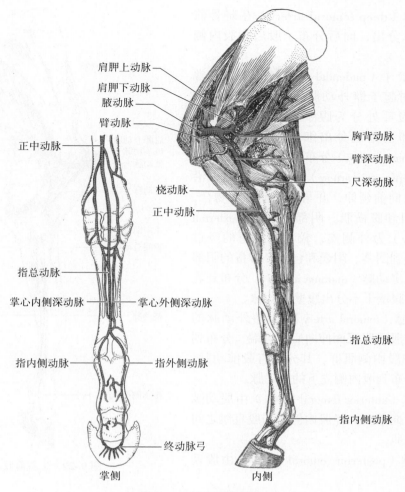

图 9-28  马右前肢动脉

掌的内外侧向下延伸，分布到掌骨。牛的正中动脉在前臂中部分出正中桡动脉，分布到第 3 指
内侧面和掌骨背侧。

　　④ 指总动脉（common digital artery）：正中动脉在前臂远端延续为指总动脉，沿掌骨内侧
向下延伸。马的指总动脉在系关节上方分为两支，分布到指的内外侧，形成蹄部动脉弓；牛的
指总动脉在指间隙处分为两支，分别分布到第 3、第 4 指。

　　（7）后肢动脉　由腹主动脉在第 5、6 腰椎处分出的左右髂外动脉是左右后肢动脉的主干。
按部位分成以下几段（图 9-30 至图 9-32）：

　　① 髂外动脉（external iliac artery）：位于腹腔内，在腹膜和髂筋膜覆盖下，沿髂骨前缘向
后下方延伸，至耻骨前缘出腹腔转为股动脉。髂外动脉分出旋髂深动脉、精索外动脉或子宫中
动脉、股深动脉、腹壁后动脉和阴部外动脉等，分布于腰、腹及臀部肌肉和皮肤，公畜的阴
茎、阴囊、包皮及母畜的子宫和乳房等。

　　旋髂深动脉（deep iliac circumflex artery）由髂外动脉起始部分出，向前外侧下行，至髋结
节处分为前后支，分布到腰部和腹部的肌肉和皮肤。

股深动脉（deep femoral artery）在耻骨前缘由髂外动脉分出，向后分布于股后和股内侧肌群。

阴部腹壁干（pudendal epigastric trunk）常与股深动脉同起于髂外动脉，向前下方延伸，至腹股沟管腹环处分为腹壁后动脉和阴部外动脉，公牛和公猪还分出细小的精索外动脉（external spermatic artery）分布到阴囊。腹壁后动脉（posterior epigastric artery）为内支，较细，沿腹直肌外侧缘向前延伸，并与腹壁前动脉吻合，分布到腹直肌和腹横肌。阴部外动脉（external pudendal artery）为外侧支，较粗，公畜的经过腹股沟管分布到阴茎、阴囊和包皮；母畜的阴部外动脉分出乳房动脉（mamma artery），分布到乳房。猪的阴部腹壁干不分出腹壁后动脉。

② 股动脉（femoral artery）：为髂外动脉的直接延续，在股薄肌深面伸向后肢远端，分布到股前、股后和股内侧肌群。其分支有股前动脉、股后动脉及分布到股内侧皮下的隐动脉。

股前动脉（anterior femoral artery）由股动脉的前方分出，向前下方经股内侧肌和股直肌之间分布到股四头肌。

股后动脉（posterior femoral artery）由股动

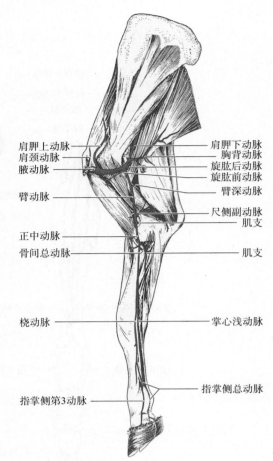

图 9-29　牛右前肢动脉

| 动　脉 | | 分　布 |
|---|---|---|
| 髂外动脉 | 旋髂深动脉 | 腰腹部肌肉、皮肤 |
| | 精索外动脉 | 公畜的鞘膜和精索 |
| | 子宫中动脉（马） | 子宫角、子宫体 |
| | 股深动脉、阴部外动脉 | 阴囊、阴茎或乳房 |
| 股动脉 | 股前动脉 | 股前肌肉 |
| | 隐动脉（牛隐动脉发达） | 股部、小腿内侧皮肤 |
| | 股后动脉 | 股后肌肉、皮肤 |
| 腘动脉 | 胫后动脉 | 小腿后部肌肉、皮肤 |
| 胫前动脉 | | 小腿背外侧肌肉、皮肤 |
| | 跖背外侧动脉（马） | 趾部 |
| | 趾总动脉 | 趾部 |
| 跖背侧动脉（牛） | | 趾部 |
| | 趾背侧固有动脉 | 趾部 |

图 9-30　后肢动脉简图

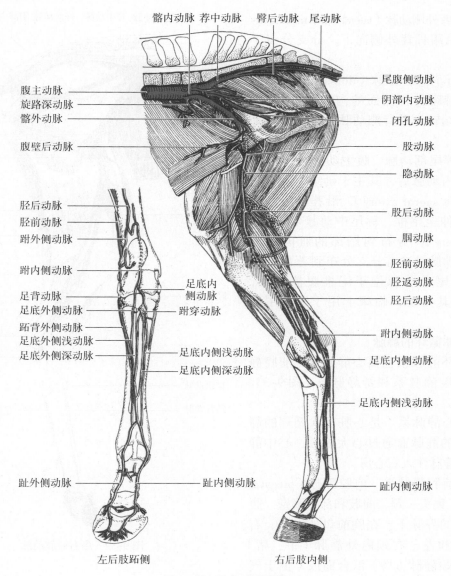

腹主动脉
旋路深动脉
髂外动脉
腹壁后动脉

髂内动脉 荐中动脉 臀后动脉 尾动脉

尾腹侧动脉
阴部内动脉
闭孔动脉
股动脉
隐动脉

股后动脉
腘动脉
胫前动脉
胫返动脉
胫后动脉
跗内侧动脉
足底内侧动脉
足底内侧浅动脉
趾内侧动脉

胫后动脉
胫前动脉
跗外侧动脉
跗内侧动脉
足背动脉
足底外侧动脉
跖背外侧动脉
足底外侧浅动脉
足底外侧深动脉

足底内侧动脉
跗穿动脉
足底内侧浅动脉
足底内侧深动脉

趾外侧动脉
趾内侧动脉

左后肢跖侧
右后肢内侧

图 9-31　马右后肢动脉

脉发出，分布于股后肌群和腓肠肌、臀股二头肌。

隐动脉（saphena artery）在股骨中部由股动脉发出，沿股骨和小腿内侧皮下下行，在小腿近端（马）或跗关节处（牛）分为前后支，分布到第3、第4指，主干还分出足底内侧动脉（medial plantar artery）和足底外侧动脉（lateral plantar artery），分布到趾部。牛的隐动脉发达。

③ 腘动脉（popliteal artery）：股动脉延续至膝关节后方称腘动脉，被腘肌覆盖。沿股胫关节向下延伸到小腿外侧，在小腿间隙处分出胫后动脉，沿胫骨后方向下延伸，分布到胫后肌肉。

④ 胫前动脉（anterior tibial artery）：是腘动脉主干的延续，穿过小腿间隙，沿胫骨背外侧向下，至跗关节背侧分出穿跗动脉（tarsus perforans artery）后，转为跖背侧动脉（牛）或跖背外侧动脉（马）。胫前动脉的分支分布到胫骨背外侧肌肉。

⑤ 跖背外侧动脉（lateral dorsal metatarsus artery）：沿跖骨背外侧向下，分支分布于后趾。

⑥ 跖背侧动脉（dorsal metatarsus artery）：沿跖骨背侧面的沟内向下伸延，至跖骨远端转为趾背侧动脉，分支分布于后趾。

（8）荐尾部动脉　腹主动脉分出髂外动脉和髂内动脉后，其主干延续为荐中动脉（middle sacral artery），沿荐骨腹侧正中向后延伸至尾椎，称尾中动脉（middle caudal artery），分布到尾部的肌肉和皮肤。荐中动脉沿途有分支分布到荐部脊髓和肌肉。尾中动脉位于尾椎腹侧皮下，手可触到其搏动，临床上用于触诊牛的脉搏。

### 9.2.3.2　体循环的静脉

体循环静脉系包括心静脉系、前腔静脉系、后腔静脉系和奇静脉系（图9-33，图9-34）。

（1）心静脉系　是心脏冠状循环的静脉，心脏的静脉血通过心大静脉、心中静脉和心小静脉注入右心房。

（2）前腔静脉系　前腔静脉（precaval vein）是汇集头、颈、前肢和部分胸壁、腹壁静脉血的静脉干。在胸前口处由左、右腋静脉，和左、右颈内外静脉（牛、猪）或左、右颈静脉（马）汇合而成，位于气

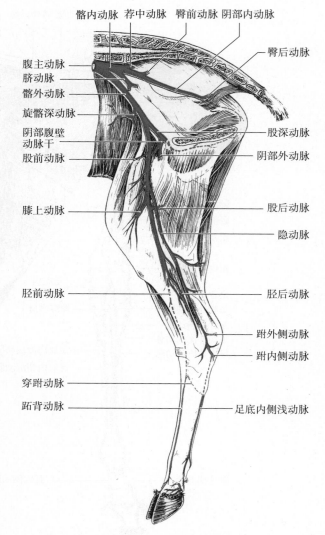

髂内动脉　荐中动脉　臀前动脉　阴部内动脉

臀后动脉

腹主动脉
脐动脉
髂外动脉
旋髂深动脉
阴部腹壁动脉干
股前动脉

股深动脉
阴部外动脉

膝上动脉

股后动脉

隐动脉

胫前动脉

胫后动脉

跗外侧动脉

跗内侧动脉

穿跗动脉

跖背动脉

足底内侧浅动脉

图9-32　牛右后肢动脉

管和臂头动脉总干的腹侧，在心前纵隔内向后延伸，注入右心房。

① 颈静脉（jugular vein）：主要收集头颈部的静脉血，由舌面静脉（lingual surface vein）和上颌静脉（maxillary vein）在腮腺处汇集而成，沿颈静脉沟浅层向后延伸，到胸前口处注入前腔静脉。在临床中，颈静脉是常用来静脉注射和采血的部位。牛和猪的颈外静脉（external jugular vein）粗大，相当于马的颈静脉；颈内静脉（internal jugular vein）细小，由甲状腺中静脉和枕静脉等汇集而成，在左右颈外静脉汇合处注入前腔静脉。

② 腋静脉（axillary vein）：是前肢深静脉的主干（图9-35），汇集前肢深部肌肉和骨的静脉血。起自于蹄静脉丛，与同名动脉伴行，向前伸至胸前口的一段称锁骨下静脉，注入前腔静脉。

③ 臂皮下静脉（brachial subcutaneous vein）：是前肢浅静脉的主干（图9-35），也称头静脉，汇集前肢浅部皮下静脉血。起自于蹄静脉丛，向上不断延伸为掌部的掌心浅内侧静脉，前

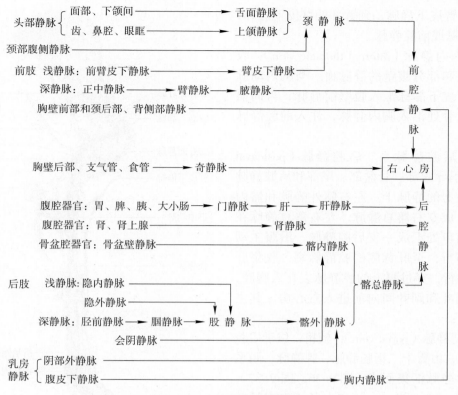

图 9-33 全身静脉回流简图

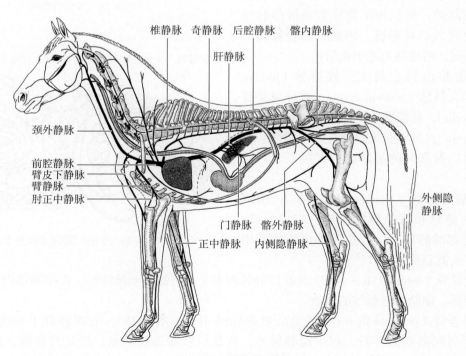

图 9-34 马静脉系统

臂部的前臂皮下静脉，到臂部的臂皮下静脉，注入颈静脉或前腔静脉。

④ 胸内静脉（internal thoracic vein）：收集胸前壁和部分腹壁的静脉血。与胸内动脉伴行。腹皮下静脉汇入腹壁前静脉，再向前经剑状软骨处汇入胸内静脉，注入前腔静脉起始部。

（3）后腔静脉系  后腔静脉（postcaval vein）是引导腹部、骨盆部、尾部和后肢静脉血入右心房的静脉干。左右髂外静脉和髂内静脉汇合成左右髂总静脉，左右髂总静脉在骨盆腔前口处汇成一支后腔静脉，沿腹主动脉右侧前行，至肝背侧的腔静脉窝，收集肝静脉后前行，穿过膈上的腔静脉裂孔入胸腔，经右肺膈叶和副叶间向前进入右心房。其主要属支有：

① 门静脉（portal vein）：较粗，位于后腔静脉腹侧，由胃十二指肠静脉、脾静脉、肠系膜前、后静脉汇集而成（图9-36，图9-37），为引导胃、脾、胰、小肠和大肠（除直肠后段外）静脉血的静脉干，经肝门入肝后反复分支至窦状隙，然后再汇集成数条肝静脉经腔静脉窝注入后腔静脉。因此，门静脉与一般静脉不同，两端均为毛细血管网。

② 腹腔内其它属支：腰静脉（lumbar vein）、睾丸静脉（testicular vein）或卵巢静脉（ovarian vein）、肾静脉（renal vein）和肝静脉（hepatic vein），分别收集腹壁、腰段脊髓、睾丸或卵巢、肾和肝的静脉血，直接汇入后腔静脉。

③ 髂总静脉（common iliac vein）：由同侧的髂内静脉和髂外静脉汇成。收集后肢、骨盆及尾部的静脉血。收集尾部血液的荐中静脉也汇入髂总静脉。

髂内静脉（internal iliac vein）是盆腔静脉的主干，与髂内动脉伴行，汇集阴部内静脉、臀前臀后静脉、输精管静脉等的血液。

髂外静脉（external iliac vein）是后肢静脉的主干（图9-38），分深静脉干和浅静脉干，深静脉干与同名动脉伴行，起于蹄静脉丛，收集后肢深部静脉血，经足背静脉、胫前静脉（anterior tibial vein）、腘静脉（popliteal vein）、股静脉（femoral vein）汇入髂外静脉。浅静脉干

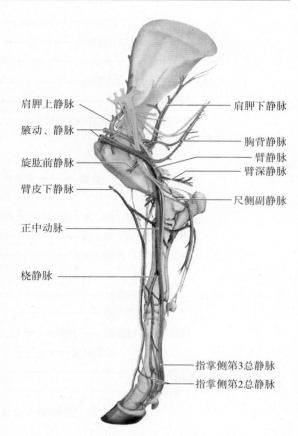

肩胛上静脉　　　　　　　　　肩胛下静脉
腋动、静脉　　　　　　　　　胸背静脉
旋肱前静脉　　　　　　　　　臂静脉
　　　　　　　　　　　　　　臂深静脉
臂皮下静脉　　　　　　　　　尺侧副静脉
正中动脉
桡静脉

指掌侧第3总静脉
指掌侧第2总静脉

图9-35  牛前肢静脉

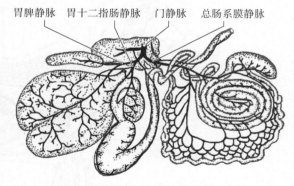

胃脾静脉　胃十二指肠静脉　门静脉　总肠系膜静脉

图9-36  牛的门静脉及其分支

# 10 淋巴系统

淋巴系统（lymphatic system）是机体发挥免疫作用的物质基础，由淋巴管道、淋巴组织、淋巴器官和淋巴组成（图 10-1）。淋巴管道是起于组织间隙，最后注入静脉的管道。淋巴组织是含有大量淋巴细胞的网状组织，包括弥散淋巴组织、淋巴孤结和淋巴集结。被膜包裹淋巴组织即形成淋巴器官，淋巴器官可产生淋巴细胞，参与免疫活动，按其功能不同，可将其分为中枢淋巴器官和外周淋巴器官，二者通过血液循环及淋巴回流互相联系。淋巴是无色或微黄色的液体，由淋巴（浆）和淋巴细胞组成，在未通过淋巴结的淋巴中，没有淋巴细胞。淋巴系统是机体内重要的防卫系统。此外，淋巴系统的免疫活动还协同神经及内分泌系统，参与机体其它神经体液调节，共同维持代谢平衡、生长发育和繁殖等。本章着重介绍淋巴管道和淋巴器官。

## 10.1 淋巴管道和淋巴回流

淋巴管道为淋巴液通过的径路，根据汇集顺序、口径大小及管壁薄厚，可分为毛细淋巴管、淋巴管、淋巴干和淋巴导管。毛细淋巴管彼此吻合，并汇合成淋巴管，淋巴管再集合形成一些较大的淋巴干，淋巴干最后汇合成胸导管和右淋巴导管。

### 10.1.1 毛细淋巴管

毛细淋巴管（lymphatic capillary）为淋巴管道系统的起始部分，以盲端起于组织间隙，其结构似毛细血管，管壁只有一层内皮细胞。毛细淋巴管常与毛细血管伴行，其管径比

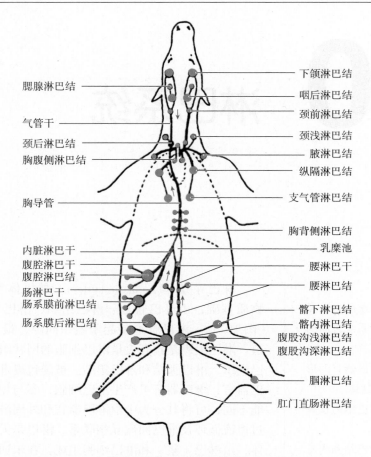

腮腺淋巴结

气管干

颈后淋巴结

胸腹侧淋巴结

胸导管

内脏淋巴干

腹腔淋巴干

腹腔淋巴结

肠淋巴干

肠系膜前淋巴结

肠系膜后淋巴结

下颌淋巴结

咽后淋巴结

颈前淋巴结

颈浅淋巴结

腋淋巴结

纵隔淋巴结

支气管淋巴结

胸背侧淋巴结

乳糜池

腰淋巴干

腰淋巴结

髂下淋巴结

髂内淋巴结

腹股沟浅淋巴结

腹股沟深淋巴结

腘淋巴结

肛门直肠淋巴结

图 10-1    机体淋巴管和淋巴结分布模式图（马背面观）

毛细血管的大，粗细不等，通透性也比毛细血管的大，因此一些不能透过毛细血管壁的大分子物质如蛋白质、细菌等由毛细淋巴管收集后回流。小肠内的毛细淋巴管尚能吸收脂肪，其淋巴呈现乳白色，故又称乳糜管。除无血管分布的器官如上皮、角膜、晶状体等以及中枢神经和骨髓外，机体全身均有毛细淋巴管的分布。

### 10.1.2    淋巴管

淋巴管（lymphatic vessel）由毛细淋巴管汇集而成，其形态结构与静脉相似，但管壁较薄，管径较细且粗细不均，常呈串珠状，瓣膜较多。在其行程中，通过一个或多个淋巴结。按所在位置，淋巴管可分为浅层淋巴管和深层淋巴管。前者汇集皮肤及皮下组织的淋巴液，多与浅静脉伴行；后者汇集肌肉、骨和内脏的淋巴液，多伴随深层血管和神经。此外，根据淋巴液对淋巴结的流向，淋巴管还可分成输入淋巴管和输出淋巴管。

### 10.1.3    淋巴干

淋巴干（lymphatic trunk）为身体一个区域内大的淋巴集合管，由淋巴管汇集而成，多与大血管伴行。主要淋巴干有：

### 10.1.3.1 气管淋巴干

气管淋巴干（trachea lymphatic trunk）左、右侧各一条，由咽后淋巴结的输出淋巴管汇合而成。伴随颈总动脉，分别收集左、右侧头颈、肩胛和前肢的淋巴，左气管淋巴干最后注入胸导管，右气管淋巴干注入右淋巴导管或前腔静脉或颈静脉（右）。

### 10.1.3.2 腰淋巴干

腰淋巴干（lumbar lymphatic trunk）左、右侧各一条，由髂内淋巴结的输出淋巴管形成，伴随腹主动脉和后腔静脉前行，收集骨盆壁、部分腹壁、后肢、骨盆内器官及结肠末端的淋巴，注入乳糜池。

### 10.1.3.3 内脏淋巴干

内脏淋巴干（visceral lymphatic trunk）由肠淋巴干和腹腔淋巴干形成，分别汇集空肠、回肠、盲肠、大部分结肠和胃、肝、脾、胰、十二指肠的淋巴，最后注入乳糜池。

## 10.1.4 淋巴导管

淋巴导管（lymphatic duct）由淋巴干汇集而成，包括胸导管和右淋巴导管。

### 10.1.4.1 胸导管

胸导管（thoracic duct）为全身最粗大的淋巴管道，起始于乳糜池（cisterna chyli），穿过膈上的主动脉裂孔进入胸腔，沿胸主动脉的右上方，右奇静脉的右下方向前行，然后越过食管和气管的左侧向下行，在胸腔前口处注入前腔静脉。胸导管收集除右淋巴导管以外的全身淋巴。

乳糜池是胸导管的起始部，呈长梭形膨大，位于最后胸椎和前1—3腰椎腹侧，在腹主动脉和右膈脚之间。

### 10.1.4.2 右淋巴导管

右淋巴导管（right lymphatic duct）短而粗，为右侧气管干的延续，收集右侧头颈、右前肢、右肺、心脏右半部及右侧胸下壁的淋巴，末端注入前腔静脉。

## 10.1.5 淋巴生成和淋巴回流

血液经动脉输送到毛细血管时，其中一部分液体经毛细血管动脉端滤出，进入组织间隙形成组织液。组织液与周围组织和细胞进行物质交换后，大部分渗入毛细血管静脉端，少部分则渗入毛细淋巴管，成为淋巴液。淋巴液在淋巴管内向心流动，最后注入静脉。淋巴管周围的动脉搏动、肌肉收缩、呼吸时胸腔压力变化可促进淋巴的生成和淋巴管内的淋巴流动，最后经淋巴导管进入前腔静脉，以协助体液回流。由此可见，淋巴回流是血液循环的辅助部分（图10-2）。

# 10.2 淋巴组织和淋巴器官

机体中的淋巴组织（lymphatic tissue）分布很广，存在形式多种多样。其中一部分没有特定的结构，淋巴细胞弥散性分布，与周围组织无明显界限，称为弥散淋巴组织。有的密集呈球形或卵圆形，轮廓清晰，称为淋巴小结，单独存在的淋巴小结称淋巴孤结，成群存在时称淋巴集结，如回肠黏膜内的淋巴孤结和淋巴集结。弥散淋巴组织、淋巴孤结和淋巴集结常分布在消

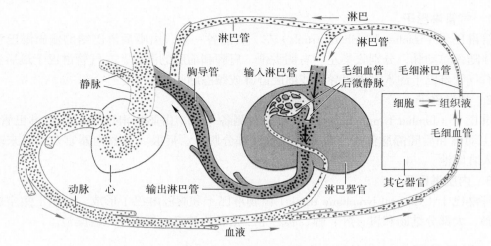

图 10-2　淋巴回流路径及其与心血管系统的关系简图

化管、呼吸道和泌尿生殖道的黏膜中。

当淋巴组织由被膜包裹，则形成独立的器官，即淋巴器官（lymphatic organ），包括中枢淋巴器官（初级淋巴器官）和外周淋巴器官（次级淋巴器官）。中枢淋巴器官包括胸腺和禽类的腔上囊，在胚胎发育过程中出现较早，其原始淋巴细胞来源于骨髓的干细胞，在此类器官的影响下，分化成 T 淋巴细胞和 B 淋巴细胞。外周淋巴器官包括淋巴结、脾、扁桃体和血淋巴结，发育较迟，其淋巴细胞由中枢淋巴器官迁移而来，定居在特定区域内，就地繁殖，再进入血液循环，参与机体免疫。

## 10.2.1　胸腺

胸腺（thymus）位于胸腔前部纵隔内，分颈、胸两部，呈红色或粉红色。单蹄类和肉食类动物的胸腺主要在胸腔内，猪和反刍动物的胸腺除胸部外，颈部也很发达，向前可到喉部（图 10-3）。胸腺在幼畜发达，性成熟时体积最大，然后逐渐退化，到老年时基本被结缔组织所代替，但并不完全消失，取代胸腺的结缔组织中，仍可找到有活性的胸腺组织。胸腺开始退化的年龄在不同的动物分别为：牛 4～5 岁，马 2～3 岁，羊 1～2 岁，猪、犬 1 岁。胸腺是 T 淋巴细胞

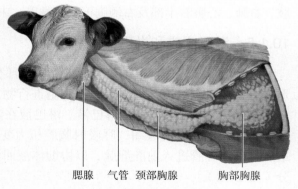

腮腺　气管　颈部胸腺　　胸部胸腺

图 10-3　犊牛胸腺

增殖分化的场所，是机体免疫活动的重要器官，并可分泌胸腺激素。

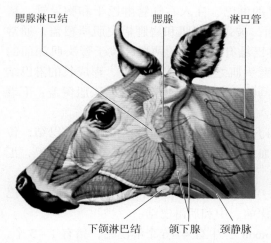

图 10-8 牛腮腺淋巴中心和下颌淋巴中心的淋巴结

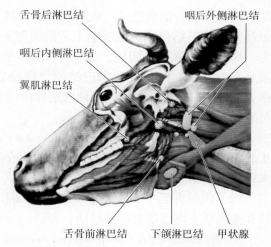

图 10-9 牛咽后淋巴中心及其周边的淋巴结

（3）咽后淋巴中心（retropharyngeal lymph center） 牛有咽后内侧淋巴结、咽后外侧淋巴结、舌骨前淋巴结和舌骨后淋巴结。猪有咽后内侧淋巴结和咽后外侧淋巴结。马的内、外两组淋巴结位置较深，分别位于咽的侧壁和背侧。

① 咽后内侧淋巴结（retropharyngeal medial lymph node）：左右并列于咽背外侧，3~6 cm。收集咽、喉、唾液腺、鼻后部、鼻旁窦等处的淋巴，汇入咽后外侧淋巴结。猪咽后内侧淋巴结在颈总动脉、颈内静脉和迷走交感干的背侧，被脂肪、胸乳突肌腱和胸腺（存在时）所覆盖。淋巴结常有数个，形成长 2~3 cm、宽 1.5 cm 的卵圆形团块。

② 咽后外侧淋巴结（retropharyngeal lateral lymph node）：大小为 4~5 cm，位于寰椎翼腹侧、腮腺和下颌腺的深层。收集口腔、下颌、外耳、唾液腺及头部淋巴结（翼肌淋巴结除外）的淋巴，形成左、右气管淋巴干（颈淋巴干）。猪咽后外侧淋巴结常有 2 个，位于耳静脉后方，部分或完全被腮腺后缘所覆盖，很难与颈浅腹侧淋巴结前群分开。

③ 舌骨前淋巴结（anterior hyoid lymph node）：位于甲状舌骨的外侧。收集舌的淋巴，汇入咽后外侧淋巴结。

④ 舌骨后淋巴结（posterior hyoid lymph node）：位于茎舌骨肌的外侧。收集下颌的淋巴，汇入咽后外侧淋巴结。

### 10.2.4.2 颈部淋巴中心和淋巴结

颈部有两个淋巴中心，即颈浅淋巴中心和颈深淋巴中心（图 10-10）。

（1）颈浅淋巴中心（superficial cervical lymph center） 牛有颈浅淋巴结和颈浅副淋巴结两群。猪有颈浅背侧、中和腹侧淋巴结。

① 颈浅淋巴结（superficial cervical lymph node）：牛的通常为一个大淋巴结，长 7~9 cm，位于肩关节前方、肩胛横突肌的深

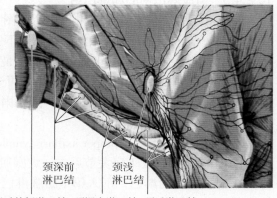

图 10-10 牛头颈部淋巴结

面。因此又称肩前淋巴结。收集颈部、前肢、胸壁的淋巴，注入右气管淋巴干和胸导管。猪颈浅背侧淋巴结位于肩关节前上方的腹侧锯肌表面，被颈斜方肌和肩胛横突肌所覆盖，通常为一卵圆形的淋巴结团块，长 1 ~ 4 cm；颈浅中淋巴结有不恒定的两群，位于臂头肌深面的颈外静脉表面；颈浅腹侧淋巴结位于腮腺后缘和臂头肌之间，有 3 ~ 5 个，形成长的淋巴结链，沿臂头肌前缘从咽后外侧淋巴结伸向后下方。马的颈浅淋巴结大部分被臂头肌覆盖，下端可显露于颈静脉沟内，长达 10 cm。

② 颈浅副淋巴结（superficial accessory cervical lymph node）：通常 5 ~ 10 个小淋巴结，位于斜方肌深面、冈上肌前方。通常一部分或全部为血淋巴结。收集颈部肌肉、皮肤的淋巴，汇入颈浅淋巴结。

（2）颈深淋巴中心（deep cervical lymph center）　牛有颈深前、中、后淋巴结，肋颈淋巴结和菱形肌下淋巴结五群淋巴结，而猪、马只有颈深前、中和后淋巴结。

① 颈深前淋巴结（deep anterior cervical lymph node）：牛有 4 ~ 6 个淋巴结，猪有 1 ~ 5 个，常缺如。位于甲状腺附近的气管两侧。输入管收集颈部肌肉、甲状腺、气管、食管、胸腺等处的淋巴，输出管汇入颈深中淋巴结。

② 颈深中淋巴结（deep middle cervical lymph node）：有 1 ~ 7 个，位于颈中部的气管两侧，收集范围与颈深前淋巴结相似，汇入颈深后淋巴结。

③ 颈深后淋巴结（deep posterior cervical lymph node）：牛常有 2 ~ 4 个淋巴结，最后一组位于胸前口处的肋颈淋巴结附近；猪有 1 ~ 14 个，不成对，位于甲状腺后方、气管腹侧，被胸腺所覆盖，且将该淋巴结与第 1 肋腋淋巴结分开。输入管收集颈部肌肉、气管、食管、胸腺以及肩臂部的淋巴，注入气管淋巴干、胸导管或颈外静脉。

④ 肋颈淋巴结（costal cervical lymph node）：一般一个，1.5 ~ 3.0 cm，位于第 1 肋骨前内侧、气管和食管两侧，肋颈淋巴干起始处附近。收集颈后部、肩带部、肋胸膜、气管和纵隔前淋巴结输出管的淋巴，注入右气管干（右）或胸导管（左）。

⑤ 菱形肌下淋巴结（subrhomboid lymph node）：位于菱形肌深面近肩胛骨后角处，收集肩胛部淋巴，汇入纵隔前淋巴结。

### 10.2.4.3　前肢淋巴中心和淋巴结

前肢淋巴中心仅有一个腋淋巴中心（图 10-11）。腋淋巴中心（axillary lymph center）有腋淋巴结和冈下肌淋巴结。

（1）腋淋巴结（axillary lymph node）　是肩关节与胸壁间一群淋巴结的总称。根据其位置不同，牛的可分为固有腋淋巴结、第 1 肋腋淋巴结和腋副淋巴结三个。猪无固有腋淋巴结和肘淋巴结。

① 固有腋淋巴结（proper axillary lymph node）：每侧 1 ~ 2 个，长 2 ~ 3.5 cm，位于肩关节后方，大圆肌远端内侧面。收集前肢、胸肌等处的淋巴，汇入第 1 肋腋淋巴结或颈深淋巴结或气管淋巴干。

② 第 1 肋腋淋巴结（primary costae axillary lymph node）：每

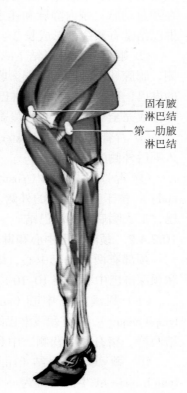

固有腋淋巴结
第一肋腋淋巴结

图 10-11　牛前肢淋巴结

侧 1~2 个，长约 1.5 cm。位于肩关节的前内侧，第 1 肋或第 1 肋间的胸骨端，胸深肌深面。收集胸肌、腹侧锯肌、斜角肌、肩臂部肌等处的淋巴，输出管左侧注入气管干或胸导管，右侧注入右淋巴导管，还可能汇入颈深淋巴结。

③ 腋副淋巴结（axillary accessory lymph node）：一个，位于胸深肌与背阔肌交叉处，收集胸肌、背阔肌等处的淋巴，汇入固有腋淋巴结。

（2）冈下肌淋巴结（infraspinatus lymph node） 冈下肌后缘与臂三头肌长头间的小淋巴结。收集冈下肌、臂三头肌等的淋巴，汇入固有腋淋巴结。

#### 10.2.4.4 胸部淋巴中心和淋巴结

胸部有四个淋巴中心（图 10-12 至图 10-14），即胸背侧淋巴中心、胸腹侧淋巴中心、纵隔淋巴中心和支气管淋巴中心。猪胸腔无肋间淋巴结、胸骨后淋巴结和纵隔中淋巴结。

（1）胸背侧淋巴中心（dorsal thoracic lymph center） 有胸主动脉淋巴结和肋间淋巴结。

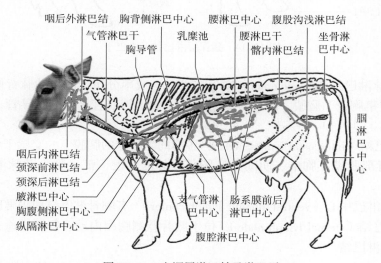

图 10-12 牛深层淋巴结及淋巴干

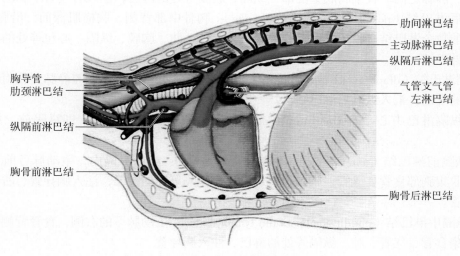

图 10-13 牛胸腔淋巴结

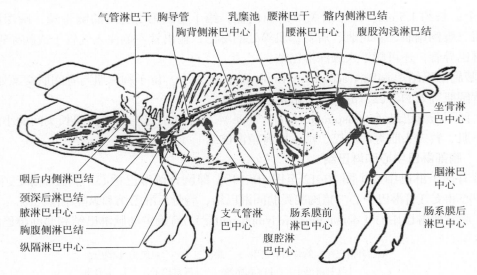

气管淋巴干　胸导管　　　乳糜池　腰淋巴干　髂内侧淋巴结
胸背侧淋巴中心　　腰淋巴中心　腹股沟浅淋巴结

坐骨淋
巴中心

咽后内侧淋巴结
颈深后淋巴结
腋淋巴中心
胸腹侧淋巴结
纵隔淋巴中心

支气管淋
巴中心
腹腔淋
巴中心
肠系膜前
淋巴中心

腘淋巴
中心

肠系膜后
淋巴中心

图 10-14　猪深层淋巴结及淋巴干

① 胸主动脉淋巴结（thoracic aorta lymph node）：成串分布于胸主动脉背侧与胸椎椎体之间的脂肪内。收集胸壁、胸膜、纵隔等处的淋巴，输出管或直接注入胸导管，或汇入纵隔淋巴结。

② 肋间淋巴结（intercostal lymph node）：各肋间隙近端的胸膜下、交感干背侧的一系列淋巴结。收集胸背部肌肉、胸椎、肋间肌及胸膜等处的淋巴，汇入胸主动脉淋巴结或纵隔淋巴结。

（2）胸腹侧淋巴中心（ventral thoracic lymph center）　有胸骨淋巴结和膈淋巴结。

① 胸骨淋巴结（sternal lymph node）：位于胸骨背侧胸廓内动、静脉沿途，牛分为胸骨前淋巴结和胸骨后淋巴结。

胸骨前淋巴结（anterior sternal lymph node）：一个，1.5～2.5 cm，位于胸骨柄背侧，左右胸廓内动、静脉之间。收集胸底壁前部、纵隔、胸膜等处的淋巴，注入右气管干和胸导管。

胸骨后淋巴结（posterior sternal lymph node）：胸骨中部背侧、胸横肌深面，沿胸廓内动、静脉分布的数个淋巴结。收集胸底壁、腹底壁、胸骨、肋、胸膜、纵隔、心包等处的淋巴，汇入胸骨前淋巴结。

② 膈淋巴结（diaphragm lymph node）：较小，位于膈的胸腔面、后腔静脉裂孔附近。收集膈和纵隔的淋巴，汇入纵隔后淋巴结。

（3）纵隔淋巴中心（mediastinum lymph center）　有三群淋巴结，即纵隔前、中、后淋巴结。

① 纵隔前淋巴结（anterior mediastinum lymph node）：心前纵隔内，主动脉弓前方的数个淋巴结。收集胸部食管、气管、胸腺、肺、心包、纵隔等处的淋巴，注入胸导管、右气管干或右淋巴导管。

② 纵隔中淋巴结（middle mediastinum lymph node）：主动脉弓的右侧，食管背侧的数个淋巴结。收集食管、气管、肺、纵隔等处的淋巴，注入胸导管。

③ 纵隔后淋巴结（posterior mediastinum lymph node）：主动脉弓后方的纵隔内的数个淋巴

## 思考与讨论

1. 试述淋巴系统是怎样组成的。
2. 试述牛、羊、马、猪的浅层淋巴结有哪些。
3. 试述牛、羊、马、猪的腹腔内淋巴结有哪些。
4. 试述临床检查淋巴结有何重要意义。
5. 试述胸腺与衰老的关系。
6. 淋巴回流与血液循环的关系如何？

# 11 神经系统

**本章重点**

- 掌握神经系统的组成、功能和基本结构。
- 掌握常用的术语，如灰质与皮质，白质与髓质，神经核与神经节，神经纤维与神经，网状结构。
- 掌握家畜脑和脊髓的解剖结构特点。
- 了解周围（外周）神经的组成与分布特点。
- 掌握自主神经的概念、组成和分布特点。
- 掌握交感神经与副交感神经的异同点。

本章英文摘要

## 11.1 概论

神经系统（nervous system）是机体中结构和功能最复杂的系统，由脑、脊髓、神经节和分布于全身的神经组成。神经系统能接受来自体内器官和外界环境的各种刺激，并将刺激转变为神经冲动进行传导：一方面调节机体各器官的生理活动，保持器官之间的平衡和协调；另一方面保证畜体与外界环境之间的平衡和协调一致，以适应环境的变化。因此，神经系统在畜体调节系统中起主导作用。

### 11.1.1 神经系统的基本结构和活动方式

神经系统由神经组织构成。神经组织包括神经元（neuron）和神经胶质。神经元是一种高度分化的细胞，它是神经系统的结构和功能单位。神经元由胞体和突起组成。突起又分为树突和轴突。树突可以有一个或多个，一般较短，反复分支；轴突通常只有一个，长的轴突可达 1 m。从功能上，树突和胞体是接受其它神经元传来的冲动，而轴突是将冲动传至远离胞体的部位。神经元之间借突触彼此相连。神经胶质起支持、营养、保护和绝缘作用。

神经系统的基本活动方式是反射，是指机体接受内外环境的刺激后，在神经系统的参与下，对刺激作出的应答性反应。完成一个反射活动时所通过的神经通路称为反射弧。反射弧由感受器、传入神经、中枢、传出神经和效应器五部分组成。其中任何一个部分遭受破坏时，反射活动就不能进行。因此，临床上常利用破坏反射弧的完整性对动物进行麻醉，以便实施外科手术时减少痛苦。

## 11.1.2　神经系统的划分

　　神经系统在形态和机能上是一个不可分割的整体，为了学习方便，通常将神经系统分为中枢神经系统和周围神经系统（又称外周神经系统）两部分。中枢神经系统包括脑和脊髓，外周神经系统指由中枢发出，且受中枢神经支配的神经，包括脑神经、脊神经和自主神经。从脑部出入的神经称脑神经；从脊髓出入的神经称脊神经；控制心肌、平滑肌和腺体活动的神经称自主神经。自主神经又分为交感神经和副交感神经：

$$
\text{神经系统}\begin{cases}\text{中枢神经系统}\begin{cases}\text{脑——位于颅腔内}\\\text{脊髓——位于椎管内}\end{cases}\\\text{周围神经系统}\begin{cases}\text{脑神经——从脑出入，主要分布于头部}\\\text{脊神经——从脊髓出入，分布于躯干和四肢}\\\text{自主神经}\begin{cases}\text{交感神经——从胸腰段脊髓发出}\\\text{副交感神经——从脑干和荐段脊髓发出}\end{cases}\end{cases}\end{cases}
$$

## 11.1.3　神经系统的常用术语

　　神经元的胞体与突起及神经胶质一起在神经系统的中枢和外周部组成一些结构，常给予这些结构不同的术语名称。

### 11.1.3.1　灰质和皮质

　　在中枢部，神经元胞体及其树突集聚的地方，在新鲜标本上呈灰白色，称为灰质，如脊髓灰质。灰质若在脑表面成层分布，称为皮质，如大脑皮质、小脑皮质。

### 11.1.3.2　白质和髓质

　　白质泛指神经纤维集聚的地方，大部分神经纤维有髓鞘，呈白色，如脊髓白质。分布在小脑皮质深面的白质又称髓质。

### 11.1.3.3　神经核和神经节

　　在中枢神经内，由功能相似的神经元胞体和树突集聚而成的灰质团块称为神经核。在外周神经部，神经元的胞体聚集形成神经节，神经节可分为感觉神经节和自主神经节。

### 11.1.3.4　神经和神经纤维束

　　起止行程和功能基本相同的神经纤维聚集成束，在中枢内的称神经纤维束。由脊髓向脑传导感觉冲动的神经束称上行束，由脑传导运动冲动至脊髓的称下行束。神经纤维在外周部聚集形成粗细不等的神经。根据神经冲动的性质，神经可分为感觉神经、运动神经和混合神经。

# 11.2　中枢神经系统

## 11.2.1　脊髓

### 11.2.1.1　脊髓的形态和位置

　　脊髓（spinal cord）位于椎管内，呈上下略扁的圆柱形（图11-1，图11-2）。前端在枕骨大

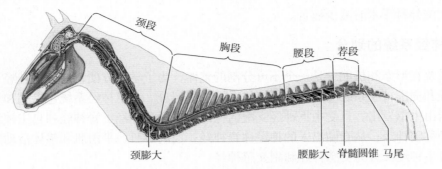

图 11-1　脊髓的位置和划分

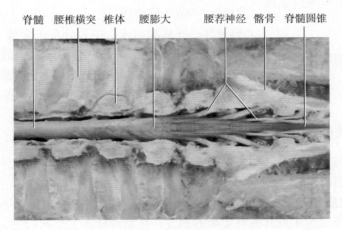

图 11-2　猪脊髓后段

孔处与延髓相连；后端到达荐骨中部，逐渐变细呈圆锥形，称脊髓圆锥（conus medullaris）。脊髓末端有一根细长的终丝。脊髓各段粗细不一，在颈后部和胸前部之间及腰荐部较粗大；分别称为颈膨大和腰膨大，它们是发出前、后神经的部位。由于脊柱比脊髓长，荐神经和尾神经要在椎管内向后伸延一段，才能到达相应的椎间孔，它们包围脊髓圆锥和终丝，共同构成"马尾"（cauda equina）。

　　将脊膜剥除后，可见到脊髓的表面有几条纵沟。脊髓背侧中线有一浅沟称背正中沟，在此沟两侧各有一条背外侧沟，脊神经的背侧根丝由此沟进入脊髓。脊髓腹侧有较深的腹正中裂，裂中有脊软膜皱襞；在此裂两侧各有一条腹外侧沟，脊神经的腹侧根丝由此沟离开脊髓。上述6条沟纵贯脊髓全长。

### 11.2.1.2　脊髓的内部结构

　　脊髓中部为灰质，周围为白质，灰质中央有一纵贯脊髓的中央管（图11-3）。

　　（1）灰质主要由神经元的胞体构成，横断面呈蝶形，有一对背侧角（柱）和一对腹侧角（柱）。背侧角和腹侧角之间为灰质联合。在脊髓的胸段和腰前段腹侧柱基部的外侧，还有稍隆起的外侧角（柱）。腹侧柱内有运动神经元的胞体，支配骨骼肌纤维。外侧柱内有自主神经节前神经元的胞体，背侧柱内含有各种类型的中间神经元的胞体，这些中间神经元接受脊神经节内的感觉神经元的冲动，传导至运动神经元或下一个中间神经元。此外，灰质内还含有神经纤

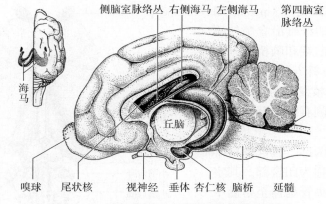

图 11-12 脑矢状切面（示海马的位置和形态）

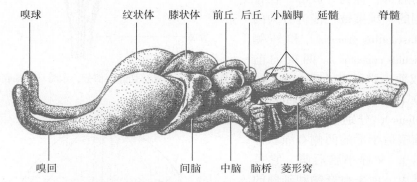

图 11-13 马脑干的背外侧观（示脑干各部的形态结构）

觉核，发出运动纤维的称脑神经运动核；另一类为传导径上的中继核，它是传导径上的联络站，如薄束核、楔束核、红核等。由于中央管在延髓处敞开为第四脑室，使相当于脊髓的背、腹角关系变成延髓的内外关系，延髓的灰质组成第Ⅵ至Ⅻ脑神经核和第Ⅴ对脑神经感觉核的一部分，它们与中脑和脑桥内的脑神经核在脑干被盖内排列成 6 对长短不一的细胞柱。相当于脊髓腹角的脑神经运动核团排列在内侧，靠近中线处；而相当于脊髓背角的脑神经感觉核团排列在外侧。此外，脑干内还有网状结构，它是由纵横交错的纤维网和散在其中的神经元所构成，在一定程度上也聚合成团，形成神经核。网状结构既是上行和下行传导径的联络站，又是某些反射中枢。脑干的白质为上、下行传导径，较大的上行传导径多位于脑干的外侧部和延髓靠近中线的部分，较大的下行传导径位于脑干的腹侧部。由此可见，脑干结构比脊髓复杂，它联系着视、听、平衡等专门感觉器官，其不仅是内脏活动的反射中枢，而且又是联系大脑高级中枢与各级反射中枢的重要径路及连接大脑、小脑、脊髓以及骨骼肌运动中枢之间的桥梁。

（1）延髓（medulla oblongata） 延髓为脑干的末段，位于枕骨基部的背侧，呈前宽后窄、上下略扁的锥形体，自脑桥向后伸至枕骨大孔与脊髓相连（图 11-10，图 11-11，图 11-13）。脊髓的沟裂都延伸至延髓的表面。在延髓腹侧沿正中线有腹侧正中裂，其外侧有不明显的腹外侧沟。在腹侧正中裂的两侧各有一条纵行隆起，称为锥体（cone）。锥体是由大脑皮质运动区发出到脊髓腹侧角的传导束（即皮质脊髓束或锥体束）所构成。该束纤维在延髓后端大部分与对侧的交叉，形成锥体交叉（pyramidal decussation），交叉后的纤维沿脊髓外侧索下行。在延髓腹侧前端和脑桥后方有窄的横向隆起，称为斜方体（trapezoid body），是由耳蜗神经核发出的纤维到对侧所构成。在延髓腹侧有第Ⅵ至Ⅻ对脑神经根。

延髓背侧面分为两部，其延髓后半部外形与脊髓相似，称为闭合部，其室腔仍为中央管；当中央管延伸至延髓中部时，逐渐偏向背侧最终敞开，形成第四脑室底壁的后部，称为开放部。在背侧正中沟两侧的纤维束被一浅沟分为内侧的薄束（fasciculus gracilis）和外侧的楔束（fasciculus cuneatus），两束向前分别膨大形成薄束核结节（tuberculum of gracile nucleus）和楔束核结节（tuberculum of cuneate nucleus），分别含薄束核和楔束核。第四脑室后半部的两侧有绳状体（restiform body），又称小脑后脚，它是一粗大的纤维束，由来自脊髓和延髓的纤维构成（图11-14）。

延髓内有许多传导束和神经核，如图11-15所示。①大脑皮质的下行纤维在延髓腹侧正中形成发达的锥体束，锥体束3/4的纤维越过中线形成了锥体交叉；②在延髓闭合部背侧出现薄束核、楔束核，由其发出的二级感觉纤维交叉到对侧，称内侧丘系交叉。交叉后的纤维称内侧丘系，上行至丘脑；③在延髓开放部的腹外侧，出现巨大的囊袋状核团——下橄榄核，其传出纤维主要投射至小脑，称橄榄小脑束，是组成小脑后脚的主要纤维。

（2）脑桥（pons）　脑桥位于小脑腹侧和大脑脚与延髓之间（图11-10，图11-11，图11-13）。背侧面凹，构成第四脑室底壁的前部，腹侧面呈横行的隆起。横行纤维自两侧向后向背侧伸入

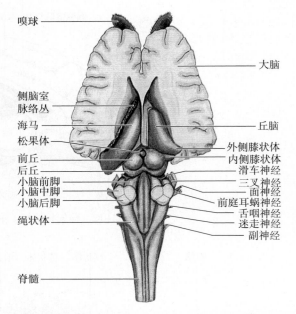

图11-14　马脑（切除一部分，示海马、基底核和脑干背侧）

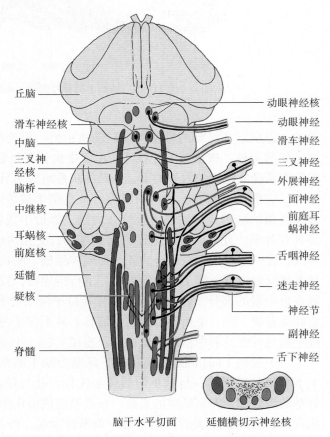

图11-15　脑干内神经核、脑神经及神经节

小脑，形成小脑中脚或称脑桥臂。在脑桥腹侧部与小脑中脚交界处有粗大的三叉神经（Ⅴ）根。在背侧部的前端两侧有联系小脑和中脑的小脑前脚，又称结合臂。

脑桥的横切面可分为背侧的被盖和腹侧的基底部。被盖部是延髓的延续，内有脑神经核（三叉神经核）、中继核（外侧丘系核）（图11-15）和网状结构。基底部由纵行纤维和横行纤维及脑桥核构成，其中横行纤维只存在于哺乳类。纵行纤维为大脑皮质至延髓和脊髓的锥体束。

（3）第四脑室（fourth ventricle） 第四脑室位于延髓、脑桥与小脑之间，其前端通中脑导水管，后端通延髓中央管（图11-10，图11-16）。

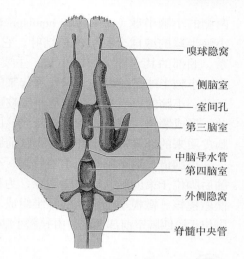

图11-16 脑室模式图

嗅球隐窝
侧脑室
室间孔
第三脑室
中脑导水管
第四脑室
外侧隐窝
脊髓中央管

第四脑室顶壁由前向后依次为前髓帆、小脑、后髓帆和第四脑室脉络组织。前、后髓帆系白质薄板，分别附着于小脑前脚和后脚。脉络组织位于后髓帆与菱形窝后部之间，由富于血管丛的室管膜和脑软膜组成，能产生脑脊髓液。血管丛有孔与蛛网膜下腔相通。第四脑室底呈菱形，又称菱形窝，前部属脑桥，后部属延髓开张部。菱形窝被正中沟分为左、右两半，在其两侧各有一条与之平行的界沟，把每半窝底又分为内、外侧两部。在脑桥的内侧部有隆起的面神经丘，由面神经纤维绕外展神经核所构成。在延髓的外侧部为前庭区，其深部含前庭神经核，此区的外侧角有小结节，称听结节，其内有蜗神经背侧核。在菱形窝延髓的内侧部可分为两个三角形的小隆起，内前方分为舌下神经三角，深部有舌下神经核，其外后方有迷走神经三角（又称灰翼），深面有迷走神经背核。

（4）中脑（mesencephalon） 中脑位于脑桥前方，包括中脑顶盖、大脑脚及两者之间的被盖和中脑导水管（图11-10，图11-11，图11-13）。

中脑顶盖又称四叠体，为中脑的背侧部分，主要由前、后两对圆丘构成。前丘较大，后丘较小。后丘的后方有滑车神经（Ⅳ）根，是唯一从脑干背侧面发出的脑神经（图11-14）。

大脑脚是中脑的腹侧部分，位于脑桥之前，由一对纵行纤维束构成的隆起，左右两脚之间的凹窝称脚间窝，窝底有一些小血管的穿孔，称为后穿质。窝的外侧缘有动眼神经（Ⅲ）根。

中脑的主要内部结构如图11-14和图11-15所示。①顶盖：前丘呈灰质和白质相间的分层结构，接受部分视束纤维和后丘的纤维，发出纤维到脊髓，完成视觉反射，是皮质下视觉反射中枢。后丘表面覆盖一薄层白质，内有后丘核，接受来自蜗神经核的部分纤维，发出纤维到延髓和脊髓，完成听觉反射，是皮质下听觉反射中枢。②大脑脚底：主要由大脑皮质到脑桥、延髓和脊髓的运动纤维束组成。③被盖：位于顶盖与大脑脚之间，是脑桥被盖的延续。在顶盖与被盖之间的中央有中脑导水管，向后通第四脑室（图11-16）。哺乳类的被盖腹侧部有黑质，是锥体外系的重要核团。被盖中央有较大的红核，其发出纤维到脊髓，红核也是锥体外系的重要核团。在前丘和后丘中线处分别有动眼神经核、滑车神经核。

#### 11.2.2.2 小脑

小脑（cerebellum）近似球形，位于大脑后方，如延髓和脑桥的背侧，其表面有许多沟和回（图11-6，图11-7，图11-10，图11-11）。小脑被两条纵沟分为中间的蚓部（vermis）和两侧的小脑半球（cerebellar hemisphere）。蚓部最后有一小结，向两侧伸入小脑半球腹侧，与小脑半球的绒球合称绒球小结叶，它是小脑最古老的部分。绒球小结叶与延髓的前庭核相联系。蚓部的其它部分属旧小脑，主要与脊髓相联系。蚓部和绒球小结叶主管平衡和调节肌紧张。小脑半球是随大脑半球发展起来的，属新小脑，其与大脑半球密切相联系，参与调节随意运动。小脑的表面为灰质，称小脑皮质；深部为白质，称小脑髓质。髓质呈树枝状伸入小脑各叶，形成髓树。髓质内有三对灰质核团，外侧的一对最大，称小脑外侧核或齿状核，它接受小脑皮质来的纤维；发出纤维经小脑前脚至红核和丘脑。

小脑借三对小脑脚（小脑后脚、小脑中脚及小脑前脚）分别与延髓、脑桥和中脑相连。小脑后脚位于第四脑室后部两侧缘，为粗大的纤维束，主要由来自脊髓（脊髓小脑背侧束）和延髓橄榄核（橄榄小脑束）的纤维组成。小脑中脚由自脑桥核发出的脑桥小脑纤维组成；小脑前脚位于第四脑室前部两侧，由脊髓小脑腹侧束和齿状核至红核、大脑基底核以及丘脑的纤维组成。

 窗口

### 狂 犬 病

狂犬病又称疯狗病，是人、畜共患的一种急性接触性传染病。特征是中枢神经系统高度兴奋，意识扰乱，随后呈现麻痹而死亡。病原是狂犬病毒。该病毒在犬体内的潜伏期一般为21天到2个月，长的可达6个月。本病的主要易感动物是犬、人、各种家畜以及野兽，禽类也能感染本病。不分年龄和性别均对本病易感。绝大多数由咬伤传染，也可能因病犬唾液接触了损伤的皮肤和黏膜而传染。

症状：犬、牛、马、羊和猪的狂犬病临床症状基本相同。在病的前期表现沉郁，意识混乱，易受刺激，食欲反常，喜食异物。约经2天进入兴奋期，常咬人、畜，肌肉发生痉挛，下颌、咽喉麻痹，尾部麻痹下垂，叫声嘶哑，口流唾液。病畜口渴，但由于咽喉麻痹而不能饮水，呈紧张状态。持续2~3天转入麻痹期，机体消瘦，被毛散乱，行走摇摆，有明显的麻痹症状，如下颌下垂，舌吐出口外。肌肉持续发生痉挛。最后由于呼吸中枢麻痹而死亡。

诊断：根据临床症状即可诊断。常见胃内空虚，或含有异物（石头、木块、毛发、破布等）。如需送检，可采病畜脑（用50%甘油生理盐水冷藏保存）。切片检查可在脑的各部，特别是海马角的细胞里发现包涵体。

预防：发现病犬立即扑杀，不宜治疗。对新近被咬伤的人或有特殊用途的种畜先将局部坏死组织挖去。然后用浓碘酊（7%）涂抹消毒，或进行烧烙，并立即皮下注射狂犬病疫苗（羊、猪10~25 mL，牛、马25~50 mL）。注射1~2次，两次间隔3~5天。必要时可对健康者注射狂犬病疫苗预防。

### 11.2.2.3　间脑

间脑（diencephalon）位于中脑和大脑之间，被两侧大脑半球所遮盖，内有第三脑室。间脑可分为丘脑和丘脑下部（图11-10，图11-13，图11-14）。

（1）丘脑（thalamus）　丘脑占间脑的最大部分，为一对卵圆形的灰质团块，由白质（内髓板等）分隔为许多不同机能的核群组成。左、右两丘脑的内侧部相连，断面呈圆形，称丘脑间黏合，其周围的环状裂隙为第三脑室（图11-17）。丘脑一部分核是上行传导径的总联络站，接受来自脊髓、脑干和小脑的纤维，由此发出纤维至大脑皮质。在丘脑后部的背外侧，有外侧膝状体和内侧膝状体。外侧膝状体（lateral geniculate body）较大，位于前方较外侧，呈幡状，

### 11.2.4 脑脊髓传导径

脑脊髓中的长距离投射纤维束分为传导各种感觉信息的上行传导径和传导运动冲动的下行传导径。主要传导径在脊髓白质和脑干中都有固定的位置。

#### 11.2.4.1 上行传导径

分浅感觉、深感觉和特殊感觉三种传导径：浅感觉指温度觉、痛觉、触觉及压觉；深感觉又称本体感觉，指肌肉、关节的位置觉和运动觉；特殊感觉指视觉、听觉、平衡觉、味觉和嗅觉。以下主要介绍浅感觉和深感觉传导径（图 11-21）。

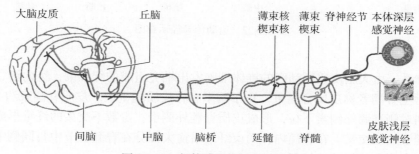

图 11-21　躯体感觉传导径示意图

（1）浅感觉传导径——脊髓丘脑束，传导体表和内脏痛温觉及体表粗浅触压觉信息。一级传入神经元的胞体位于脊神经节，其外周突分布于体表和内脏，中枢突经背根进入脊髓，止于灰质背角及中间带，在此与二级神经元形成突触。二级神经元的轴突大多数交叉至对侧，少数在同侧，组成脊髓丘脑侧束和腹束，经脑干上行，终于丘脑。位于丘脑的第三级神经元发出纤维经内囊到大脑皮质感觉区。以往认为，脊髓丘脑外侧束和腹侧束分别传导痛温觉和触压觉信息，二束都止于丘脑腹后外侧核。但最近研究证实，此二束连成一片，传导两类信息的纤维互相混合，而且在脊髓的起点和在丘脑的止点，至少在猫和猴存在明显的种间差异，在猴中主要止于丘脑腹后外侧核，在猫中止于丘脑后核内侧部、中央外侧核及腹外侧核。

（2）传导精细触觉和本体感觉到大脑的传导径——薄束和楔束（背索纤维）及内侧丘系。第一级传入神经元胞体位于脊神经节内，周围突分布于躯干和四肢的肌、腱、关节等深部，中枢突经背根进入脊髓，在背侧索中上行，组成薄束和楔束，与延髓的薄束核和楔束核的第二级神经元形成突触；第二级神经元的轴突交叉至对侧，形成内侧丘系，在脑干上行，止于丘脑腹后外侧核；第三级神经元发出纤维经内囊到大脑皮质感觉区。两束纤维按躯体定位排列，薄束传导前肢和躯体前半部的信息，楔束传导后肢和躯体后半部的信息。不过，近 30 年的研究证实薄束和楔束并不严格按上述躯体定位规律排列和传导冲动。

（3）传导本体感觉到小脑的传导径——脊髓小脑束。一级传入神经元胞体位于脊神经节内，周围突分布于躯干和四肢的肌、腱、关节等深部，中枢突经背根进入脊髓，止于脊髓背侧角，二级神经元的轴突组成脊髓小脑背束、楔小脑束和脊髓小脑腹束，分别经绳状体和结合臂止于小脑皮质。

#### 11.2.4.2 下行传导径

调控躯体运动的下行传导径分为锥体系和锥体外系（图 11-22）。

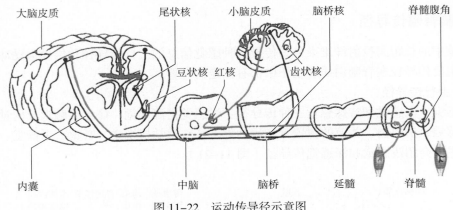

图 11-22　运动传导径示意图

（1）锥体系　由大脑皮质运动区的锥体细胞发出轴突组成的纤维束，经内囊、大脑脚、脑桥和延髓下行至脊髓者称皮质脊髓束，止于脑干者称皮质脑干束。皮质脊髓束约 3/4 的纤维经锥体交叉后到对侧脊髓外侧索下行，形成皮质脊髓外侧束；少数不交叉的纤维形成皮质脊髓腹侧束，在脊髓中陆续交叉。在脊髓内，两束纤维沿途大部分在脊髓各节中与同侧中间神经元发生突触后再到腹侧角的运动神经元。

皮质脑干束终止于同侧或对侧网状结构或脑神经感觉核，随后中继至脑神经运动核。脊髓腹侧角和脑干运动神经核的运动神经元发出的纤维，组成脑神经和脊神经的运动神经，支配骨骼肌的运动。

（2）锥体外系　锥体外系自大脑皮质发出，在基底核、丘脑底部、红核、黑质、前庭核和网状结构等处交换神经元，再到脑干或脊髓的运动神经元，不经过延髓锥体。

锥体外系主要包括调节肌肉紧张的红核脊髓束（起于红核，交叉后行经脊髓外侧索，至腹侧柱的运动神经元）、与平衡有关的前庭脊髓束（由前庭核至脊髓腹侧柱的运动神经元）和与视听防御反射有关的顶盖脊髓束（由中脑顶盖发出，交叉至对侧，至脊髓腹侧角运动神经元）。

大脑皮质和小脑的联系也是锥体外系的一个组成部分，由大脑皮质发出的纤维经过内囊和大脑脚至脑桥的脑桥核，换神经元后，经小脑中脚至小脑皮质。小脑皮质发出的纤维至齿状核，齿状核发出的纤维一部分至丘脑，换神经元后至大脑皮质；另一部分交叉到对侧的红核。大脑皮质通过这一环路控制小脑的活动，反之小脑皮质通过它亦影响大脑皮质的活动。

锥体外系的活动是在锥体系主导下进行，但只有在锥体外系给予适宜的肌肉紧张和协调的情况下，锥体系才能执行随意的精细活动。有些活动（如走、跑步等）由锥体系发动，而锥体外系管理习惯性运动。故两者是互相协调、互相依赖，从而完成复杂的随意运动。在家畜，锥体外系较锥体系发达。

### 11.2.4.3　内脏传导径

（1）内脏传入神经　内脏的传入神经起自痛觉等感受器，经脊神经背侧根传入脊髓背侧柱并交换神经元后，经固有束向前行，沿途又可多次交换神经元，部分纤维经灰质连合交叉到对侧再向前行，进入脑干网状结构，再由短轴突神经元中继而到丘脑。这条通路因突触传递层次多，故传递速度慢。进入脊髓的内脏感觉，可借中间神经元与内脏运动神经元发生联系以完成内脏反射，也可与躯体运动神经元联系形成内脏 - 躯体反射。

（2）内脏传出神经　内脏传出神经分为交感性传出神经和副交感性传出神经，这两种传出神经合成"自主神经"。实际上自主神经也包含传入神经，也有些接受意识的调控，但是目前还未发现大脑皮质对内脏传出系统调控的确切途径。一般认为下丘脑和边缘系统可能属于调控内脏活动的皮质下中枢。交感和副交感两个系统在脑和脊髓内的直接起源部位不同，交感神经起源于脊髓的胸、腰段，副交感神经起源于脑干和荐段脊髓，高级中枢和低级中枢之间的确切传出途径还不太清楚，有人认为主要位于脊髓侧索，可能是分散于网状脊髓束、固有束和皮质脊髓侧束中。支配内脏的神经纤维来自双侧，但到皮肤血管收缩纤维和汗腺分泌纤维是来自同侧。

## 11.3 外周神经系统

外周神经（peripheral nerve）是由联系中枢与外周器官间的神经纤维组成的，呈白色的带状或索状。神经纤维包括运动神经元的轴突和感觉神经元的外周突。有的纤维在轴突上包有髓鞘，属有髓纤维，另一些是无髓纤维。一般较粗的神经，外面由结缔组织包裹，构成神经外膜，结缔组织并深入神经内部，将神经纤维分隔、包裹成许多纤维束，称为神经束膜，而包在单一神经纤维外面的结缔组织层则称为神经内膜。

外周神经借神经根与中枢神经相联系。神经根有两类：一类为感觉根，由感觉神经元的中枢突组成，胞体集中于根上而形成神经节；另一类为运动根，由脊髓的腹侧柱或脑内的运动核中的运动神经元发出的轴突组成。单一的运动根或感觉根形成运动神经或感觉神经；大多数神经为混合神经，由运动根和感觉根混合组成。

外周神经系根据连接中枢神经的部位以及分布范围和功能的不同，可分为两部分，即控制横纹肌的脑脊神经和分布于平滑肌、心肌及腺体的自主神经。脑脊神经又根据发出部位分为脊神经和脑神经。

### 11.3.1 脊神经

脊神经为混合神经，含有感觉纤维和运动纤维，由椎管中的背侧根（感觉根）和腹侧根（运动根）自椎间孔或椎外侧孔穿出形成，分为背侧支和腹侧支，每支均含有感觉纤维和运动纤维，分布到邻近的肌肉和皮肤，分别称为肌支和皮支。

脊神经（图 11–23 至图 11–25）根据从脊髓所发出的部位，分为颈神经、胸神经、腰神经、荐神经和尾神经。

脊神经的背侧支自椎间孔发出后，分布于颈背侧、鬐甲、背部、腰部和荐尾部的肌肉和皮肤。脊神经的腹侧支粗大，分布于颈侧、胸壁、腹壁以及四肢肌肉和皮肤。

#### 11.3.1.1 颈神经

第 1 颈神经（cervical nerve）的腹侧支分布到肩胛舌骨肌和胸骨甲状舌骨肌。第 2—6 颈神经的腹侧支分布到脊柱腹侧的肌肉及胸前部的皮肤。此外，第 2 颈神经的腹侧支还分布到外耳、腮腺区和下颌间隙的皮肤。第 7、8 颈神经的腹侧支较粗，几乎全部参与构成臂神经丛（图 11–23 至图 11–25）。

膈神经（phrenic nerve）为膈的运动神经，由第 5—7 颈神经的腹侧支构成。膈神经沿斜角肌的腹外侧面向下向后伸延，入胸腔后，在心包和纵隔胸膜间继续向后（右侧的膈神经沿后腔

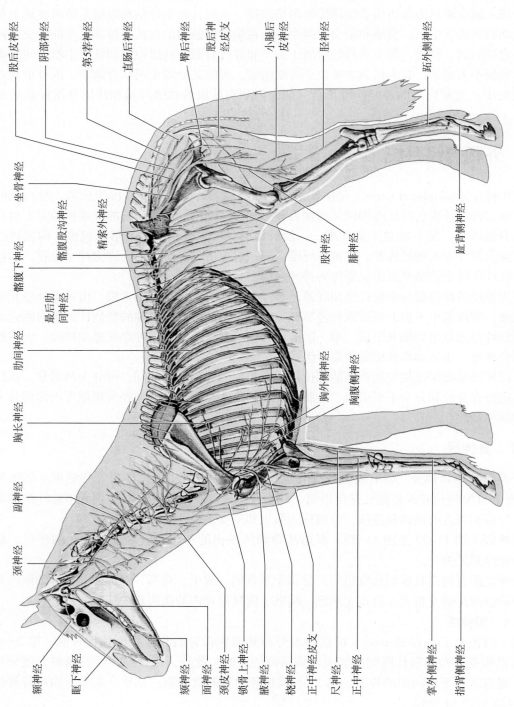

图 11-23 马的脊神经

股后皮神经
阴部神经
第5荐神经
直肠后神经
臀后神经
股后神经皮支
小腿后皮神经
胫神经
跖外侧神经

坐骨神经
髂腹下神经
髂腹股沟神经
精索外神经
股神经
腓神经
趾背侧神经

最后肋间神经
助间神经
胸长神经
胸外侧神经
胸腹侧神经

副神经
颈神经
额神经
眶下神经
颏神经
面神经
颈皮神经
锁骨上神经
腋神经
桡神经
正中神经皮支
尺神经
正中神经
掌外侧神经
指背侧神经

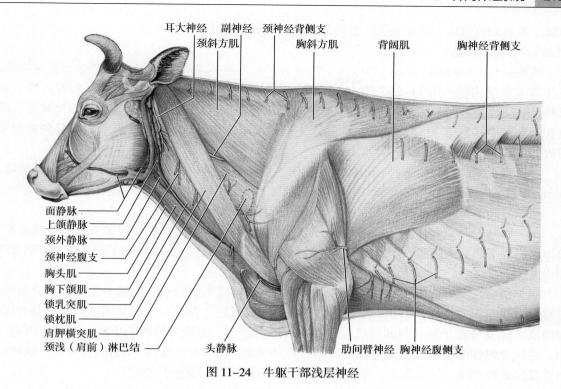

图 11-24　牛躯干部浅层神经

耳大神经　副神经　颈神经背侧支
颈斜方肌　　　　　胸斜方肌　　　背阔肌　　　胸神经背侧支

面静脉
上颌静脉
颈外静脉
颈神经腹支
胸头肌
胸下颌肌
锁乳突肌
锁枕肌
肩胛横突肌
颈浅（肩前）淋巴结

头静脉　　　肋间臂神经　胸神经腹侧支

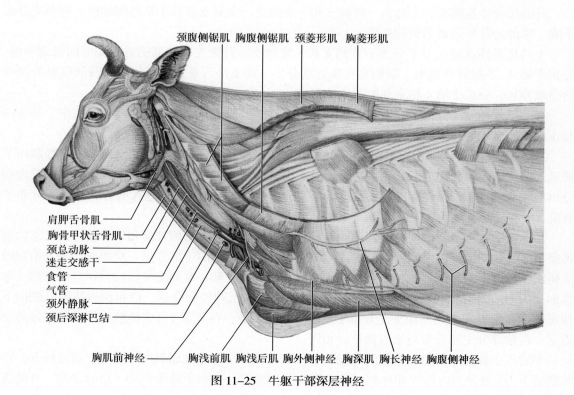

图 11-25　牛躯干部深层神经

颈腹侧锯肌　胸腹侧锯肌　颈菱形肌　胸菱形肌

肩胛舌骨肌
胸骨甲状舌骨肌
颈总动脉
迷走交感干
食管
气管
颈外静脉
颈后深淋巴结

胸肌前神经　　　胸浅前肌　胸浅后肌　胸外侧神经　　胸深肌　胸长神经　胸腹侧神经

静脉，左侧的沿纵隔）伸延到膈的腱质部，分支到膈的肉质部。

#### 11.3.1.2　臂神经丛

臂神经丛（brachial plexus）为第 6、7、8 颈神经的腹侧支和第 1、2 胸神经的腹侧支构成，位于肩关节的内侧（图 11-26，图 11-27）。由此丛发出的神经有胸肌前神经、胸背神经、胸长神经、胸外侧神经、胸肌后神经、肩胛上神经、肩胛下神经、腋神经、桡神经、尺神经、肌皮神经和正中神经等 12 支神经，其中前 5 支都比较小，主要分布胸肌、背阔肌、腹侧锯肌及附近的皮肤。

（1）肩胛上神经　由臂神经丛的前部发出，经肩胛下肌与冈上肌之间，绕过肩胛骨前缘，分布于冈上肌、冈下肌和肩关节。由于位置关系，临床上常可见肩胛上神经麻痹。

（2）肩胛下神经　常形成 2～4 支，分布于肩胛下肌。

（3）腋神经　由臂神经丛中部发出，经肩胛下肌与大圆肌之间，在肩关节后方分成数支，分布到肩胛下肌、大圆肌、小圆肌、三角肌和臂头肌，并分出一皮支分布于臂部和前臂部背外侧皮肤。

（4）桡神经　由臂神经丛后部发出，在臂内侧经臂三头肌长头与内侧头之间进入臂肌沟，沿臂肌后缘向下伸延，分出肌支分布于臂三头肌和肘肌后，在臂三头肌外侧头的深面分为深、浅两支。深支分布于腕和指的伸肌。浅支在马体内分布于前臂背外侧的皮肤，在牛体内则较粗，经腕桡侧伸肌前面，沿指伸肌腱内侧至腕部和掌部，分布于第 3、4 指的背侧面。桡神经由于其位置和径路，易受压迫、牵引而损伤，在临床上可见到桡神经麻痹。

（5）尺神经　在臂内侧，沿臂动脉后缘和前臂部尺沟向下伸延。在臂中部分出一皮支，分布于前臂后面的皮肤。在臂部远端分出一些肌支，分布于腕尺侧屈肌、指深屈肌和指浅屈肌。

马的尺神经在腕关节上分为一背侧支和一掌侧支。掌侧支合并于掌外侧神经。背侧支分布于腕、掌部的背外侧和掌侧的皮肤。

牛的尺神经在腕关节上分为一背侧支和一掌侧支。背侧支在掌部的背外侧面向指端伸延，分布于第 4、5 指背外侧面。掌侧支在掌近端分出一深支进入悬韧带后，沿指浅屈肌腱外侧缘向指端伸延，分布于第 4 指掌外侧面。

（6）肌皮神经　分布于喙臂肌、臂二头肌、臂肌和前臂背侧的皮肤。此神经在牛、马体内与正中神经合成一总干。

（7）正中神经　牛马的正中神经在臂内侧与肌皮神经合成一总干，随同臂动脉、静脉向下伸延。在肌皮神经分出之后，正中神经行经于肘关节内侧，进入前臂的正中沟。它在前臂近端分出肌支分布于腕桡侧屈肌和指深屈肌；在正中沟内分出骨间神经进入前臂骨间隙，分布于骨膜。

马的正中神经沿正中沟向下伸延到前臂远端掌侧，分为掌内侧神经和掌外侧神经。掌内侧神经与掌心浅动脉一起沿指深屈肌腱内侧向下伸延。它在掌的中部分出一交通支，绕过指屈腱掌侧面而会合于掌外侧神经，然后在掌远端分为一背侧支和一掌侧支（指内侧神经的背侧支和掌侧支），分布到指内侧的皮肤和关节；掌外侧神经与尺神经会合后，沿指深屈肌腱外侧向下伸延，它在掌近端分出一深支，分布于悬韧带和系关节；在掌部下 1/3 处接受掌内侧神经的交通支。在指部分支和分布与掌内侧神经相同。

牛的正中神经分出肌支到腕的屈肌和指屈肌后，继续沿指浅屈肌向下伸延，通过腕管，在掌部的下 1/3 处分为内侧支和外侧支。内侧支分为两支，分布于悬蹄和第 3 指的掌侧。外侧支

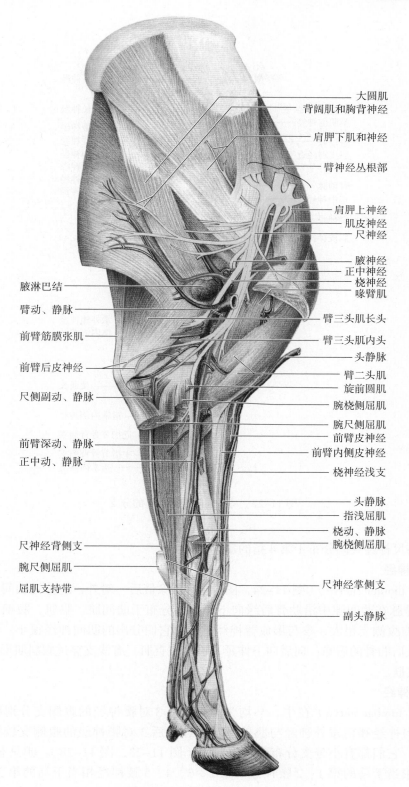

大圆肌
背阔肌和胸背神经
肩胛下肌和神经
臂神经丛根部
肩胛上神经
肌皮神经
尺神经
腋神经
正中神经
桡神经
喙臂肌
臂三头肌长头
臂三头肌内头
头静脉
臂二头肌
旋前圆肌
腕桡侧屈肌
腕尺侧屈肌
前臂皮神经
前臂内侧皮神经
桡神经浅支
头静脉
指浅屈肌
桡动、静脉
腕桡侧屈肌
尺神经掌侧支
副头静脉

腋淋巴结
臂动、静脉
前臂筋膜张肌
前臂后皮神经
尺侧副动、静脉
前臂深动、静脉
正中动、静脉
尺神经背侧支
腕尺侧屈肌
屈肌支持带

图 11-26 牛的前肢浅层神经

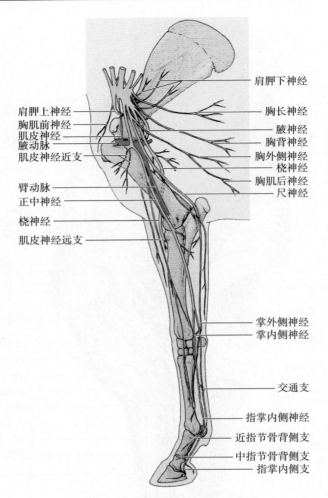

图 11-27　马的前肢臂神经丛的分支

肩胛下神经

肩胛上神经
胸肌前神经
肌皮神经
腋动脉
肌皮神经近支

胸长神经
腋神经
胸背神经
胸外侧神经
桡神经
胸肌后神经
尺神经

臂动脉
正中神经
桡神经
肌皮神经远支

掌外侧神经
掌内侧神经

交通支

指掌内侧神经
近指节骨背侧支
中指节骨背侧支
指掌内侧支

分为两支，与尺神经共同分布于第 4 指的掌侧。

### 11.3.1.3　胸神经

　　胸神经（thoracic nerve）（图 11-24，图 11-25）除最后一对外，统称为肋间神经，其伴随肋间动脉、静脉在肋间隙中沿肋骨后缘向下伸延，分布于肋间肌、膈肌、腹壁肌和皮肤。第 1、2 胸神经的腹侧支粗大，参与形成臂神经丛，由它们分出的肋间神经很小。最后肋间神经的腹侧支在最后肋骨的后缘，向后向下伸延，进入腹直肌。有浅支穿过腹斜肌形成皮神经，分布到腹部的皮肤。

### 11.3.1.4　腰神经

　　腰神经（lumbar nerve）在牛、马均为 6 对。前 3 对腰神经的腹侧支分别称为髂下腹神经、髂腹股沟神经和精索外神经与股外侧皮神经。后 3 对腰神经的腹侧支较粗，参与构成腰荐神经丛。它们都有小分支分布到腰下肌肉（图 11-23，图 11-28）。驴只有 5 对腰神经，第 1 腰神经相当于马的第 1、2 腰神经。第 2、3、4、5 腰神经相当于马的第 3、4、5、6 腰神经。

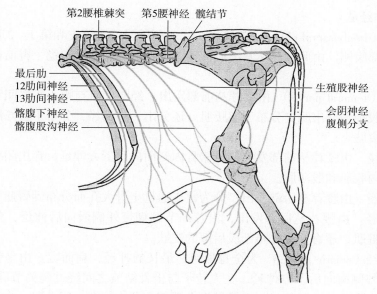

图 11-28　母牛的腹壁神经分布

（1）髂下腹神经　来自第 1 腰神经的腹侧支，在腰大肌的背侧分为两支。牛的经过第 2 腰椎横突腹侧及第 3 腰椎横突末端的外侧缘。马的斜向后行经过第 2 腰椎横突的末端腹侧。浅支沿腹横肌外侧面向后下方伸延，穿过腹内、外斜肌，分布到以上二肌和腹侧壁及膝关节外侧的皮肤；深支在腹膜与腹横肌之间伸延，到达腹股沟部，分支到腹横肌、腹直肌、腹内斜肌，或与髂腹股沟神经内侧支相连，或直接分布到包皮、阴囊和乳房。

（2）髂腹股沟神经　来自第 2 腰神经的腹侧支，在腰大肌与腰小肌之间向外侧伸延。马的经过第 3 腰椎横突末端腹侧。牛的经过第 4 腰椎横突末端外侧缘，分为深浅两支：浅支分布到膝外侧的皮肤和髋结节下方的皮肤；深支分支到腹横肌和腹内斜肌。

（3）精索外神经　又称生殖股神经，来自第 2、3、4 腰神经的腹侧支，分支到腹内斜肌后又分为前后两支，均伸延到腹股沟管，与阴部外动脉一起分布到包皮和阴囊的皮肤。母畜则分布到乳房。

（4）股外侧皮神经　来自第 3、4 腰神经的腹侧支。伴随旋髂深动脉的后支穿出腹壁，沿股阔筋膜张肌的前内侧面向下伸延，分布到膝关节和股外侧的皮肤。

### 11.3.1.5　荐神经

第 1、2 荐神经（sacral nerve）的腹侧支较粗，参与构成腰荐神经丛。第 3、4 荐神经的腹侧支构成阴部神经、直肠后神经和盆神经。

（1）阴部神经　来自第 3、4（马）或第 4、5（牛）荐神经的腹侧支。沿荐结节阔韧带向后下方伸延，分出侧支分布于尿道、肛门、会阴及其附近股内侧的皮肤后，绕过坐骨弓到达阴茎的背侧，而成为阴茎背神经，沿阴茎背侧向前伸延，分布于阴茎和包皮（母畜则分布于阴唇和阴蒂）。

（2）直肠后神经　来自第 3、4（马）或第 4、5（牛）荐神经的腹侧支，有 1～2 支，在阴部神经背侧沿荐坐韧带内侧面向后下方伸延，分布于直肠和肛门。母畜还分布于阴唇。

（3）盆神经　见自主神经。

#### 11.3.1.6 腰荐神经丛

腰荐神经丛（lumbosacral plexus）为第 4、5、6 腰神经的腹侧支和第 1、2 荐神经的腹侧支构成，位于腰荐部腹侧。由此神经丛发出股神经、闭孔神经、坐骨神经、臀前神经和臀后神经（图 11-29）。

（1）股神经（femoral nerve）　由腰荐丛前部发出，经腰大肌与腰小肌之间和缝匠肌深面而进入股四头肌。股神经分出肌支分布于髂腰肌。还分出一隐神经，分布于缝匠肌和股部、小腿部和跗部内侧的皮肤。

（2）闭孔神经　由腰荐丛前部发出，沿髂骨内侧面向后下方伸延，穿出闭孔，分布于闭孔外肌、耻骨肌、内收肌和股薄肌。

（3）臀前神经　由腰荐丛后部发出，分为数支通过坐骨大孔而分布到臀肌和阔筋膜张肌。

（4）臀后神经　由腰荐丛后部发出，沿荐结节阔韧带外侧面向后伸延，分布于臀股二头肌、臀浅肌和半腱肌，还有一支分布于股后部的皮肤。

（5）坐骨神经（sciatic nerve）　为全身最粗、最长的神经，扁而宽。由坐骨大孔穿出，沿荐结节阔韧带的外侧面向后下方伸延，在大转子与坐骨结节之间绕过髋关节后方而至股后部，在腓肠肌上方分为腓神经和胫神经。坐骨神经在臀部有分支分布于闭孔肌；在股部分出大的肌支，分布于半膜肌、臀股二头肌和半腱肌（图 11-29，图 11-30）。

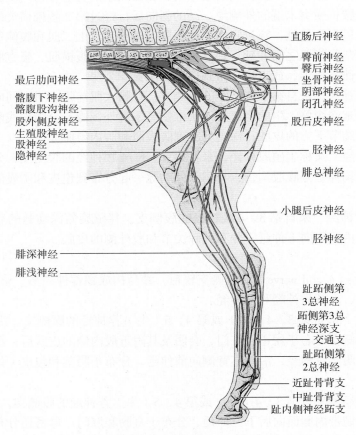

图 11-29　马腰荐神经丛的分支

　　① 胫神经（tibial nerve）：进入腓肠肌二肌腹之间，通过腓肠肌后，沿腓肠肌与趾深屈肌之间的间隙向下伸延，在跗关节上方分为足底内侧神经和足底外侧神经。胫神经分出肌支分布于跗关节的伸肌和趾关节的屈肌，并分出皮支分布于小腿内侧、小腿后面以及跗跖部后外侧的皮肤。

　　马的足底内侧神经沿趾深屈肌腱的内侧缘向下伸延，在跖部分出一交通支，绕经趾屈肌腱表面而会合于足底外侧神经，然后在跖趾关节处分为一背侧支和一跖侧支，分布于趾内侧的皮肤和关节。足底外侧神经沿趾深屈肌腱的外侧缘向下伸延，在跖近端分出一支深入到悬韧带，在跖远端接受足底内侧神经的交通支后，分为一背侧支和一跖侧支，分布于趾外侧的皮肤和关节。

　　牛的足底内侧神经在跖内侧沟中下行，到系关节上方分为两支：内侧支分布于第 3 趾的跖

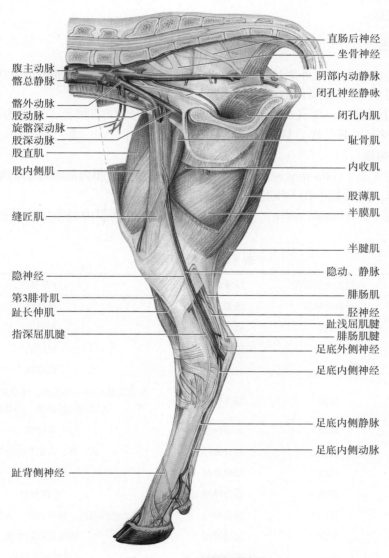

图 11-30　牛后肢浅层神经

内侧面；外侧支在两趾间再分为两支，分布于第 3 趾和第 4 趾。足底外侧神经沿趾屈肌腱的外侧缘向趾端伸延，分布于第 4 趾的跖外侧面。

② 腓神经（peroneal nerve）：较胫神经略细，在股部分出一皮神经，穿过臀股二头肌的远端，分布于小腿外侧的皮肤。然后经臀股二头肌与腓肠肌之间向前下方伸延到小腿近端的外侧，在腓骨的近端分为腓浅神经和腓深神经。

牛的腓浅神经较粗，经跗部和跖部的背侧面继续沿趾长伸肌腱向趾端伸延，在两趾间分支，分布于第 3 趾和第 4 趾，并在跖近端分出侧支，向下伸延分布于第 3 趾背内侧面和第 4 趾背外侧面。腓深神经则在跖骨的背侧正中沟向趾端伸延，至趾间隙会合于腓浅神经和足底内侧神经。

马的腓浅神经沿腓沟向远端伸延，分布于小腿和跖部外侧面的皮肤，腓深神经进入趾长伸肌的深面，分出肌支分布于小腿背外侧的肌肉之后，与胫前动脉一起向下伸延，分布于跗部、跖部和趾部的皮肤。

### 11.3.2　脑神经

脑神经是指由脑发出的外周神经，共有 12 对，按其与脑相连的部位前后次序以罗马数字Ⅰ至Ⅻ表示（图 11-31，图 11-32，表 11-1）。

脑神经通过颅骨的一些孔出入颅腔，根据所含神经纤维的种类，可分为感觉神经（Ⅰ、Ⅱ、Ⅷ）、运动神经（Ⅲ、Ⅳ、Ⅵ、Ⅺ、Ⅻ）以及混合神经（Ⅴ、Ⅶ、Ⅸ、Ⅹ）。

#### 11.3.2.1　感觉神经

（1）嗅神经（Ⅰ）（olfactory nerve）　传导嗅觉，由鼻腔黏膜内的嗅细胞的轴突构成。轴突集合成许多嗅丝，经筛板小孔入颅腔，止于嗅球。

（2）视神经（Ⅱ）（optic nerve）　传导视觉，由眼球视网膜内的节细胞的轴突穿过巩膜集

表 11-1　脑神经简表

| 名称 | 与脑相连的部位 | 纤维成分 | 分布部位 |
| --- | --- | --- | --- |
| Ⅰ嗅神经 | 嗅脑的嗅球 | 感觉神经 | 鼻黏膜 |
| Ⅱ视神经 | 间脑 | 感觉神经 | 视网膜 |
| Ⅲ动眼神经 | 中脑 | 运动神经 | 眼球肌 |
| Ⅳ滑车神经 | 中脑 | 运动神经 | 眼球肌 |
| Ⅴ三叉神经 | 脑桥 | 混合神经 | 头部皮肤、口、鼻黏膜、咀嚼肌、脑膜、眼肌舌肌面肌的感受、关节和齿龈 |
| Ⅵ外展神经 | 延髓 | 运动神经 | 眼球肌 |
| Ⅶ面神经 | 延髓 | 混合神经 | 面、耳、睑肌和部分味蕾 |
| Ⅷ前庭耳蜗神经 | 延髓 | 感觉神经 | 内耳 |
| Ⅸ舌咽神经 | 延髓 | 混合神经 | 舌根和咽 |
| Ⅹ迷走神经 | 延髓 | 混合神经 | 咽、喉、颈部内脏、胸腔内脏、腹腔内脏、心、腺体 |
| Ⅺ副神经 | 延髓 | 运动神经 | 胸头肌和斜方肌 |
| Ⅻ舌下神经 | 延髓 | 运动神经 | 舌肌和舌骨肌 |

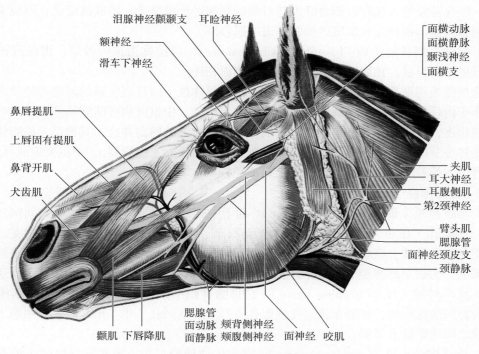

泪腺神经颧颞支　耳睑神经

额神经

滑车下神经

面横动脉
面横静脉
颞浅神经
面横支

鼻唇提肌

上唇固有提肌

鼻背开肌

犬齿肌

夹肌
耳大神经
耳腹侧肌
第2颈神经

臂头肌
腮腺管
面神经颈皮支
颈静脉

腮腺管
面动脉
面静脉　颊背侧神经
颊腹侧神经　面神经　咬肌

颧肌　下唇降肌

图 11-31　马头部浅层神经

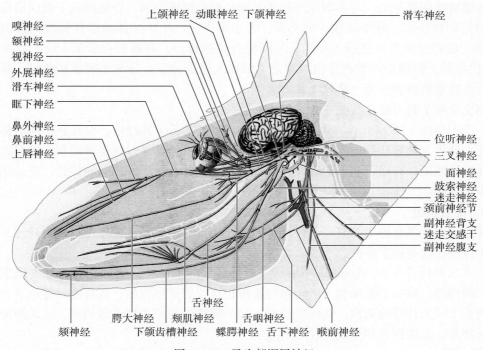

上颌神经　动眼神经　下颌神经

滑车神经

嗅神经

额神经

视神经

外展神经

滑车神经

眶下神经

鼻外神经

鼻前神经

上唇神经

位听神经
三叉神经
面神经
鼓索神经
迷走神经
颈前神经节
副神经背支
迷走交感干
副神经腹支

舌神经

颏神经

腭大神经　颊肌神经　蝶腭神经　舌咽神经　喉前神经
下颌齿槽神经　　　　舌下神经

图 11-32　马头部深层神经

合而成，经视神经管入颅腔，部分纤维与对侧的视神经纤维交叉，形成视交叉，以视束止于间脑的外侧膝状体。视神经在眶窝内被眼球退缩肌包围。

（3）前庭耳蜗神经（Ⅷ）（vestibulocochlear nerve）　以前称为位听神经，由前庭神经根和耳蜗神经根共同组成，在面神经后方与延髓的侧面相连。

前庭神经为司平衡觉的感觉神经，其神经元的胞体位于内耳道底部的前庭神经节内，其周围突分布于内耳的球囊斑、椭圆囊斑和壶腹嵴的毛细胞，中枢突构成前庭神经，经内耳道入颅腔与延髓相连，止于延髓前庭神经核。耳蜗神经为司听觉的感觉神经，其神经元的胞体位于内耳的螺旋神经节内，其周围突随螺旋骨板分布于听觉感受器（螺旋器），中枢突组成耳蜗神经，亦经内耳道入颅腔与延髓相连，止于延髓蜗神经核。

### 11.3.2.2　运动神经

（1）动眼神经（Ⅲ）（oculomotor nerve）　起于中脑的动眼神经核，由大脑脚间窝外侧缘中部出脑，经眶孔（在马）或眶圆孔（在牛）至眼眶，立即分为一背侧支和一腹侧支。背侧支短，分支分布于眼球上直肌和上睑提肌；腹侧支较长，除有纤维至睫状神经节（该节位于腹侧支起始部上，为副交感神经节）外，分支分布于眼球内直肌、眼球下直肌和眼球下斜肌。

（2）滑车神经（Ⅳ）（trochlear nerve）　它是脑神经中最细小的神经，起于中脑滑车神经核，在前髓帆前缘出脑，经滑车神经孔或眶孔（马）或眶圆孔（牛）出颅腔，经眼球上直肌与上睑提肌之间至眼球上斜肌。

（3）外展神经（Ⅵ）（abducens nerve）　它为运动神经，起于第四脑室底壁内的外展神经核，在斜方体之后、锥体的两侧出脑，与动眼神经一起经眶孔（马）或眶圆孔（牛）穿出颅腔，分为两支，分别分布于眼球外直肌和眼球退缩肌。

（4）副神经（Ⅺ）（accessory nerve）　由脑根和脊髓根组成。脑根起于疑核，在迷走神经之后自延髓腹外侧缘穿出，与舌咽神经和迷走神经根丝排成一列；脊髓根起于颈前段脊髓灰质腹侧柱的运动神经元，纤维组成一列小束，各小束连成一干，在颈神经背侧根和腹侧根之间向前伸延，最后经枕骨大孔进入颅腔，与脑根合成副神经，自破裂孔后部（马）或颈静脉孔（牛）穿出颅腔，但脑根纤维在穿出颅腔之前即加入迷走神经，分布于咽肌和喉肌。副神经穿出颅腔后在寰椎翼腹侧分为一背侧支和一腹侧支。

背侧支分布于斜方肌，腹侧支分布于胸头肌。

（5）舌下神经（Ⅻ）（hypoglossal nerve）　起自延髓的舌下神经核，根丝在锥体后部外侧与延髓相连，经舌下神经孔穿出颅腔，在颅腔腹侧向下向后伸延穿过迷走神经和副神经之间伸至颈外动脉的外侧面，并沿舌面干的后缘伸至舌根，沿舌骨舌肌的外侧向前伸延，穿过颏舌肌入舌，分布于舌肌。

### 11.3.2.3　混合神经

脑神经中属于混合神经的有三叉神经、面神经、舌咽神经和迷走神经。在面神经、舌咽神经和迷走神经还含有副交感神经纤维。

（1）三叉神经（Ⅴ）（trigeminal nerve）　它是最大的脑神经，而且是头部分支最多、分布范围最广的神经。以一感觉根和一运动根与脑桥相连。感觉根较粗，含有感觉神经节，其纤维在脑干内止于三叉神经感觉核；运动根较细，起于脑桥内的三叉神经运动核。三叉神经在颅腔内分为眼神经、上颌神经和下颌神经三大支。

① 眼神经（ophthalmic nerve）：为三支中最细的一支，属感觉神经。出颅腔后分为三支，

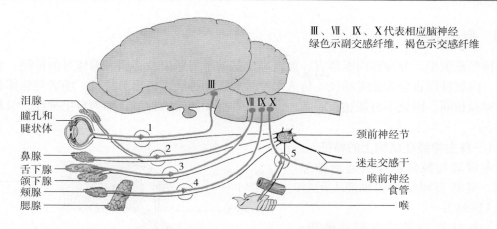

Ⅲ、Ⅶ、Ⅸ、Ⅹ代表相应脑神经
绿色示副交感纤维，褐色示交感纤维

泪腺
瞳孔和
睫状体

鼻腺
舌下腺
颌下腺
颊腺
腮腺

颈前神经节
迷走交感干
喉前神经
食管
喉

1. 睫状神经节　2. 翼腭神经节　3. 下颌神经节　4. 耳神经节　5. 迷走神经远神经节

图 11-33　脑副交感神经分布模式图

即泪腺神经、额神经和鼻睫神经。泪腺神经分布于泪腺、上睑、颞区和额区的皮肤。牛的泪腺神经分出一角神经，沿额嵴腹侧向后伸延，分布于角；额神经分布于上睑、额区和颞区的皮肤；鼻睫神经分为数支，分布到眼球、眼睑结膜、泪阜和鼻黏膜。

② 上颌神经（maxillary nerve）：它是感觉神经，其出颅腔后，分为三支，即颧神经、眶下神经和蝶腭神经。颧神经分布于下睑及其附近的皮肤。蝶腭神经分为数支，分布于软腭、硬腭和鼻黏膜。眶下神经较粗，行经眶下管内，出眶下孔后，在上唇固有提肌的深面分为三支：背侧支分布于鼻背侧的皮肤，中支分布于鼻翼外侧部和鼻前庭的皮肤，腹侧支分布于上唇的皮肤和黏膜。眶下神经在蝶腭窝和眶下管内还分出侧支分布于上颌窦、上颌的牙齿和齿龈。

③ 下颌神经（mandibular nerve）：它是混合神经，其出颅腔后分为颞深神经、咬肌神经、翼肌神经、下颌舌骨肌神经、舌神经、下颌齿槽神经、颊肌神经和颞浅神经（图 11-32）。前四支神经为运动神经，分布于颞肌、咬肌、翼肌、下颌舌骨肌、二腹肌前腹等，支配咀嚼运动；后四支神经为感觉神经。颞浅神经分布于颞区和面颊部。颊肌神经分布于颊部。下颌齿槽神经入下颌孔，在颞下颌骨内向前伸延，自颏孔穿出，分布于颏部和下唇，在下颌骨中还分出侧支分布于下颌的牙齿和齿龈。舌神经分布于舌黏膜和口腔底壁。

（2）面神经（Ⅶ）（facial nerve）　它是混合神经，经面神经管出颅腔。运动核位于延髓内。感觉神经节位于颞骨的面神经管内。面神经出颅腔后，穿过腮腺，在颞下颌关节的下方绕过下颌骨而到咬肌表面，向前下方伸延，分布于唇、颊和鼻侧的肌肉。面神经在面神经管内分出鼓索神经，由副交感神经的节前纤维和分布于味蕾的感觉纤维所构成，分布于下颌腺和舌下腺、舌前部的味蕾，在腮腺深部还分出一些侧支，分布于二腹肌后腹、枕下颌肌、耳肌、眼睑肌以及颈皮肌。

（3）舌咽神经（Ⅸ）（glossopharyngeal nerve）　它是混合神经，经破裂孔出颅腔。运动核在延髓内与迷走神经的运动核连在一起。感觉神经节位于破裂孔附近。舌咽神经在咽外侧沿舌骨支向前下方伸延，分为一咽支和一舌支。咽支分布于咽和软腭。舌支分布于舌根。舌咽神经还分出窦神经，分布于颈动脉窦，窦神经为感觉神经。

（4）迷走神经（Ⅹ）（vagus nerve）　见自主神经。

### 11.3.3 自主神经

在神经系统中，分布到内脏器官、血管和皮肤的平滑肌以及心肌、腺体等的神经，称为内脏神经。内脏神经也分为感觉神经（传入）纤维和运动神经（传出）纤维。前者与躯体神经中的感觉神经相同，因此不再叙述；后者，即内脏神经中的运动神经，称为自主神经，又称植物性神经。

#### 11.3.3.1 自主神经在结构上的特征

自主神经与躯体神经的运动神经相比较，具有下列结构和机能上的特点（图 11-34）：

（1）躯体运动神经支配骨骼肌；而自主神经支配平滑肌、心肌和腺体。

（2）躯体运动神经神经元的胞体存在于脑和脊髓中，神经冲动由中枢传至效应器只需一个神经元；而自主神经神经元的胞体部分存在于中脑、延髓和胸腰段脊髓，部分存在于外周神经系统的自主神经节，神经冲动由中枢部传至效应器则需通过两个神经元。位于脑干和脊髓灰质外侧柱的称为节前神经元，由它发出的轴突称为节前纤维；位于外周

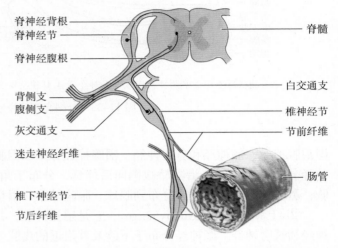

图 11-34  植物性神经纤维和躯运动神经纤维分布

神经系统自主神经节的称为节后神经元，由它发出的轴突称节后纤维。节后神经元的数目较多，一个节前神经元可与多个节后神经元在自主神经节内形成突触，以利于许多效应器同时活动。自主神经节根据位置可分椎旁神经节（椎旁节）、椎下神经节（椎下节）和终末神经节（终末节）。

（3）躯体运动神经由脑干和脊髓全长的每个节段向两侧对称地发出；而自主神经由脑干及第 1 胸椎至第 3、4 腰椎段脊髓的外侧柱和荐部脊髓发出。

（4）躯体运动神经纤维一般为粗的有髓纤维，且通常以神经干的形式分布；而自主神经的节前纤维为细的有髓纤维，节后纤维为细的无髓纤维，常攀附于脏器或血管表面，形成神经丛，再由神经丛发出分支分布于效应器。

（5）躯体运动神经一般都受意识支配；而自主神经在一定程度上不受意识的直接控制，具有相对的自主性，又称为植物性神经。自主神经根据形态和机能的不同，分交感神经和副交感神经两部分，它们都具有中枢部和外周部。

#### 11.3.3.2 交感神经

交感神经（sympathetic nerve）（图 11-35，图 11-36）节前神经元的胞体位于胸腰段脊髓的外侧柱，又称胸腰系。自脊髓发出的节前神经纤维经白交通支到达交感神经干。交感神经干位于脊柱两侧，自颈前端伸延到尾根的一对神经干，干上有一系列的椎神经节。交感神经干有交通支与脑脊神经相连。自交感神经干上的椎神经节发出的节后神经纤维经灰交通支进入脑脊神经，并随之分布于躯体的血管和腺体。交感神经干有内脏支分布于内脏。内脏支在动脉周围和器官内外构成神经丛，丛内有神经节。内脏支有的含有节后神经纤维（神经元的胞体在交感

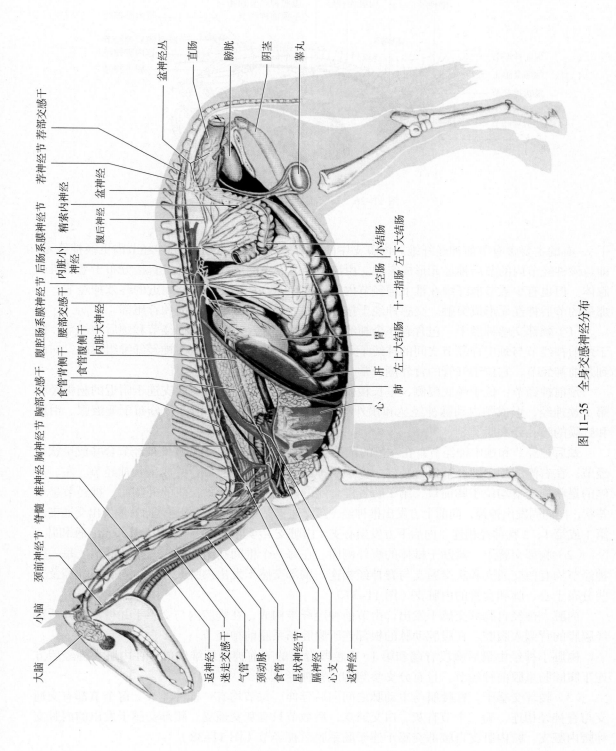

图 11-35 全身交感神经分布

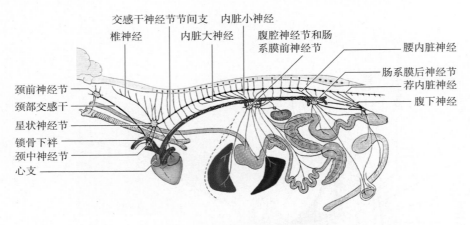

图 11-36  马交感神经模式图

干），有的主要含有节前神经纤维。内脏支中的节前神经纤维大都在椎下神经节内更换神经元，即与该神经节内的节后神经元形成突触。由该神经节发出的节后神经纤维直接分布于平滑肌或腺体。但也有少数节前纤维在椎下神经节内不换神经元，直接伸到器官附近的终末神经节，与那里的节后神经元形成突触。交感神经干按部位可分颈部、胸部、腰部和荐尾部。

（1）颈部交感神经干  包含有 3 个神经节，即颈前神经节、颈中神经节和颈后神经节。位于颈前神经节与颈中神经节之间的神经干是由来自前部胸段脊髓的节前神经纤维组成的，向前到颈前神经节，它位于气管的背外侧，常与迷走神经合并成迷走交感干。

颈前神经节：位于颅底腹侧，呈长梭状。由颈前神经节发出灰交通支连于附近的脑神经和第 1 颈神经，形成颈内动脉神经丛和颈外动脉神经丛（内脏支），随动脉分布于唾液腺、泪腺和虹膜的瞳孔开大肌。

颈后神经节和颈中神经节：在左侧的两神经节常与第 1 或第 1、2 胸椎神经节合并成星状神经节；在右侧的颈中神经节保持独立，仅颈后神经节与胸椎神经节合并成星状神经节。左、右侧的星状神经节均位于胸前口、第 1 肋骨椎骨端的内侧，紧贴于颈长肌的外侧面。神经节呈星芒状，向四周发出神经，向前上方发出椎神经（灰交通支）与各颈神经相连，向背侧发出交通支与第 1 或第 1、2 胸神经相连，向后下方发出心支（内脏支）参与构成心神经丛，分布至心脏和肺。

（2）胸部交感干  紧贴于椎体的腹外侧面。在每一个椎间孔附近都有一椎神经节。每一椎神经节均有白交通支和灰交通支与脊神经相连。胸部交感干发出内脏大神经、内脏小神经及一些分布于心、肺和食管的内脏支（图 11-37）。

内脏大神经自胸部交感干发出，由节前神经纤维构成，在胸腔内与交感干并行，分开后穿经膈脚的背侧入腹腔。在腹腔动脉的根部连于腹腔肠系膜前神经节。

内脏小神经由最后胸段脊髓和第 1、2 腰段脊髓的节前神经纤维构成，在内脏大神经后方连于腹腔肠系膜前神经节，且有分支参与构成肾神经丛。

（3）腰部交感干  在腰肌与主动脉之间向后延伸。每节均有一椎神经节。每个节都有交通支与脊神经相连，前三个节有灰、白交通支，后数节只有灰交通支。腰部交感干发出的内脏支称腰内脏支。腰内脏支自腰部交感干连于肠系膜后神经节（图 11-38）。

腹腔肠系膜前神经节：位于腹腔动脉和肠系膜前动脉根部，包括左右两个腹腔神经节和

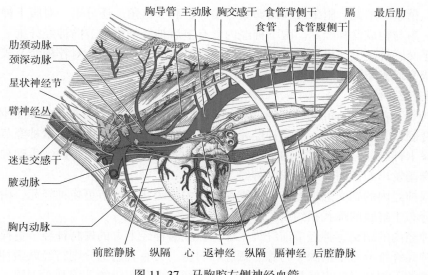

图 11-37 马胸腔左侧神经血管

一个肠系膜前神经节。它们接受内脏大神经和内脏小神经的纤维，迷走神经食管背侧干的纤维也由其通过。从此神经节上发出的纤维形成腹腔神经丛，沿动脉的分支分布到肝、胃、脾、胰、小肠、大肠和肾等器官。腹腔肠系膜前神经节与肠系膜后神经节之间有节间支沿主动脉腹侧伸延。

肠系膜后神经节：在肠系膜后动脉根部两侧，位于肠系膜后神经丛内，接受来自腰交感神经干的腰内脏支和来自腹腔肠系膜前神经节的节间支。从肠系膜后神经节发出分支沿动脉分布

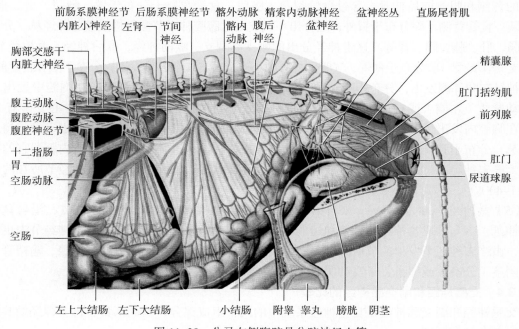

图 11-38 公马左侧腹腔骨盆腔神经血管

到结肠后段、精索、睾丸、附睾或通向卵巢、输卵管和子宫角。还分出一对腹下神经,向后伸延到盆腔内,参与构成盆神经丛。腹下神经内含有节后神经纤维和节前神经纤维。

（4）荐尾交感神经干  沿荐骨骨盆面向后伸延且逐渐变细。前一对荐神经节较大,后部的较小,均以灰交通支与脊神经相连。

### 11.3.3.3  副交感神经

副交感神经（parasympathetic nerve）（图 11-33,图 11-39）节前神经元的胞体位于中脑、延髓和荐段脊髓,又称颅荐系。节后神经元的胞体多数位于器官壁内的终末神经节,少数位于器官附近的终末神经节。自脑发出的节前神经纤维加入动眼神经、面神经、舌咽神经和迷走神经,自荐段脊髓发出的节前纤维形成盆神经。

（1）动眼神经内的副交感神经节前纤维在眼眶中的睫状神经节更换神经元,由此发出的节后神经纤维分布于虹膜的瞳孔括约肌。

（2）面神经内的副交感神经节前纤维,部分在蝶腭神经上方的蝶腭神经节更换神经元,由此发出节后神经纤维分布于泪腺、腭腺、颊腺和唇腺。另有其它部分则行经鼓索神经和舌神经而到舌根外侧的下颌神经节更换神经元,其节后神经纤维分布于颌下腺和舌下腺。

（3）舌咽神经内的副交感神经节前纤维在颅底附近的耳神经节更换神经元,其节后纤维分布于腮腺。

（4）迷走神经为混合神经。含有来自消化管和呼吸道以及外耳的感觉纤维、分布于咽喉横纹肌的运动纤维和分布于食管、胃、肠、支气管、心和肾的副交感神经纤维。运动神经核和副交感神经核位于延髓内,感觉神经节位于破裂孔附近。迷走神经经破裂孔出颅腔,与交感合并而行,形成迷走交感干,沿气管的背外侧和颈总动脉的背侧向后伸延,至颈后端与交感干分离后,经锁骨下动脉腹侧入胸腔,在纵隔中继续向后伸延,约于支气管背侧分为一食管背侧支和一食管腹侧支。左右迷走神经的食管背侧支合成较粗的食管背侧干。腹侧支合成较细的食管腹侧干,分别沿食管的背侧和腹侧向后伸延,穿过食管裂孔入腹腔。食管腹侧干分布于胃、幽门、十二指肠、肝和胰;食管背侧干除分布于胃外,还分出一大支通过腹腔神经节参与构成腹腔神经丛,分布于胃、肠、肝、胰、脾、肾等。迷走神经分出的侧支有咽支、喉前神经、喉后神经（返神经）、心支、支气管支及一些分布于食管、气管和外耳的小支;咽支在咽外侧发出,分布于咽和食管前端;喉前神经在咽外侧发出,分布于咽、喉和食管前端;返神经又称喉后神经,在胸腔中发出,绕过主动脉弓（左侧）或右锁骨下动脉（右侧）,沿气管向前伸延,分布于喉肌;心支常有 2~3支,在胸腔内发出,参与构成心神经丛,分布于心和肺;支气管支在胸腔中发出,参与构成肺神经丛,分布于肺。迷走神经的副交感节前纤维在心神经丛、肺神经丛及其它内脏器官的神经丛进入终末神经节,并在这些神经节内更换神经元,其节后纤维分布在这些神经节所在的器官（图 11-40）。

（5）盆神经（pelvic nerve）来自第 3、4 荐神经的腹侧支。盆神经有 1~2支,沿骨盆壁向腹侧伸延,参与构成盆神经丛。盆神经的副交感节前纤维在盆神经丛中的终末神经节内更换神经元,由终末神经节发出的节后纤维分布于直肠、膀胱、输尿管、尿道、副性腺、输精管、睾丸和阴茎（公畜）或卵巢、子宫和阴道等器官（母畜）（图 11-40）。

### 11.3.3.4  交感神经和副交感神经的比较

交感神经和副交感神经是自主神经系统中的两个组成部分,因此都具有自主神经的共同特点,但二者又有区别:

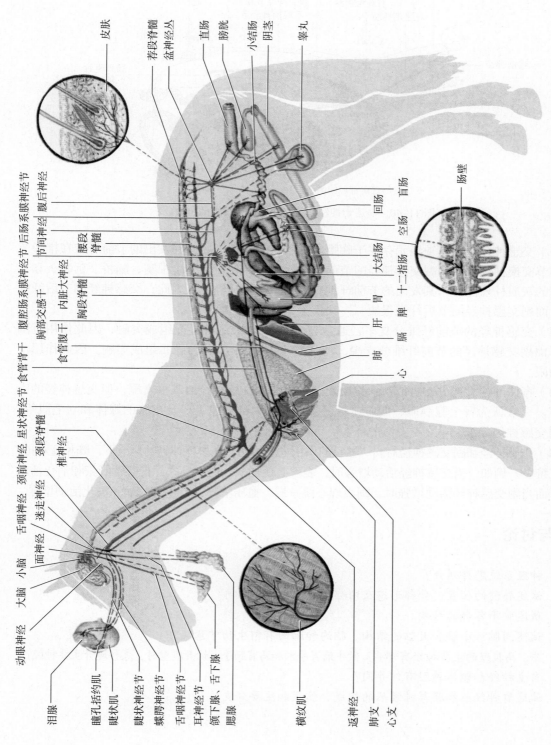

图 11-39　副交感神经分布模式图（实线示节前神经纤维，虚线示节后神经纤维）

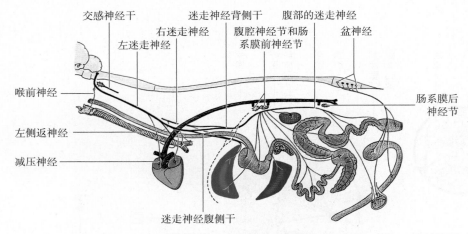

图 11-40　马迷走神经和盆神经副交感纤维的分布

（1）交感神经的节前神经元存在于胸腰段脊髓的灰质外侧柱，其发出的节前纤维在椎旁节或椎下节交换神经元，而副交感神经的节前神经元主要存在于脑干（中脑、脑桥、延髓）和荐段脊髓的灰质柱外侧部，其发出的节前纤维在终末节交换神经元。因此，交感神经的节后纤维较长，而副交感神经的节后纤维很短。

（2）交感神经的节前纤维分支多，通常与 20~30 个节后神经元组成突触，因此作用范围广泛，而副交感神经的节前纤维分支少，通常只与 1~2 个节后神经元组成突触，因此作用范围较局限。

（3）畜体的绝大部分器官或组织都受交感神经和副交感神经的双重支配，但交感神经的支配更广。一般认为肾上腺髓质、四肢血管、头颈部的大部分血管以及皮肤的腺体和立毛肌等，没有副交感神经支配。

（4）交感神经和副交感神经对同一器官的作用也不相同，在中枢神经的调节下，既相互对抗，又相互统一。例如，当交感神经活动增强时，表现心跳加快，血压升高，支气管舒张和消化活动减弱；而当副交感神经活动增强时，则表现心跳减慢，血压下降，支气管收缩和消化活动增强。

## 思考与讨论

1. 神经系统怎样划分？
2. 试述脊髓的位置、外部形态及内部构造。
3. 试述脑干各部的结构。
4. 试述间脑、小脑和大脑的结构。脑沟和脑回有何生物学意义？
5. 牛、马腹壁的主要神经有哪些？做牛瘤胃手术和马盲肠手术切开腹壁时，怎样避开主要神经？
6. 自主神经和躯体神经有何异同？
7. 试述臂神经丛和腰荐神经丛的组成、位置和主要分支。

# 12 内分泌系统

内分泌系统（endocrine system）是动物神经系统以外的另一个重要调节系统，由散布在身体各部的内分泌腺（器官）和内分泌组织构成。它们分泌激素，调节动物体新陈代谢、生长发育和性功能活动等。内分泌功能过盛或降低均可引起机体的功能紊乱。内分泌腺为独立的器官，包括甲状腺、甲状旁腺、垂体、肾上腺和松果体（腺）等；内分泌组织则以细胞群的方式存在于其它器官内，如胰腺内的胰岛，卵巢内的卵泡、黄体，睾丸内的间质细胞，胃肠道和中枢神经系统内一些具有内分泌功能的细胞和组织等。

内分泌腺在形态结构上有共同的特点：①腺体的表面被覆一层被膜；②腺细胞在腺小叶内排列成索、团、滤泡或腺泡；③没有排泄管；④腺内富有血管，腺小叶内形成毛细血管网或血窦，激素进入毛细血管或血窦内，加入血液循环。

内分泌系统与神经系统的作用方式不同，但二者联系密切。神经系统通过神经纤维支配、调节器官活动，这种调节称为神经调节。内分泌系统则通过血液循环将激素输送到身体特定的组织和细胞而发挥作用，这种调节称为体液调节。几乎所有的内分泌腺都直接或间接地受神经系统的影响，而内分泌腺分泌的激素也可影响神经系统的功能。

## 12.1 内分泌器官

### 12.1.1 垂体

垂体（hypophysis）是动物机体内最重要的内分泌腺，

本章英文摘要

结构复杂，分泌的激素种类很多，作用广泛，并与其它内分泌腺关系密切，在中枢神经系统控制下，调节其它内分泌腺的功能活动。垂体是一个卵圆形或扁圆形的小体，呈褐色或灰白色，位于蝶骨体颅腔面的垂体窝内，借漏斗与丘脑下部相连，其表面被覆结缔组织膜（图 12-1）。就垂体的质量而言，家畜中牛的最大，有 2～5 g，马 1.4～4 g，猪 0.3～0.5 g。

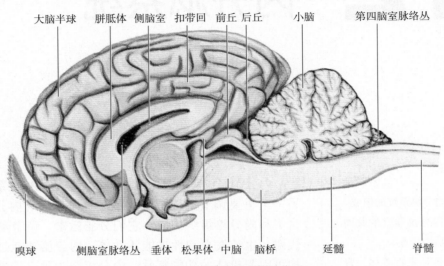

图 12-1　垂体和松果体的位置

　　垂体根据发生和结构特点可分为腺垂体和神经垂体两大部分。腺垂体包括远侧部、结节部和中间部，神经垂体包括神经部和漏斗部（图 12-2）。通常将远侧部称为前叶（anterior lobe），而把中间部和神经部称为后叶（posterior lobe）。

### 12.1.1.1　远侧部

　　远侧部（distal part）是垂体中较致密的部分，反刍动物和猪的位于垂体的腹侧部，马的位于垂体的外周部，呈浅黄色或灰红色，各种垂体细胞排列成团块和索状，各索之间有血窦。远侧部分泌生长素、催乳素、促卵泡激素、促黄体激素、促甲状腺素、促肾上腺皮质激素和促甲状旁腺激素等（图 12-2，图 12-3）。

### 12.1.1.2　结节部

　　结节部（tuberal part）围绕着神经垂体漏斗，细胞排列成索状，各索之间有血窦。细胞可分泌少量促性腺激素和促甲状腺素（图 12-2，图 12-3）。

### 12.1.1.3　中间部

　　中间部（intermediate part）位于远侧部与神经部之间，呈狭长带状，马和犬的围绕神经部。反刍动物、猪、犬和兔的中间部与远侧部之间有垂体腔，中间部的细胞排列成索状或形

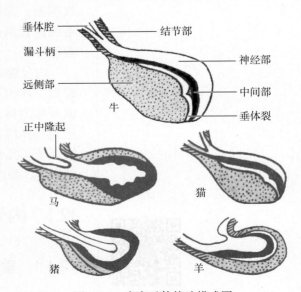

图 12-2　家畜垂体构造模式图

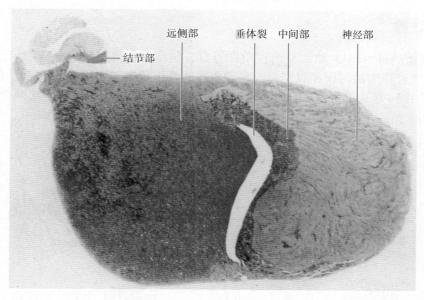

图 12-3　垂体的结构

成滤泡状。中间部分泌的激素有促黑色素细胞激素（图 12-2，图 12-3）。

#### 12.1.1.4　神经部

神经部（neuro-part）位于垂体的深部（马和犬）或背侧部（反刍动物、兔和犬），神经部由神经胶质、神经纤维、少量结缔组织和垂体细胞（神经胶质的一种）组成。神经部本身无腺细胞，其分泌物由下丘脑视上核和室旁核的神经细胞分泌。视上核分泌抗利尿素（加压素），室旁核分泌催产素。这些激素沿丘脑垂体束的神经纤维运送到神经部，并常聚集成大小不等的团块，暂时储存起来，当机体需要时便释放入血液，发挥其生理作用（图 12-2，图 12-3）。

#### 12.1.1.5　漏斗部

漏斗部（infundibular part）包括正中隆起（median eminence）和漏斗柄。正中隆起是围绕漏斗隐窝的隆起部，主要由神经纤维组成，并含有丰富的神经分泌物质和毛细血管网，正中隆起起始于丘脑下部的灰结节（图 12-2）。

 窗口

#### 垂体瘤、巨大症和侏儒症

**垂体瘤**　脑垂体是肿瘤发生率相对较高的部位。垂体肿瘤生长引起垂体激素分泌过多，机体软组织生长和改变生长周期是其共有的症状。外科手术切除垂体或垂体肿瘤称作垂体切除术。外科手术通常是经鼻腔和蝶窦到鞍隔内。

**巨大症**　在生长发育期前，骨骺部未愈合骨化，生长激素过度表达。症状：病理性生长加快，体格异常高大；若发生肿瘤，则视力减退。治疗：手术切除肿瘤或垂体（垂体切除术）。

**侏儒症**　在达到正常身高前生长激素分泌少。症状：身材矮小，但比例正常；食欲差，但身体微胖，皮肤细嫩。治疗：注射生长激素。

### 12.1.2 甲状腺

甲状腺（thyroid gland）是致密的实质性器官，呈红褐色或黄褐色，一般位于喉的后方，在前 2~3 个气管环的两侧面和腹侧面，表面覆盖胸骨甲状肌和胸骨舌骨肌（图 12-4）。甲状腺的形态因动物种类不同而异，但均由左、右两个侧叶（lateral lobe）和连接两个侧叶的腺峡（gland isthmus）组成（图 12-5）。

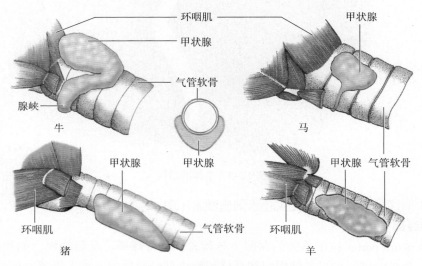

图 12-4 家畜甲状腺的位置

牛的甲状腺为黄褐色，位于喉后方和前 2~3 个气管环周围，由左、右侧叶和腺峡组成。左、右侧叶呈不规则的三角形，长 6~7 cm，宽 5~6 cm，厚 1.5 cm，腺小叶明显。腺峡发达，由腺组织构成，质量为 21~26 g。绵羊和山羊只有左、右侧叶组成，无腺峡。

马的甲状腺呈红褐色，左、右两侧叶卵圆形，长 3.4~4.0 cm，宽 2.5~2.5 cm，厚约 2 cm，质量为 20~25 g，腺峡不发达，由结缔组织构成。

猪的甲状腺呈深红色，位于气管腹侧面，质量为 12~30 g。左、右两侧叶呈不明显的小突状，腺峡特别发达，与侧叶连成一个整体，长 4.0~4.5 cm，宽 2.0~2.5 cm，厚 1.0~1.5 cm。在有的个体中，其腺峡有向前突出的锥状叶（pyramidal lobe）。

甲状腺是富有弹性、质地较硬的腺体，表面包有含多量弹性纤维的结缔组织被膜。被膜结缔组织伸入腺体内，把腺分隔成许多小叶。马、羊、犬的表面平滑；牛、猪、兔的小叶间结缔组织发达，所以肉眼可辨认各小叶的界限。小叶内含有大小不一的滤泡（follicle），其周围有丰富的毛细血管和淋巴管。甲状腺的主要功能是分泌甲状腺素（thyroxine），有促进有机体新陈代谢和生长发育的作用。此外，还分泌甲状腺降钙素（calcitonin），具有增强

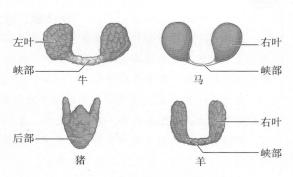

图 12-5 家畜甲状腺的形态结构

成骨细胞活性、促进骨组织钙化、降低血钙的作用。

### 12.1.3 甲状旁腺

甲状旁腺（parathyroid gland）是内分泌器官中体积最小的腺体，呈扁平圆形或椭圆形的黄褐色小体，比甲状腺质软而光滑。甲状旁腺通常有两对，位于甲状腺附近或埋于甲状腺实质内。

牛的甲状旁腺有内、外两对。外甲状旁腺直径为 5～12 mm，位于甲状腺的前方，在颈总动脉附近；内甲状旁腺较小，通常位于甲状腺腹侧面或内侧面的背侧缘附近。

马的甲状旁腺呈黄褐色，有前、后两对。前甲状旁腺直径约为 10 mm，呈球形，多位于甲状腺前半部与气管之间，少数位于甲状腺背侧缘或在甲状腺内；后甲状旁腺通常位于颈后部，在气管腹侧左、右颈静脉之间，混在颈后淋巴结内，呈扁椭圆形，左、右两侧靠近或紧密相连。

猪的甲状旁腺只有一对，其侧叶和腺峡常结合为一整体。呈球形，直径为 2～4 mm，质量为 0.05～0.1 g，通常位于甲状腺的前方，在枕骨颈静脉突、肩胛舌骨肌和胸头肌的三角形区域内。有胸腺时，埋于胸腺内，颜色较胸腺深，质较坚硬。

甲状旁腺外面包有一层致密结缔组织被膜。被膜结缔组织伸入腺内将腺实质分为若干小叶，但小叶分界不明显。甲状旁腺分泌甲状旁腺素（parathyroid hormone），具有调节体内钙磷代谢、维持正常血钙水平的作用。

### 12.1.4 肾上腺

肾上腺（adrenal gland）是一对较小的扁平腺体，借助于肾脂肪囊与肾相连，通常左肾上腺比右肾上腺大。左、右肾上腺分别位于左、右肾的前内侧缘附近，呈红褐色，其形状因不同动物而异（图 12-6）。

牛的肾上腺左、右不一。右肾上腺呈钝三角形（心形），位于右肾前内侧，其内侧缘与膈右脚接触，外侧缘隆凸，位于肝的肾压迹处；左肾上腺呈蚕豆形（肾形），位于后腔静脉的内侧，左侧面与瘤胃上方接触，右侧面与后腔静脉相接，不与左肾接触。牛肾上腺重 25～35 g。

马的肾上腺呈深红色扁平的近似三角形或椭圆形，长 4～9 cm，宽 2～4 cm，重 20～44 g，位于肾前内侧缘，靠近肾门处。通常右肾上腺较大。

猪的肾上腺长而窄，表面有沟，位于肾内侧缘的前半部下面。右肾上腺呈长三棱形，前尖后钝，外侧稍凹陷，内侧稍隆凸；左肾上腺前半呈三棱形，后半宽而薄，后端常有尖突。通常猪的肾上腺重约 6.5 g。

肾上腺的表面由含少量平滑肌纤维的致密结缔组织被膜构成。被膜结缔组织伸入腺实

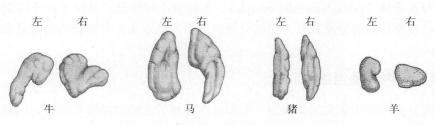

左　右　　　左　右　　　左　右　　　左　右

牛　　　　　马　　　　　猪　　　　　羊

图 12-6　家畜肾上腺的形态

质，且分支吻合构成腺体支架。其深部较厚且呈红褐色的部分称为皮质，中央呈黄色的部分称为髓质。

肾上腺皮质占腺体大部分，分泌皮质激素，对机体极为重要，如摘除皮质，可引起动物死亡。目前从肾上腺皮质中可提取多种类固醇激素，按其作用，大致可分为三类：盐皮质激素，有调节体内水、盐代谢的作用；糖皮质激素，有促进糖和蛋白质代谢的作用；性激素，包括雄激素和少量的雌激素。

肾上腺髓质位于肾上腺的中央，髓质分泌肾上腺素和去甲肾上腺素。前者可提高心肌的兴奋性，使心跳加快、加强；后者可促进肝糖原分解和升高血压，并能使呼吸道和消化管的平滑肌松弛。

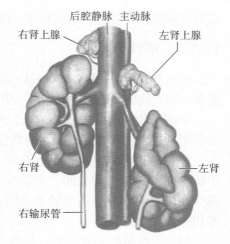

图 12-7　牛肾和肾上腺腹面观

### 12.1.5　松果体

松果体（pineal gland）又称脑上腺（epiphysis），位于间脑背侧中央，在大脑半球的深部，以柄连接于丘脑上部（图 12-1）。松果体呈长卵圆形（牛）或卵圆形（马），牛的长 1.2～2.0 cm；颜色呈红褐色（反刍动物、马）或灰白色（猪、犬）。松果体分为前、后两部，前部以缰连于丘脑背侧，后部以柄连于四叠体的前丘。

松果体的表面包有一层结缔组织被膜，被膜的结缔组织伸入实质内部，将腺分隔成许多不明显的小叶。小叶的实质由松果体细胞和神经胶质细胞组成，还常有钙质沉积物，称脑砂。松果体能分泌褪黑激素（melatonin），其功能与垂体中间部分泌的促黑色素细胞激素相拮抗。此外，还有抑制促性腺激素释放、抑制性腺活动、防止性早熟等作用。

## 12.2　内分泌组织

### 12.2.1　胰岛

胰岛（pancreatic island）为胰腺的内分泌部，是分散在外分泌部腺泡之间的不规则细胞团索。分泌的主要激素有：胰岛素，有促进糖原合成、降低血糖的作用；胰高血糖素，与胰岛素功能相反，可促进糖原分解，升高血糖；生长抑素，有抑制胰岛素和胰高血糖素的作用。

### 12.2.2　肾小球旁复合体

肾小球旁复合体（juxtaglomerular complex）也称肾小球旁器，是位于肾小体附近一些特殊细胞的总称。主要功能为分泌肾素，引起血管收缩而升高血压，并对肾的血流量和肾小球滤过起调节作用。

### 12.2.3　睾丸的内分泌组织

睾丸的内分泌组织为睾丸间质细胞，分布在曲细精管之间的结缔组织中，细胞体积大，常三五成群，能分泌雄激素（主要是睾酮），有促进雄性生殖器官发育和第二性征出现的作用。

此外，还可促使生殖细胞的分裂和分化。间质细胞的数量与家畜种类及年龄有关，马、猪的间质细胞数量较多，牛则较少。

### 12.2.4 卵泡的内分泌组织

#### 12.2.4.1 卵泡膜

当卵泡生长时，周围的结缔组织也起变化，形成卵泡膜包围着的卵泡。卵泡膜分为内、外两层。内层细胞多，富含毛细血管，能分泌雌激素，有促进雌性生殖器官和乳腺发育的作用。

#### 12.2.4.2 黄体

黄体（corpus luteum）由排卵后卵泡壁的卵泡细胞和内膜细胞在黄体生成素作用下演变而成，分泌黄体酮（孕酮）和雌激素，刺激子宫腺分泌和乳腺的发育，并保证胚胎的附植或着床，同时可抑制卵泡生长。

牛、马的黄体呈黄色，猪、羊的黄体为肉色。牛、羊、猪的黄体有一部分突出于卵巢的表面，而马的黄体则完全埋于卵巢基质中。黄体的发育程度和存在时间，决定于排出的卵是否受精。如果排出的卵受精并妊娠，黄体继续生长，可存在到妊娠后期，称为妊娠黄体或真黄体。如果排出的卵没有受精，黄体仅维持两周左右，便开始退化，称为发情黄体或假黄体。

## 思考与讨论

1. 内分泌腺在形态结构上有哪些共同特点？
2. 简述垂体的划分、各部的结构特点及主要生理功能。
3. 比较各种家畜甲状腺的形态结构与功能。
4. 结合肾上腺的结构特点，说明其生理功能。
5. 何谓内分泌组织？已知的内分泌组织主要有哪些？

# 13 感觉器官

**本章重点**
- 了解感受器的概念和分类。
- 掌握眼球的结构和功能。
- 了解眼的辅助器官的结构和功能。
- 掌握耳的结构和功能。

感觉器官（sensory organ）是感受器及其辅助装置的总称。感受器为感觉神经末梢的特殊装置，是机体接受内、外环境各种刺激的结构。根据其所在部位和所受刺激的来源，分为外感受器、内感受器和本体感受器三大类。外感受器包括皮肤、舌、鼻、眼、耳等，能接受外界环境刺激，如疼痛、温度、触压、气味、光波、声波等。内感受器分布于内脏以及心血管等（如颈动脉窦和颈动脉体等），能接受机械刺激和化学刺激。本体感受器分布于肌腱、关节和内耳，接受运动器官所处状态和身体位置的刺激。

## 13.1 视觉器官

视觉器官能感受光波的刺激，经视神经传到中枢而产生视觉。视觉器官由眼球和辅助器官构成。

### 13.1.1 眼球

眼球（eyeball）是视觉器官的主要部分，位于眼眶内，后端有视神经与脑相连（图 13-1）。眼球包括眼球壁和眼球内容物两部分，具体结构见图 13-2 和图 13-3。

#### 13.1.1.1 眼球壁

从外向内由纤维膜、血管膜和视网膜三层构成。

（1）纤维膜　又叫白膜，位于眼球壁外层（形成眼球的外壳），分为前部的角膜和后部的巩膜。

① 角膜（cornea）：占纤维膜的前 1/5，无色透明，具有折光作用。角膜前面隆凸，后面凹陷。角膜内无血管（其营养由角膜周围的血管供给），但分布有丰富的感觉神经末

本章英文摘要

梢，故感觉灵敏。角膜发炎时应及时治疗，否则会造成角膜混浊，影响视力。

② 巩膜（sclera）：占纤维膜的后4/5，由白色不透明而坚韧的致密结缔组织所构成，具有保护眼球和维持眼球形状的作用。巩膜前部与角膜相连接的地方为角巩膜缘，其深面有巩膜静脉窦，是眼房水流出的通道。

（2）血管膜　是眼球壁的中层，富有血管和色素细胞，具有输送营养和吸收眼内分散光线的作用。血管膜由前向后分为虹膜、睫状体和脉络膜三部分。

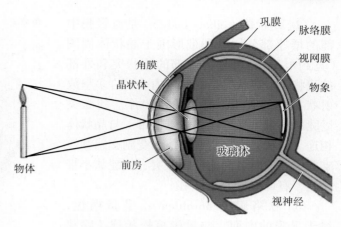

图 13-1　眼球的构造与成像

① 虹膜（iris）：位于血管膜的前部，在晶状体之前，呈圆盘状（可从眼球前面透过角膜看到）。虹膜的颜色因色素细胞多少和分布不同而有差异，一般为棕色。虹膜的中央有一孔，称为瞳孔（pupil），猪为圆形，其它家畜为横椭圆形。马属动物在瞳孔的上游离缘有一些小块颗粒状突起，称为虹膜粒（granula iridisa），下游离缘的较小；牛的是一些小颗粒。虹膜含有瞳孔括约肌（围绕瞳孔呈环状排列，受副交感神经支配）和瞳孔开大肌（呈辐射状排列，受交感神经支配）。在强弱不同的光照下，此两肌能缩小或开大瞳孔，以调节进入眼球的光线。

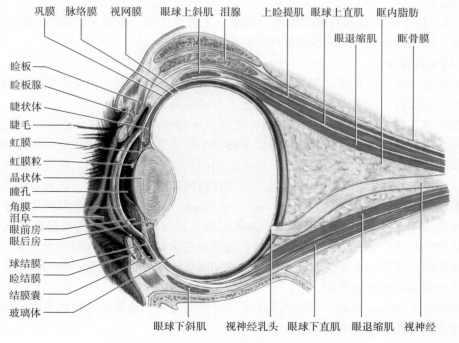

图 13-2　眼的纵切

② 睫状体（ciliary body）：是血管膜中部的增厚部分，呈环带形围于晶状体周围（宽约1 cm），可分为内部的睫状突和外部的睫状肌。睫状突是睫状体内表面许多呈放射状排列的皱褶，有100～110个。睫状突以睫状小带（又称晶状体悬韧带）与晶状体相连。睫状肌由平滑肌构成，受副交感神经支配，收缩时可向前拉睫状突，使睫状小带松弛，有调节视力的作用。

③ 脉络膜（choroidea）：呈暗褐色，衬于巩膜的内面，与巩膜疏松相连（除猪外）。在脉络膜的后部内面，视神经乳头

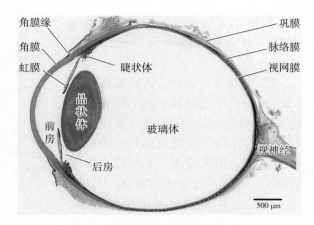

图13-3　猪眼球的纵切

上方，有呈青绿色而带金属光泽的三角形区，称为照膜（tapetum）。照膜反光很强，有加强对视网膜刺激的作用，有助于动物在暗光情况下对光的感应。

（3）视网膜（retina）　又叫神经膜，位于眼球壁内层，分为视部和盲部。

① 视部：位于脉络膜的内面，具有感光作用，由色素层和固有网膜构成。色素层与脉络膜附着较紧，与固有网膜很易分开。因此，在临床可见到视网膜剥脱的病例，可用激光照射或手术治疗。在后方稍下部视神经通过处，有一横卵圆形或圆形的视神经乳头（optic papilla），此处仅有神经纤维，无神经细胞，无感光作用，故称盲点，视网膜中央动脉由此分支，呈放射状分布于视网膜，临床上在做眼底检查时可以看到。在视神经乳头的外上方，约在视网膜的中央，有一圆形小区，称视网膜中心（retina center），是感光最敏锐的地方，相当于人眼的黄斑（macula lutea）。

② 盲部：位于睫状体和虹膜的内面，很薄，无感光作用。被覆于睫状体内面的称为视网膜睫状体部，被覆在虹膜内面的称为视网膜虹膜部。

### 13.1.1.2　眼球内容物

眼球内容物主要是折光体，包括晶状体、眼房水和玻璃体。其作用是与角膜一起，将通过眼球的光线经过曲折，使焦点集中在视网膜上，形成影像（图13-1）。

（1）晶状体（lens）　位于虹膜与玻璃体之间，很像一个圆形的双凸透镜，无色透明，富有弹性，外面包有一弹性囊。晶状体周缘借着睫状小带连于睫状突。睫状肌的收缩和弛缓，可以改变睫状小带对晶状体的拉力，从而改变晶状体的凸度，以调节视力。晶状体混浊时，光线不能透过，看不见物体，称为白内障。对于人可作白内障摘除术来治疗，以提高视力。

（2）眼房（camera oculi）和眼房水（aqueous humor）　眼房是角膜后面和晶状体前面之间的空隙，由虹膜分割为眼前房和眼后房，两者以瞳孔相交通。眼房水为眼房里的无色透明液体，由睫状突和虹膜产生，渗入巩膜静脉窦。如果眼房水循环障碍，则眼房水增多，眼内压升高，导致青光眼。眼房水有运送营养（供给角膜和晶状体营养）及代谢产物的作用，此外，还有曲折光线和维持眼内压的作用。

（3）玻璃体（vitreous body）　位于晶状体与视网膜之间，是无色透明的半流动状胶体，外包一层很薄的透明膜，称为玻璃体膜。

### 13.1.2 眼的辅助器官

眼的辅助器官有眼睑、泪器、眼球肌和眶骨膜（图13-4）。

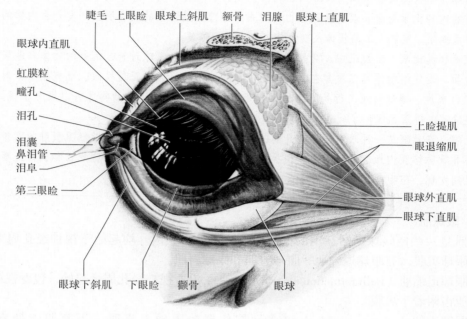

图 13-4　眼的辅助器官

#### 13.1.2.1　眼睑

眼睑（palpebra）位于眼球前面，分为上眼睑和下眼睑。眼睑内面衬有黏膜，称为睑结膜（palpebral conjunctiva）。睑结膜折转覆盖于巩膜前部，为球结膜（bulbar conjunctiva）。睑结膜与球结膜的折转处形成结膜囊（conjunctival sac）。睑结膜与球结膜共同称为眼结膜，正常时眼结膜呈淡粉红色，在某些疾病时常发生变化，可作为诊断的依据。如感冒发烧时充血变红，肠炎时黄染变红，贫血或大失血时变苍白等。眼睑缘长有睫毛。

第三眼睑（third palpebra），又称瞬膜（nictitating membrane），是位于内眼角的半月状结膜皱褶，褶内有三角形软骨板。家畜发生破伤风时，一刺激即瞬膜外露。

#### 13.1.2.2　泪器

泪器由泪腺和泪道所组成。

（1）泪腺（lacrimal gland）　位于额骨眶上突的基部，眼球的背外侧，长约5 cm，宽约3 cm，以数条输出管开口于上眼睑结膜。泪腺分泌泪液，有湿润和清洁结膜及角膜的作用。

（2）泪道　是泪液排出的通道，分泪小管、泪囊和鼻泪管三段。泪小管（lacrimal ductule）有两条，均位于内眼角内，下端共同汇入泪囊。泪囊（lacrimal sac）呈漏斗状，位于泪骨的泪囊窝内。泪囊下方通于鼻泪管（nasolacrimal duct），鼻泪管向下开口于鼻腔前庭腹侧壁的鼻泪管口。猪无泪囊，鼻泪管开口于下鼻道后部。

**窗口**

**白内障、近视眼、远视眼及青光眼**

　　白内障　晶状体失去透明度，称为白内障。创伤、有毒物质、感染或年龄老化都可能引起晶状体蛋白质的这种化学变化。双侧晶状体白内障未加治疗是最常见的致盲原因。发生白内障的晶状体可以经手术摘除，置换人工晶状体，视力就可以大部分恢复。

　　近视眼和远视眼　近视眼中，对晶状体的折射能力来说，眼球过长，远处的物体只能聚焦在视网膜的前面。近处的物体可以聚焦在视网膜上。佩戴凹透镜可以矫正近视眼。远视眼中，对晶状体的折射能力来说，眼球过短，近处的物体聚焦于视网膜的后面。远处的物体可以聚焦于视网膜上。佩戴凸透镜可以矫正远视眼。

　　青光眼　青光眼是一种眼内压异常升高的疾病。眼房水不能正常及时地经巩膜静脉窦排出。液体的潴留导致脉络膜内血管受到压迫，视神经同时也受到压迫。视网膜细胞死亡和视神经萎缩导致失明。早期发现，药物可以有效地治疗青光眼。

### 13.1.2.3　眼球肌

　　眼球肌是一些使眼球灵活运动的横纹肌，位于眶骨膜内。均起始于视神经孔周围的眼眶壁，止于眼球巩膜。有眼球退缩肌、眼球直肌和眼球斜肌。

　　（1）眼球退缩肌（bulb retraction muscle）　1条，沿着视神经孔周缘起始，包着视神经走向眼球，以肌齿附着于巩膜。

　　（2）眼球直肌（rectus muscle）　4条，按位置分眼球上直肌、下直肌、外直肌和内直肌。

　　（3）眼球斜肌（oblique muscle）　2条，包括眼球上斜肌和眼球下斜肌。

### 13.1.2.4　眶骨膜

　　眶骨膜（periorbita）是个圆锥状纤维鞘，故又叫眼鞘，包围着眼球、眼肌、眼的血管和神经及泪腺。

### 13.1.3　视觉传导径

　　视网膜的感光细胞将光线的刺激转变为神经冲动，经双极细胞传至节细胞，通过节细胞轴突构成的视神经、视交叉和视束，大部分纤维经丘脑下部至间脑的外侧膝状体，更换神经元后，由外侧膝状体发出纤维经内囊投射到大脑皮质视觉区而产生视觉；小部分纤维止于中脑前丘和顶盖前区（顶盖前核）。前丘为视觉的反射中枢，发出纤维至脑干的眼球肌运动神经核（如动眼神经核、滑车神经核和外展神经核）和颈部脊髓腹侧柱的运动神经元（通过顶盖脊髓束），产生头颈和眼球对光的反射。顶盖前核为瞳孔反射中枢，发出节前纤维至睫状神经节，由睫状神经节再发出节后纤维至瞳孔括约肌。当视网膜受强光刺激时，引起瞳孔括约肌收缩，使瞳孔缩小。

## 13.2　位听器官

　　位听器官包括位觉器官和听觉器官两部分。这两部分机能虽然不同，但结构上难以分开。

位听器官由外耳、中耳和内耳三部分构成。外耳收集声波，中耳传导声波，内耳是听觉感受器和位置觉感受器所在地。

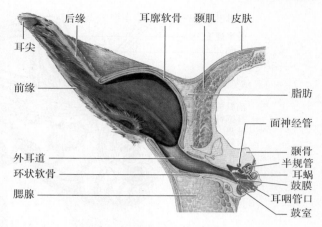

图 13-5　耳的构造示意图

### 13.2.1　外耳

外耳（external ear）包括耳郭（耳廓）、外耳道和鼓膜三部分（图 13-5）。

#### 13.2.1.1　耳郭

耳郭（auricle）以耳郭软骨为基础，内、外均覆有皮肤。耳郭里面的凹陷叫舟状窝。耳郭前、后缘向上会合形成耳尖，耳郭下部叫耳根，在腮腺深部连于外耳道。耳郭软骨基部外面附着有许多耳肌，故耳郭转动灵活，便于收集声波。

#### 13.2.1.2　外耳道

外耳道（external acoustic meatus）是从耳郭基部到鼓膜的通道，由软骨性外耳道和骨性外耳道两部分构成。软骨性外耳道上部与耳郭软骨相接，下部固着于骨性外耳道的外口。骨性外耳道即颞骨的外耳道，呈漏斗状，长 2.5～3.5 cm。外口大，内口小，内口朝向中耳。

#### 13.2.1.3　鼓膜

鼓膜（tympanic membrane）是一片椭圆形的纤维膜，坚韧而有弹性，位于外耳道底部，是外耳和中耳的分界。鼓膜厚约 0.2 mm，外表面呈浅凹面，内表面隆凸。

### 13.2.2　中耳

中耳（middle ear）由鼓室、听小骨和咽鼓管组成（图 13-6）。

#### 13.2.2.1　鼓室

鼓室（tympanic cavity）是颞骨里一个含有空气的骨腔，内面被覆黏膜。鼓室的外侧壁是鼓膜，内侧壁为骨质壁或迷路壁。在内侧壁上有一隆起称为岬（promontory），岬的前方有前庭窗，被镫骨底及环状韧带封闭，岬的后方有蜗窗，被第二鼓膜所封闭。鼓室的前下方有孔通咽鼓管。

#### 13.2.2.2　听小骨

听小骨（auditory ossicle）位于鼓室内，共有三块，由外向内依次为锤骨（malleus）、砧骨（incus）和镫骨（stapes）。它们彼此以关节连成一个骨链，一端以锤骨柄附着于鼓膜，另一端以镫骨底的环状韧带附着于前庭窗。鼓膜接受声波而振动，再经此骨链将声波传递到内耳。

#### 13.2.2.3　咽鼓管

咽鼓管（auditory tube）起自鼓室而开口于咽腔。空气从咽经此管到鼓室，以调节鼓室内压与外界气压的平衡，防止鼓膜被震破。

### 13.2.3　内耳

内耳（internal ear）又称迷路，因结构复杂而得名，分为骨迷路和膜迷路两部分（图 13-6）。它们是盘曲于鼓室内侧骨质内的骨管，在骨管内套有膜管。骨管称骨迷路，膜管称膜迷路。膜迷路内充满内淋巴，在膜迷路与骨迷路之间充满外淋巴，它们起着传递声波刺激和动物体位置

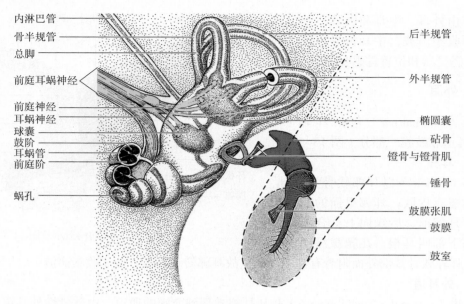

内淋巴管
骨半规管
总脚
前庭耳蜗神经
前庭神经
耳蜗神经
球囊
鼓阶
耳蜗管
前庭阶
蜗孔

后半规管
外半规管
椭圆囊
砧骨
镫骨与镫骨肌
锤骨
鼓膜张肌
鼓膜
鼓室

图 13-6    马的中耳和内耳

变动刺激的作用。

### 13.2.3.1    骨迷路

骨迷路（osseous labyrinth）位于鼓室内侧的骨质内，由前庭、骨半规管和耳蜗三部分构成。

（1）前庭（vestibule）  为位于骨迷路中部较为扩大的空腔，向前下方与耳蜗相通，向后上方与骨半规管相通。前庭的外侧壁（即鼓室的内侧壁）上有前庭窗和蜗窗；前庭的内侧壁是构成内耳道底的部分，壁上有前庭嵴，嵴的前方有一球囊隐窝（spherical recess），后方有一椭圆囊隐窝（elliptic recess），后下方有一前庭小管内口。

（2）骨半规管（bony semicircular canal）  位于前庭的后上方，为三个彼此互相垂直的半环形骨管，按其位置分别称为前半规管、后半规管和外半规管。每个半规管的一端膨大，称为骨壶腹，另一端称为骨脚。

（3）耳蜗（cochlea）  位于前庭的前下方，由一耳蜗螺旋管围绕蜗轴（由骨松质构成）盘旋数圈（牛、羊 3.5 圈，马 2.5 圈，猪 4 圈）而成，呈圆锥形，管的起端与前庭相通，盲端终止于蜗顶。蜗轴底即内耳道的一部分，该处凹陷，有许多小孔，供耳蜗神经通过。

  **窗口**

### 耳鸣与耳聋

耳鸣是指没有声音时一只耳朵或双耳感到声音响的感觉。它可以由螺旋器或耳蜗神经异常的刺激引起。耳鸣常伴随多数耳部疾病，其它如心血管疾病和贫血都常伴有耳鸣。巨大声响、尼古丁、咖啡因和酒精可以加剧这种情况。

耳聋是指听力丧失，包括两种类型。传导性耳聋是指外耳或中耳的缺陷导致声音传导的中断。例如，镫骨不能移动，这就会妨碍声音通过中耳室的传递。神经性耳聋是由耳蜗结构或耳蜗神经的损伤而引起的。传导性耳聋通常可以矫正，而神经性耳聋矫正的很少。

#### 13.2.3.2　膜迷路

膜迷路（membranous labyrinth）为套于骨迷路内互相通连的膜性囊和管（由纤维组织构成，内面衬有单层上皮），形状与骨迷路相似，由椭圆囊、球囊、膜半规管和耳蜗管组成。

（1）椭圆囊（utriculus）　位于前庭的椭圆隐窝内，与膜半规管相通。

（2）球囊（sacculus）　位于前庭的球状隐窝内，一端与椭圆囊相通，另一端与耳蜗管相通。

（3）膜半规管（semicircular duct）　套于骨半规管内，与骨半规管的形状一致，膜壶腹和膜脚均开口于椭圆囊。

在椭圆囊、球囊和膜半规管壶腹的壁上，均有一增厚的部分，分别形成椭圆囊斑（macula utriculi）、球囊斑（macula sacculi）和壶腹嵴（crista ampullaris），它们为位置觉（平衡觉）感受器，调节动物的运动，以维持动物体平衡，并与小脑密切相连。

（4）耳蜗管（cochlear duct）　位于耳蜗螺旋管内，与耳蜗螺旋管的形状一致。一端与球囊相通连，另一端终止于蜗顶。在耳蜗管的基底膜上有感觉上皮的隆起，称为螺旋器（spiral organ），又称科尔蒂器（organ of Corti），为听觉感受器，声波经一系列途径传到耳蜗后，由耳蜗管内的螺旋器将其转化为神经冲动，再经前庭耳蜗神经的耳蜗支传到脑，而产生听觉。

### 13.2.4　听觉和位置觉传导径

#### 13.2.4.1　听觉传导径

声波经外耳道传到鼓膜，鼓膜感受声波而震动，然后借着听小骨将震动传给前庭的外淋巴，再经内淋巴传给螺旋器。螺旋器的毛细胞因受声音刺激而产生神经冲动，传至螺旋神经节（位于蜗轴内）的细胞，通过该细胞轴突构成的前庭耳蜗神经的耳蜗支，至延髓的耳蜗神经核。由耳蜗神经核发出的纤维，大部分伸延到间脑内侧膝状体，更换神经元后，由内侧膝状体发出纤维经内囊投射至大脑皮质听觉区，而产生听觉；小部分纤维终止于中脑后丘，后丘是听觉反射中枢，由此发出纤维至脑干的眼球肌运动神经核和颈部脊髓腹侧柱运动神经元（通过顶盖脊髓束），而产生对声音的朝向反射。

#### 13.2.4.2　位置觉（平衡觉）传导径

当头部位置改变时，在重力影响下，刺激内耳位置觉感受器（壶腹嵴、椭圆囊斑和球囊斑）的毛细胞而产生神经冲动，经前庭神经节（位于内耳道底部）的中枢突构成的前庭神经，至延髓的前庭核。由前庭核发出的纤维，一部分至脑干的滑车、外展和动眼神经核，使眼球肌发生反射活动；一部分形成前庭脊髓束，至脊髓各段的腹侧柱，以完成头颈、躯干和四肢的姿势反射；还有一部分至小脑蚓部，由小脑蚓部发出纤维经锥体外系传至脊髓腹侧柱，以完成平衡调节。

## 思考与讨论

1. 简述眼球的结构及各部结构的作用。
2. 简述耳的构造。
3. 怎样防治白内障、近视眼、远视眼、青光眼？

# 14 犬的解剖学特征

## 本章重点

- 了解犬骨骼和肌肉的解剖学特点。
- 掌握犬消化、呼吸、泌尿和生殖系统的解剖学特点。
- 掌握犬心血管和免疫系统的解剖学特点。
- 掌握犬神经和内分泌系统的解剖学特点。
- 理解犬的解剖学特征与其肉食习性的相互关系。

本章英文摘要

## 14.1 骨骼

犬的全身骨骼（图 14-1）包括躯干骨、头骨、前肢骨、后肢骨及阴茎骨。

### 14.1.1 躯干骨

#### 14.1.1.1 椎骨

50～53 枚，其数式为 C7、T13、L7、S3、CY20～23。胸椎棘突由前向后逐渐变短，腰椎横突自第 1 枚至第 6 枚逐渐增长，第 7 枚又稍短。3 枚荐椎愈合成荐骨，第 1 荐椎最大，第 3 荐椎的横突向后方突出。尾椎数目变化较大，前 6 个尾椎有完整的椎弓、椎孔和横突，以后则逐渐退化消失。

#### 14.1.1.2 肋

13 对，其中胸骨肋 9 对，弓肋 4 对，肋骨体窄，弯度大。最后肋的肋软骨很短，不连前肋，称浮肋。

#### 14.1.1.3 胸骨

由 8 块胸骨节片愈合而成，最后节片的后端附有剑状软骨。

胸廓略呈圆筒状，其背腹径稍大于横径，入口呈卵圆形。

### 14.1.2 头骨

头骨近似长卵圆形，由于品种不同，头骨形态、大小差异很大。头骨分颅骨和面骨。

#### 14.1.2.1 颅骨

构成颅腔，由不成对的枕骨、蝶骨、筛骨和顶间骨，以

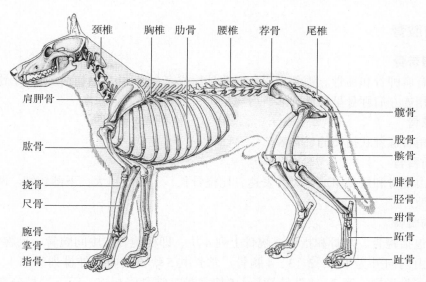

图 14-1 犬全身骨骼

及成对的顶骨、颞骨和额骨围成。

### 14.1.2.2 面骨

位于颅骨的前下方，构成鼻腔和口腔的骨质基础。面骨包括成对的上颌骨、颌前骨、腭骨、翼骨、鼻骨、颧骨、泪骨、下颌骨、上下鼻甲骨和单一的犁骨，此外还有舌骨和听骨等。

 **窗口**

### 犬的生物学特征

犬是较早驯化的家养动物之一，有史以来即被人类饲养利用。现有犬的品种有100多种，可划分为猎犬、军犬、警犬、牧羊犬、观赏犬、护家犬、肉用犬等。

犬属哺乳纲、食肉目、犬科。其寿命为 10~20 年，性成熟 8~10 个月。第一次配种期在出生1年以后，每次发情持续 14~21 天，怀孕期 59~63 天，每胎产 2~8 只仔犬。一年中发情 2 次，多在春秋两季。

犬易于驯养，经过训练能很好地配合实验。在生理学实验中，犬是主要的实验动物；在药理学实验中，犬也被广泛使用。尤其多用于心血管系统、神经系统和消化系统的实验研究。犬很适合进行慢性实验，如进行高血压实验治疗和条件反射等，可使犬处于清醒状态下进行实验。还可在犬身上进行手术，根据实验需要做胃瘘、肠瘘等。此外，亚急性毒性和慢性毒性实验时，也常用犬，所以犬在实验动物中占有重要的地位。

做实验多用普通的杂种犬，一般慢性实验可选用活泼型的，不用神经型或沉郁型的。进行胃瘘、肠瘘、输尿管瘘或导尿，用雌性犬为好，有利于伤口包扎和护理。如果是摘除脑垂体或开颅的脑部手术，则多选用颅底平坦的短嘴犬。

健康犬常不停地活动，食欲好，毛有光泽，粪便成块，粪尿不带血，反应灵敏。犬的鼻尖可正确反映全身的健康状态，正常时鼻尖湿润有油状，触摸有凉感。如果鼻尖干燥，触摸发热，说明有病。

### 14.1.3　前肢骨

#### 14.1.3.1　肩带骨

肩带骨有肩胛骨和锁骨。锁骨为三角形薄骨片或完全退化，锁骨存在时位于臂头肌内，不与其它骨骼相连。肩胛骨呈长椭圆形，肩峰呈钩状。

#### 14.1.3.2　肱骨

肱骨是稍有螺旋状扭转的长骨。

#### 14.1.3.3　前臂骨

前臂骨由桡骨和尺骨组成，尺骨发达，比桡骨长，上端较粗大，下部较细。两骨之间有大的前臂骨间隙。

#### 14.1.3.4　前脚骨

前脚骨包括腕骨、掌骨和指骨。腕骨上列 4 块，即桡腕骨、中间腕骨、尺腕骨和副腕骨；下列 4 块，由内向外为第 1、2、3、4 腕骨。掌骨共 5 块，由内向外排列为第 1、2、3、4、5 掌骨，第 1 掌骨最短，第 3、4 掌骨最长。5 块掌骨上端紧密相连，而下端稍分离。指骨除第 1 指是两个骨节外，其它 4 指均由 3 个骨节组成。第 1 指骨最短，行走时并不着地。

### 14.1.4　后肢骨

#### 14.1.4.1　盆带骨

盆带骨由髋骨组成，包括髂骨、耻骨和坐骨，均属扁骨。髋骨、荐骨和前 4 个尾椎共同组成盆腔的骨架。

#### 14.1.4.2　股骨

圆柱状，两端粗大，近端大转子低于股骨头；近端内、外髁较明显，在内外髁的后上部，均有与籽骨相接的关节面。

#### 14.1.4.3　髌骨

髌骨是一块较大的籽骨。

#### 14.1.4.4　小腿骨

小腿骨包括胫骨、腓骨。胫骨粗大，腓骨细长，两端稍膨大。胫、腓骨之间有大的小腿骨间隙，腓骨下部扁平，与胫骨密接。

#### 14.1.4.5　后脚骨

后脚骨包括跗骨、跖骨和趾骨。跗骨 7 块，排成 3 列，上列 2 块为距骨和跟骨。下列 4 块，自内向外依次为第 1、2、3、4 跖骨。中列只有 1 块中央跗骨。跖骨与趾骨的排列与前脚的掌、指骨相似。

## 14.2　肌肉

犬的全身浅层肌肉见图 14-2，图 14-3。

### 14.2.1　躯干肌

颈皮肌可分浅深两层，躯干部皮肌非常发达，几乎包着整个胸腹部。

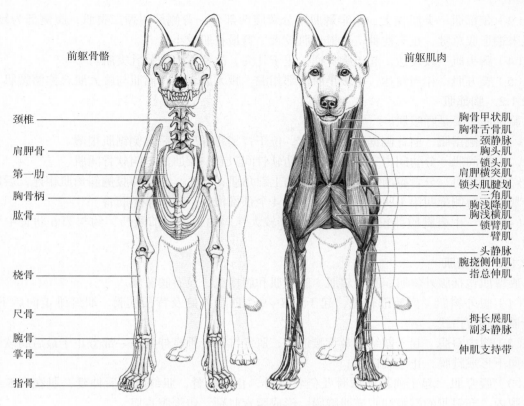

图 14-2　犬前驱骨骼和肌肉

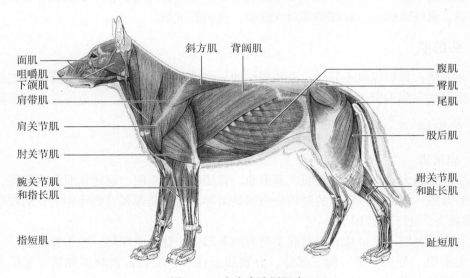

图 14-3　犬全身浅层肌肉

### 14.2.1.1 脊柱肌

（1）背腰最长肌　在第 6 至第 7 胸椎部，分出背颈棘肌，在腰部没有臀中肌的压迹。

（2）髂肋肌　相当发达，起自髂骨，向前止于所有肋骨后缘和后 4 个颈椎。

（3）颈部肌　夹肌强大。头半棘肌可分背腹两部分：背侧部叫颈二腹肌，腹侧部为复肌。两肌末端形成总腱，止于枕骨。头最长肌较大，寰最长肌较小。

（4）胸头肌　较发达，起于胸骨柄，止于乳突，故又称为胸骨乳突肌。

（5）腰方肌　相当发达，与腰小肌前部相混。腰大肌较小，髂肌与腰大肌合称髂腰肌。

#### 14.2.1.2　胸部肌

胸部肌主要是呼吸肌。

（1）背侧锯肌　前背侧锯肌相当发达，位于背阔肌深层；后背侧锯肌很薄。

（2）肋间肌　分肋间内、外肌，但在肋软骨间只有一层肌肉，叫软骨间肌。

（3）斜角肌　分背腹两部：背侧部叫肋上斜角肌，较大，前部与腹侧斜角肌相连，后部分两个肌腹；腹侧部叫第 1 肋斜角肌，起于后 4 个颈椎横突，止于第 1 肋骨。

（4）膈　中央腱质部较小，周围肌质部较大，膈的顶部向前隆凸，约与第 6 肋骨中下部相对。

#### 14.2.1.3　腹壁肌

腹壁肌包括腹外斜肌、腹内斜肌、腹直肌和腹横肌，没有腹黄膜。

（1）腹外斜肌　肉质部较宽，起于后 8~9 个肋骨外侧及背腰筋膜。肌纤维走向后下方，止于髂骨和腹白线。

（2）腹内斜肌　起于髋结节及背腰筋膜，肌纤维近于垂直伸延，一部分止于最后肋软骨内侧，向下形成腱膜，止于腹白线。

（3）腹直肌　起于前部肋软骨及剑状软骨，止于耻骨，肌纤维前后伸延，肌腹有 5 条腱划，腹内、外斜肌的腱膜和腹横肌腱膜，形成腹直肌鞘，包围腹直肌。

（4）腹横肌　起于腰椎横突、弓肋下端和后 3 个肋软骨内面，止于剑状软骨和腹白线，为三角形薄肌，肌纤维横行，到腹侧部形成腱膜，包围腹直肌。

### 14.2.2　头部肌

面皮肌发达；鼻唇提肌不分层；鼻孔周围的一些小肌相对发达；缺下唇降肌和二腹肌，枕颌肌（二腹肌枕下部）发达；咬肌发达，厚且呈卵圆形；颞肌发达，部分纤维与咬肌融合。

### 14.2.3　前肢肌

#### 14.2.3.1　肩带肌

肩带肌包括斜方肌、肩胛横突肌、菱形肌、背阔肌、臂头肌、腹侧锯肌和胸肌等。

（1）斜方肌　较薄，以狭窄的腱膜分为颈胸两部。起于前部颈背侧缘中央；后端达第 9 或第 10 胸椎棘突，止于肩胛冈。

（2）肩胛横突肌　呈带状，以腱起于肩胛冈下部，经臂头肌深层，止于寰椎翼。

（3）菱形肌　分头、颈、胸三部分，分别起于枕脊、项韧带索状部和第 4 至第 6 胸椎棘突，止于肩胛骨上缘内侧面和肩胛软骨。

（4）背阔肌　起于背腰筋膜及后两个肋骨，在肩后部与皮肌相混，止于肱骨圆肌结节。

（5）臂头肌　在肩关节前方，有一个腱质板，内有锁骨，锁骨后部的腱质纤维附着于肱骨。

（6）腹侧锯肌　颈、胸二部之间无明显界限，起于后 5 个颈椎和前 8 个肋骨，止于肩胛骨内侧面上部。

（7）胸肌　分浅、深两层。胸浅肌小，起于胸骨，肌纤维走向外侧，止于肱骨及前臂筋膜；胸深肌大，起自胸骨、肋软骨并连腹外斜肌腱膜，纤维走向前外侧，止于肱骨。

### 14.2.3.2　肩臂肌

（1）冈上肌　较大，位于冈上窝内。

（2）冈下肌　为羽状肌，止腱下有黏液囊。

（3）三角肌　分为肩胛部和肩峰部。肩胛部呈三角形，起自肩胛冈，大部止于臂外侧筋膜；肩峰部短而粗，呈纺锤形，起自肩峰，止于三角肌结节。

（4）前臂筋膜张肌　薄而窄，起于背阔肌腱膜，止于肘突和前臂筋膜。

（5）臂三头肌　有4个头，包括长头、内侧头、外侧头和被这3个头包围的副头。

（6）臂肌　弯曲度很小，几乎垂直伸延。

肩胛下肌、大圆肌、小圆肌、喙臂肌、臂二头肌等与牛的基本相似。

### 14.2.3.3　前臂肌

作用于腕指关节的主要肌肉。

（1）腕桡侧伸、屈肌　腕桡侧伸肌分为浅深两部，起于肱骨外上髁，分别止于第2、3掌骨。腕桡侧屈肌起于肱骨内上髁，止于第2、3掌骨。

（2）拇长外展肌　肌腱内含小籽骨。

（3）指总伸肌　有4个肌腹，末端腱分别止于第2、3、4、5指的第3指节骨。

（4）第1、2指固有伸肌　是位于指总伸肌深部的一个小肌，伴随指总伸肌下行，止于第1、2指。

（5）指外侧伸肌　前内侧的肌腹为第3、4指固有伸肌，外侧肌腹为第5指固有伸肌。

（6）尺骨外侧肌（腕尺侧伸肌）　肌腹较大，止于第5掌骨和副腕骨，是爪的展肌。

（7）腕尺侧、桡侧屈肌　腕尺侧屈肌无特殊之处。腕桡侧屈肌止于第2、3掌骨。

（8）旋前、旋后圆肌　旋前圆肌起于肱骨内上髁，止于桡骨中部背内侧缘。旋后圆肌起于肱骨内上髁，止于桡骨背内侧面。

（9）指浅屈肌　位于前臂部内面掌侧浅层，其远侧端分为4个腱，止于第2、3、4、5指的第2指节骨。

（10）指深屈肌　起始部为3个头，肌腹合成一个总腱，然后分为5支，止于第1至第5指的远指节骨。

## 14.2.4　后肢肌

### 14.2.4.1　臀、股部肌

（1）阔筋膜张肌　在股前部，起于髂骨外侧缘，分前后两部，止于股阔筋膜。

（2）臀浅肌　较小，在臀部皮下分前后两部。

（3）臀中肌　起于髂骨翼，止于大转子。梨状肌独立存在，起于荐骨，止于大转子嵴。

（4）臀深肌　在臀中肌深层，起于坐骨棘，止于大转子。

（5）股二头肌　起始部两个头分别起于荐结节阔韧带及坐骨结节，止于髌骨、胫骨和跟骨。

（6）半腱肌　起于坐骨结节，止于胫骨内侧面。

（7）半膜肌　肌腹较大，起于坐骨结节，分前后两部：前部止于耻前腱和股骨内侧上髁，后部止于胫骨内侧髁。

（8）股四头肌　4个肌腹愈合为一，膝直韧带仅1条，相当于股四头肌的末端止腱。

（9）缝匠肌　由前、后两部分组成，分别起于髋结节和髂骨翼腹侧缘，止于胫骨内侧面。

（10）股薄肌　起于骨盆联合，止于小腿筋膜和胫骨近端内侧。

（11）内收肌　分前、后两部，起于耻骨和坐骨腹侧面，止于股骨内侧面。

（12）耻骨肌　起于耻骨前缘，止于股骨内侧面。

（13）股方肌　小，位于内收肌上部内侧，起于坐骨腹侧，止于股骨后面。

#### 14.2.4.2　小腿部主要肌肉

（1）腓肠肌　有两个头，起始部含籽骨，下端合成跟腱。

（2）胫骨前肌　较大，起于胫骨外侧髁和嵴，止于第1、2跖骨。

（3）趾长伸肌　纺锤形，大部为胫骨前肌覆盖。止于第2、3、4、5趾的远趾节骨。

（4）趾外侧伸肌　为小的半羽状肌，被腓肠肌和趾深屈肌覆盖，起于腓骨近端，与趾长伸肌的第5趾腱合并。

（5）腓骨长肌　起于胫骨上端和腓骨，向下延伸到小腿部变成腱，转向内侧，止于第1跖骨。

（6）趾浅屈肌　起于股骨，肌腹较大，被腓肠肌覆盖着，在小腿中部变为腱，由跟腱内侧转到跟结节顶端，然后沿跖部下行，分为4支，止于第2、3、4、5趾。

（7）趾深屈肌　有两个头，外侧头大，内侧头小，均起于胫外侧髁和腓骨后面，到跖部二腱合并，然后再分为4支，止于第2、3、4、5趾的趾节骨。

## 14.3　消化系统

犬消化系统（图14-4）包括消化管和消化腺，见图14-5至图14-7。

### 14.3.1　消化管

#### 14.3.1.1　口腔

犬的口裂很长，口角约与第3或第4臼齿相对。唇薄而运动灵活，表面长有触毛，上唇中央部有一小区无触毛，而有一中央沟（人中）。下唇侧缘有锯齿状突。

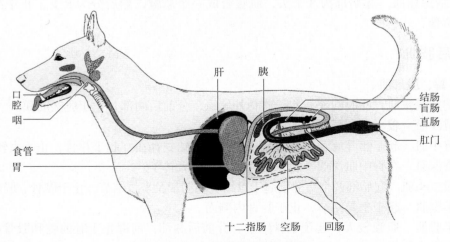

图14-4　犬的消化系统模式图

舌宽而薄且灵活，呈淡红色。舌的背面中央有纵沟（舌正中沟），舌背密布丝状乳头和锥状乳头（舌后部）；菌状乳头散布于舌背面和侧缘，轮廓乳头有4~6个；叶状乳头较小，一对。

齿尖锐，恒齿共42枚。

恒齿式为 $2\left(\dfrac{3\quad1\quad4\quad2}{3\quad1\quad4\quad3}\right)=42$

乳齿式为 $2\left(\dfrac{3\quad1\quad3\quad0}{3\quad1\quad3\quad0}\right)=28$

犬齿最发达，臼齿的数目因品种而异。

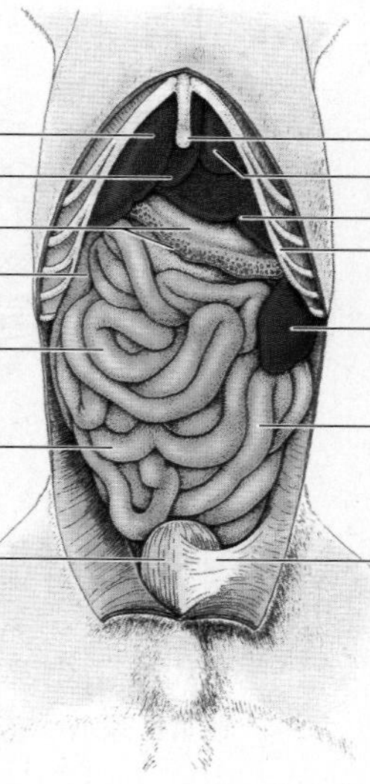

#### 14.3.1.2　咽和食管

咽有7个孔与邻近器官相通。咽鼓管的咽口处黏膜向咽腔凸出，称为咽鼓管隆凸。食管比较宽大，仅在起始部一段较细。

#### 14.3.1.3　胃

容积比较大，中等体型狗的胃，其容量约为2.5 L，呈不正的梨形，大部分位于左季肋部。胃内容物充满时，大弯可抵腹腔底壁。其结构与猪胃相似（图14-8）。

#### 14.3.1.4　肠

犬的肠管比较短，为体长的5~6倍。分为小肠和大肠两部分（图14-9）。

（1）小肠全长3~4 m，肠管呈襻状盘曲，位于肝和胃的后方，占腹腔容积的大部分。十二指肠自幽门走向后上方，经右髂部到骨盆前口处转向内侧，再沿降结肠和左肾内侧向前移行，至胃后部；然后，再转向后方，即移行为空肠。胆总管和胰管共同开口于十二指肠距幽门5~8 cm处，由此向后2.5~5 cm处为副胰管开口处。

（2）大肠平均长度为60~75 cm，其管径与小肠相似，肠壁无纵肌带和肠袋。

图右上：
肝右内叶——　　　　——剑状软骨
肝方叶——　　　　——肝左内叶
胃大弯——　　　　——肝左外叶
大网膜——　　　　——肋弓
十二指肠——
空肠——　　　　——脾
空肠——　　　　——空肠
膀胱——　　　　——膀胱中韧带

图 14-5　犬内脏腹面观

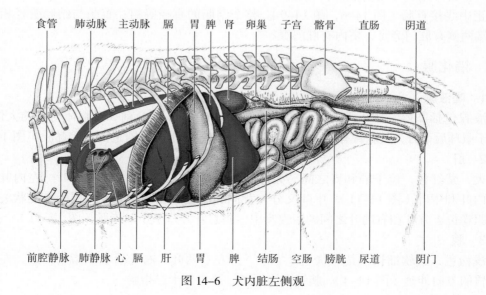

食管　肺动脉　主动脉　膈　胃脾肾　卵巢　子宫　髂骨　直肠　阴道

前腔静脉　肺静脉　心　膈　肝　胃　脾　结肠　空肠　膀胱　尿道　阴门

图 14-6　犬内脏左侧观

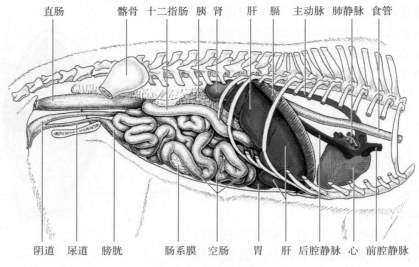

图 14-7　犬内脏右侧观

　　盲肠长约 13 cm，呈螺旋状弯曲，位于体正中线与右髂部之间，在十二指肠和胰腺的腹侧。盲肠前端开口于结肠起始部，后端为尖形的盲端。盲肠借腹膜固定于回肠襻。盲肠黏膜内含有许多孤立淋巴小结。

　　结肠位于腰下部，呈"匚"形排列，分三部。由回结肠口向前行至胃的幽门部，为升结肠（结肠右部）；转向左侧横过体正中线，即形成横结肠；再弯向后方，沿左腹面向后行，称为降结肠（结肠左部）；而后，再

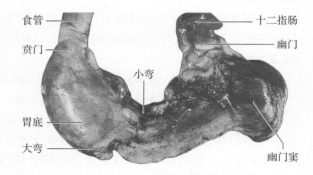

图 14-8　犬胃脏面观

斜向体正中线接直肠（图 14-6，图 14-9）。整个结肠的直径等粗；直肠与结肠管径相同，在直肠末端两侧有肛门旁窦，窦内有肛门腺。

## 14.3.2　消化腺

### 14.3.2.1　唾液腺

　　唾液腺包括腮腺、颌下腺、舌下腺和眶腺（orbital gland）。前 3 对腺体与猪的大体相同。眶腺位于眼球后下方，其腺管有 4～5 条，下行开口于最后上白齿附近的口腔黏膜（图 14-10）。

### 14.3.2.2　肝

　　较大，紫红色，位于膈和胃之间，大部分位于右季肋部。肝分为左外叶、左内叶、右外叶、右内叶和中叶（图 14-11）。中叶又分为背侧的尾叶和腹侧的方叶；尾叶有尾状突和乳头状突。胆囊位于方叶和右内叶之间的胆囊窝中，胆总管开口于十二指肠（图 14-11）。

### 14.3.2.3　胰

　　呈浅粉色，柔软细长，其形状呈 V 字形，分左右两叶，右叶沿十二指肠伸延，左叶沿大网膜向胃的方向伸延（图 14-4）。胰管多为两条，开口于十二指肠。

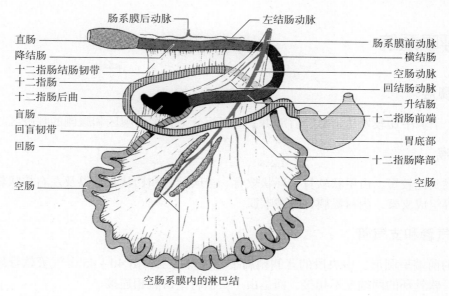

图 14-9　犬肠模式图

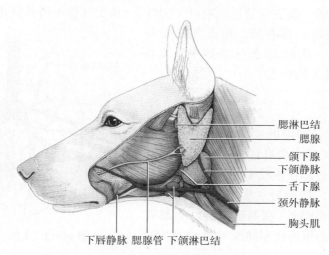

图 14-10　犬的唾液腺

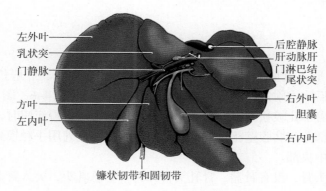

图 14-11　犬肝的分叶和胆囊

## 14.4　呼吸系统

### 14.4.1　鼻腔

宽大，下鼻甲比较发达，鼻腔后部由一横行板分为背侧的嗅区和腹侧的呼吸区。

### 14.4.2　喉

犬的喉头比较短，由甲状软骨、环状软骨、会厌软骨和杓状软骨以及左右杓状软骨之间的杓间软骨等组成支架，内衬黏膜，外被喉肌。

### 14.4.3　气管和支气管

气管的前端呈圆形，中央段的背侧稍扁平。气管的全长由 40~45 个气管软骨环组成。在气管背侧、软骨环的两端互不相接，而是由一层横行平滑肌相连接。

气管在颈部位于食管的腹侧，进入胸腔后很快分成两根支气管。在入肺之前，每一支气管干先分成两支。在右肺，前支气管进入前叶（尖叶），从支气管干另外分出两支，一支到中叶（心叶），另一支到副叶；在左肺，前支气管先分成两支，一支到前叶（尖叶），另一支到中叶（心叶），后支气管到后叶（膈叶）。

### 14.4.4　肺

犬的左肺分三叶，即前叶（尖叶）、中叶（心叶）和后叶（膈叶），其中尖叶的尖端小而钝，位于心包的前方，并越过体正中线至左侧。右肺比左肺大 1/4，分为四叶，即前叶（尖叶）、中叶（心叶）、后叶（膈叶）和副叶。在两肺的心叶上都有心压迹，其中右肺的心压迹比左肺深（图 14-12）。

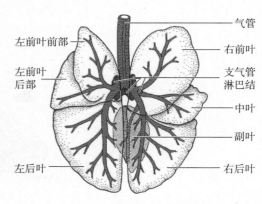

图 14-12　犬肺、支气管和淋巴结

## 14.5　泌尿系统

### 14.5.1　肾

犬的两肾均呈豆形，质量为 50~60 g。右肾靠前，比较固定，一般位于前 3 个腰椎的下方，有的向前可达最后胸椎附近；左肾靠后，位置变化较大（图 14-6，图 14-7）。

由于肾的腹膜附着部比较松弛，而且受胃容积变化的影响，胃充满时，左肾则向后移。左肾的外侧缘经常有一部分与肋腹壁相接触，在活体上，可在皮外用手触摸到，其位置约在最后肋骨与髂骨嵴之间的中央部。

犬肾属平滑单乳头肾，没有肾盏，肾乳头合并为一个总乳头，突入肾盂中。肾盂在肾门处变窄，与输尿管相接（图 14-13）。

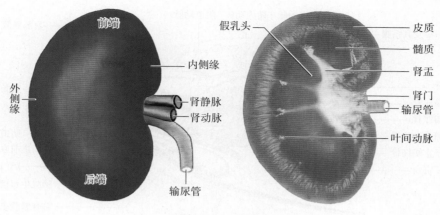

图 14-13　犬肾

### 14.5.2　输尿管

起自肾盂，止于膀胱。每一输尿管均分为腹腔部和盆腔部。右侧输尿管的腹腔部位于后腔静脉外侧；左侧输尿管腹腔部则在腹主动脉外侧，在腹膜下沿腰小肌表面向后伸延，进入骨盆腔。输尿管的盆腔部沿盆腔侧壁向后腹侧方向移行，在膀胱颈的前方，开口于膀胱的背侧壁（图 14-13）。

### 14.5.3　膀胱

膀胱分为顶、体、颈三部分。当膀胱充满尿液时，其颈部在耻骨前缘处，而体部移位于腹腔，当膀胱空虚或缩小时，则全部退回盆腔内。

## 14.6　生殖系统

### 14.6.1　母犬生殖系统

母犬生殖系统见图 14-14。

#### 14.6.1.1　卵巢

较小，其长度平均约为 2 cm，呈长卵圆形。两侧卵巢位于距同侧肾的后端 1～2 cm 处的卵巢囊内，卵巢囊的腹侧有裂口。性成熟后的卵巢含有不同发育阶段的卵泡，因此其表面隆凸不平。

#### 14.6.1.2　输卵管

细小，长度 5～8 cm，由输卵管系膜固定，输卵管伞大部分位于卵巢囊内，其腹腔口较大，而子宫口很小，接子宫角。

#### 14.6.1.3　子宫

属双角子宫。子宫角细而长，中等体型犬的子宫角长 12～15 cm。子宫颈位于腹腔内，很短，含有一厚层肌肉形成的圆柱状突。

#### 14.6.1.4　阴道

比较长，前端变细，无明显的穹隆，肌层很厚，主要由环行肌纤维组成。阴道黏膜有纵行皱褶。

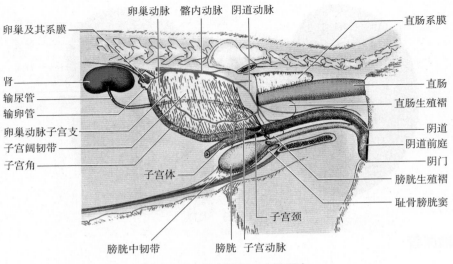

图 14-14　母犬泌尿、生殖器官

### 14.6.2　公犬生殖系统

公犬生殖系统包括睾丸和附睾、输精管、前列腺、尿道、阴茎等（图 14-15，图 14-16）。犬没有精囊腺和尿道球腺。

#### 14.6.2.1　睾丸和附睾

睾丸呈卵圆形，位于阴囊内。长轴自后上方斜向前下方。附睾比较大，附着于睾丸的背外侧；附睾头在前下端，附睾尾在后上端。

#### 14.6.2.2　输精管

起自附睾尾，经腹股沟管进入腹腔，继而向后上方延伸进入盆腔，在膀胱颈背侧，开口

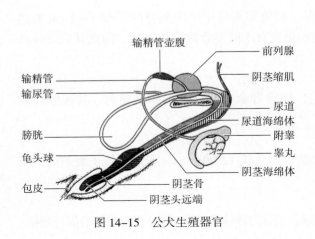

图 14-15　公犬生殖器官

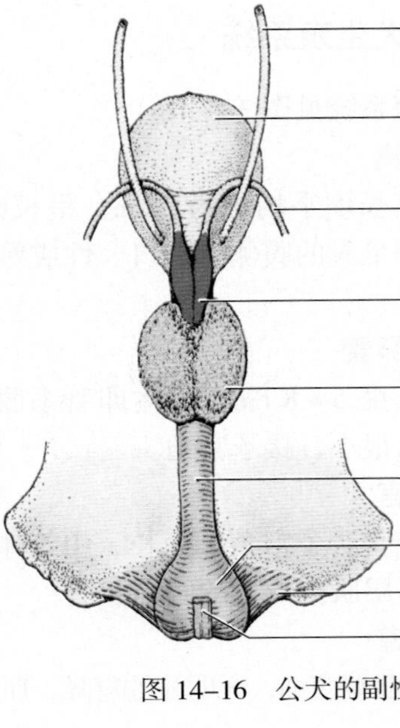

图 14-16　公犬的副性腺

于尿道的骨盆部。

### 14.6.2.3 副性腺

犬无精囊腺和尿道球腺。前列腺特别发达，位于或接近耻骨前缘，环绕在膀胱颈及尿道起始部，呈球形，黄色，质地坚实。有多条输出管开口于尿道骨盆部。

### 14.6.2.4 尿道

雄犬的尿道起自膀胱颈，伸向阴茎头。它沿盆腔壁向后移行，绕过耻骨联合，再转向前行，包于尿道海绵体内，成为阴茎的一部分。

### 14.6.2.5 阴茎

阴茎的后部有两个阴茎海绵体，前端有一块阴茎骨，骨长约 10 cm，其腹侧有尿生殖道沟，背侧圆隆，前端变小。包皮中含有淋巴结。

## 14.7 心血管系统

### 14.7.1 心脏

犬心呈卵圆形，心尖较钝，心基向前上方，心尖向后，心在胸腔中位于第 3 至第 7 肋骨之间。由于品种不同，心脏质量变化较大。右房室口有两个大瓣膜和 3~4 个小瓣膜，右心室内有 4 个乳头肌。左房室口有 2 个大瓣膜和 4~5 个小瓣膜，左心室内有 2 个乳头肌。

### 14.7.2 血管

犬动脉主干及其主要分支见图 14-17，犬静脉主干及其主要分支见图 14-18，犬的一些动脉、静脉位置见图 14-19 至图 14-22。

## 14.8 淋巴系统

犬的淋巴管和淋巴结见图 14-23。

### 14.8.1 淋巴管

#### 14.8.1.1 头颈部淋巴管

由眼内角水平线以上的皮肤、肌、骨、鼻、眼、耳和腮腺的淋巴管进入腮腺淋巴结。由眼内角水平线以下的皮肤、肌、唇、颊、口腔、鼻腔前半部、唾液腺和颈前部皮肤的淋巴管进入下颌淋巴结。

#### 14.8.1.2 前肢淋巴管

浅淋巴管进入颈浅淋巴结或腋副淋巴结，深淋巴管进入腋淋巴结。

#### 14.8.1.3 后肢淋巴管

小腿以下的淋巴管进入腘淋巴结。后肢上部、腹后部皮肤、乳腺和外阴部淋巴管进入腹股沟浅淋巴结。

#### 14.8.1.4 腹壁和骨盆壁的淋巴管

腹肌和骨盆带肌、骨和骨盆腔器官的淋巴管进入髂内侧和腹后淋巴结。

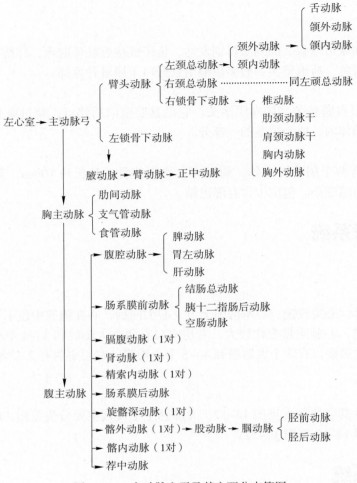

图 14-17　犬动脉主干及其主要分支简图

#### 14.8.1.5 腹腔器官淋巴管

来自腹腔器官淋巴结的输出管形成肠淋巴干，来自髂内侧淋巴结和腰淋巴结的输出管形成腰淋巴干。两淋巴干汇入乳糜池。

#### 14.8.1.6 胸廓和胸腔器官的淋巴管

来自肩带部、胸部肌骨和心、肺的淋巴管进入支气管淋巴结和纵隔前淋巴结。

#### 14.8.1.7 胸导管

后端起于乳糜池，沿主动脉右背侧和奇静脉之间前行，到第 6 胸椎部经食管左侧转向前下方，于胸腔前口处，接受左侧气管淋巴导管和前肢淋巴管，开口于左臂头静脉或颈总静脉。乳糜池位于最后胸椎和第 1 腰椎腹侧，收集腰淋巴干和肠淋巴干的淋巴。

#### 14.8.1.8 右淋巴导管

很短，收集右气管淋巴导管和右前肢的淋巴管，进入右臂头静脉或右颈静脉。右气管淋巴导管由咽后内侧淋巴结的输出管形成，与右颈浅淋巴结及腋淋巴结的输出管汇合，即形成右淋巴导管。

## 14.8.2 淋巴结

### 14.8.2.1 头颈部淋巴结

（1）腮腺淋巴结　在下颌关节后方、咬肌后缘，部分或全部被腮腺覆盖，有1~3个，长

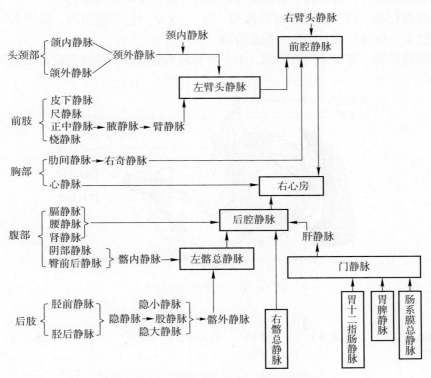

图14-18　犬静脉主干及其主要分支简图

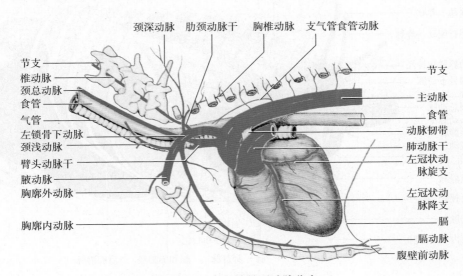

图14-19　犬左锁骨下动脉分支

1～2 cm，输出管进入咽后内侧淋巴结。

（2）下颌淋巴结　位于下颌的后外侧，在皮肤和皮肌深面，左右对称，每侧有2～5个，长1～5 cm，常被颌外静脉分为背腹两群。输出管走向咽后内侧淋巴结。

（3）咽后内侧淋巴结　位于咽的背侧，被颌下腺覆盖，长1.5～5 cm。输出管形成气管淋巴干，沿气管背侧后行，进入胸导管或右淋巴导管，部分走向颈深淋巴结。

（4）颈浅淋巴结　位于冈上肌前缘深部，有1～3个，包于脂肪内，长约2.5 cm。输出管进入气管淋巴干、胸导管或直接进入颈总静脉。

（5）颈深淋巴结　散布于气管两侧，由甲状腺到胸腔前口，位置不定，有时阙如。

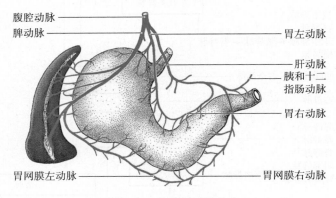

图14-20　犬腹腔动脉分支

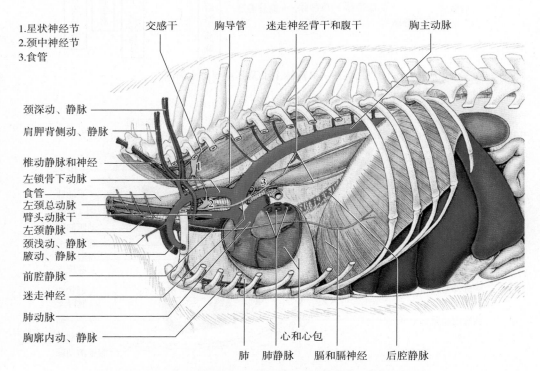

图14-21　犬左侧胸腔动脉、静脉及其与周围器官的位置关系

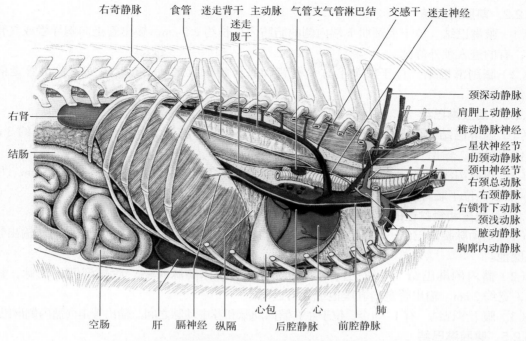

图 14-22 犬右侧胸腹腔动脉、静脉及其与周围器官的位置关系

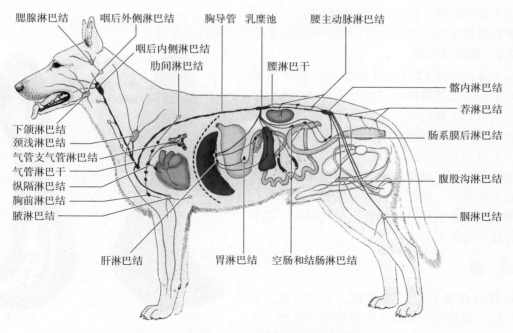

图 14-23 犬全身淋巴结和淋巴管分布示意图

#### 14.8.2.2  前肢淋巴结

（1）腋淋巴结  位于大圆肌下端内侧的脂肪内，长约2.5 cm。输出管走向胸导管或气管淋巴干，有的进入颈外静脉。

（2）腋副淋巴结  位于肘突上方，在背阔肌与胸深肌之间，有时阙如，输出管走向腋淋巴结。

#### 14.8.2.3  后肢淋巴结

（1）腘淋巴结  位于膝关节后方，在臀股二头肌和半腱肌之间，位置较浅，长约3 cm，可由体表触摸，输出管走向髂内侧淋巴结。

（2）腹股沟浅淋巴结  公犬位于阴茎外侧，在精索后上方，有1~3个，长约5 cm。母犬有1~2个，位于耻骨前缘乳房背侧，输出管走向髂内侧淋巴结。

#### 14.8.2.4  腹壁和骨盆壁的淋巴结

（1）主动脉腰淋巴结  体积小，位于腹主动脉和后腔静脉周围，常包于脂肪内。输出管进入乳糜池。

（2）髂内侧淋巴结  一般为两个大结，位于旋髂深动脉腹侧，后端到髂外动脉，长约5 cm，宽约2 cm。输出管走向乳糜池或腰淋巴结。

（3）腹下淋巴结  有1~4个，位于左右髂内动脉和荐中动脉之间。输出管走向髂内侧淋巴结。

#### 14.8.2.5  腹腔淋巴结

（1）肝淋巴结  位于肝门附近，可分左、右两组，较大，位置固定。

（2）脾淋巴结  沿脾动、静脉分布，数目及大小不定。

（3）胃淋巴结  位于胃小弯附近。

（4）肠系膜淋巴结  位于肠系膜内，沿空肠动、静脉分布。

（5）结肠淋巴结  沿盲结肠系膜分布。

（6）肾淋巴结  位于肾动脉起始部。

多数腹腔淋巴结的输出管，集合形成肠淋巴干，汇入乳糜池。

#### 14.8.2.6  胸腔淋巴结

（1）支气管淋巴结  有3~4个，位于气管分叉处和左右支气管附近。此外还常有小淋巴结沿支气管分布于肺门内，此淋巴结常呈黑色。输出管进入纵隔前淋巴结。

（2）纵隔前淋巴结  有2~6个，位于心前纵隔内，在气管、食管和血管的腹侧及外侧。输入管来自肩带部、胸壁、食管、气管、心和大血管以及支气管淋巴结。输出管走向胸导管、右淋巴导管或气管淋巴干。

### 14.8.3  脾

犬脾长而狭窄，呈镰刀形，下端稍宽，上端尖，位于最后肋骨和第1腰椎横突的腹侧，在胃的左端和左肾之间（图14-24）。当胃充满时，

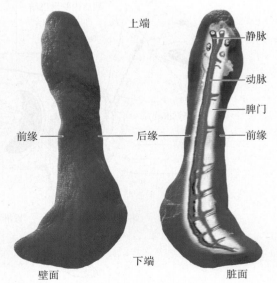

图14-24  犬脾的形态结构

脾的长轴方向与最后肋骨一致，较松弛地附着于大网膜上。

# 14.9 神经系统

## 14.9.1 中枢神经系统

### 14.9.1.1 脊髓

略呈圆柱形，在枕骨大孔处连接延髓，末端的脊髓圆锥在第6腰椎处，向后移行为**终丝**。脊髓圆锥、终丝及其周围的神经形成马尾。

### 14.9.1.2 脑

犬脑形似楔状，前窄后宽（图14-25，图14-26）。由于品种不同质量差异较大（30～150 g），为体重的1/40～1/30。

（1）大脑　由左右大脑半球构成，半球后部宽大，后端凹陷，前部窄小。大脑皮质表面的沟和回明显。犬的大脑纵裂大，正中矢面上，可见到胼胝体、侧脑室、穹隆、透明隔、前连合等。

犬的嗅球大，两侧压扁，向后连嗅回，嗅回分内外两支，两支间的隆起部为嗅三

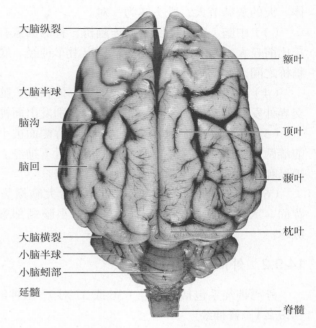

图14-25　犬脑背侧观

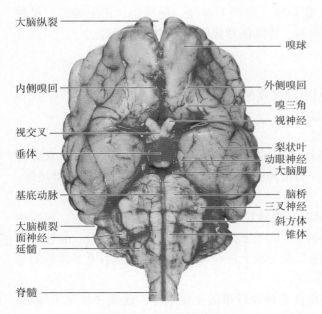

图14-26　犬脑腹侧观

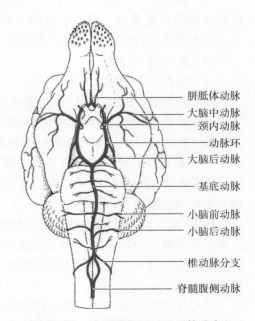

图14-27　犬脑腹面观（示血管分布）

角。在视交叉部横断大脑半球，可见大脑的尾状核、内囊、豆状核、杏仁核和脑岛。

（2）间脑  位于大脑半球的腹侧、中脑的前上方，可分为丘脑和丘脑下部。

丘脑是一对灰质卵圆形体，两丘脑内侧面相连，环绕相连部的环状隙为第三脑室。丘脑背外侧前后排列两对隆起，为外侧膝状体和内侧膝状体，犬的内侧膝状体大。在正中矢状面上看丘脑背侧部，有髓纹、缰三角、缰和松果体。丘脑下部有视交叉、灰结节、漏斗、垂体和乳头体。犬的灰结节大，乳头体为一对。

（3）中脑  前连间脑，后连脑桥，背侧面盖有大脑半球。犬中脑背侧有明显的四叠体。后丘比前丘大，与小脑前脚相连，发出滑车神经。底面的大脑脚是两个粗大轴状突起，在视束和脑桥之间，有动眼神经发出。

（4）脑桥  犬的脑桥不大，而斜方体较宽，脑桥两端连小脑中脚。在脑桥侧面与小脑中脚交界处发出三叉神经。在斜方体外侧分别发出面神经和位听神经。

（5）延髓  前连脑桥，后连脊髓。背侧面被小脑覆盖，犬的延髓宽而厚，锥体大。在锥体前端两侧发出外展神经，后端两侧发出舌下神经。在舌下神经外侧前方，发出舌咽神经、迷走神经和副神经。延髓背侧面的绳状体明显。

（6）小脑  位于大脑半球后方，借大脑横裂将二者分开。小脑腹侧位于脑桥和延髓的背面，犬的小脑较小，近似半球状，小脑蚓部突出，小脑半球扁平，在半球的外侧有小脑绒球。

## 14.9.2  外周神经系统

外周神经系包括脊神经（36 或 37 对）、脑神经（12 对）和自主神经。

### 14.9.2.1  脊神经

（1）颈神经  膈神经由第 5、6、7 颈神经腹侧支形成。

（2）臂神经丛  由第 5、6、7、8 颈神经和第 1、2 胸神经腹侧支形成。以上各神经根在斜角肌腹侧缘相连成丛，再分出肩胛上神经、腋神经、肩胛下神经、桡神经、正中神经、尺神经、肌皮神经及分布于臂头肌、胸浅肌、胸深肌、背阔肌和腹侧锯肌的胸廓神经。

（3）胸神经  13 对。

（4）腰神经  7 对。

（5）荐神经  3 对，与后 4 对腰神经共同形成腰荐神经丛。

第 1 髂腹后神经由第 1 腰神经腹侧支形成。

第 2 髂腹后神经由第 2 腰神经腹侧支形成。

（6）腰荐神经丛  由第 3 至第 7 腰神经和第 1、2、3 荐神经腹侧支形成。分出精索外神经、腰皮神经、股神经和闭孔神经、坐骨神经、臀前神经、臀后神经、股后皮神经和阴部神经等。

### 14.9.2.2  脑神经

共 12 对。三叉神经的眼神经分出眶上神经、睫状长神经、筛神经和滑车下神经。泪腺神经多由上颌神经分出。眶下神经出眶下孔分为 7~8 个分支，分布于鼻侧部和上唇。面神经在下颌支后缘分为 4 支，上支是眼睑神经，向前二支为颊上神经和颊下神经，向后下方伸延的为颈支。

迷走神经为混合神经，其中副交感纤维是迷走神经纤维的主要成分。迷走神经穿出颅腔，其神经干上有两个神经节，即颈静脉神经节（近神经节）和结状神经节（远神经节）。

#### 14.9.2.3　自主神经

（1）交感神经　颈部交感神经干，在颈前部位于颈外动脉的背侧，到颈后部则转向腹侧。内脏大神经由第12、13胸神经节分出，连于肠系膜前神经节和肾神经节。内脏小神经起自最后胸神经节和第1腰神经节。

（2）副交感神经　犬的睫状神经节很小，发出的睫状短神经与视神经一起走向眼球。舌神经节位于舌下腺内侧。迷走神经含有走向内脏的感觉纤维、平滑肌的运动纤维和腺体的分泌纤维以及分布于咽、喉部横纹肌的运动纤维，其属于内脏的运动纤维和分泌纤维均系节前纤维，其节后神经元位于器官壁内。

## 14.10　内分泌系统

### 14.10.1　甲状腺

甲状腺位于气管前部，在第6、7气管软骨环的两侧。腺体呈红褐色，包括两个侧叶和两叶之间的腺峡（图14-28）。

### 14.10.2　甲状旁腺

甲状旁腺是一对小腺体，形状似粟粒，位于甲状腺前端附近，或包于甲状腺内。

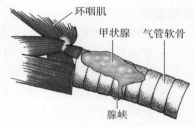

图14-28　犬甲状腺

### 14.10.3　肾上腺

两侧肾上腺的形态、位置有所不同。右肾上腺略呈菱形，位于右肾内缘前部与后腔静脉之间。左肾上腺较大，为不正梯形，前宽后窄，背腹扁平，位于左肾前端内侧与腹主动脉之间。肾上腺皮质部呈黄褐色，髓质部为深褐色。

### 14.10.4　垂体

垂体较小，呈圆形，连在丘脑下部漏斗的下方，嵌于颅腔底壁内的垂体窝中。

## 思考与讨论

1. 犬的消化系统有哪些解剖学特点？
2. 犬的呼吸系统有哪些解剖学特点？
3. 犬的泌尿系统有哪些解剖学特点？
4. 犬的生殖系统有哪些解剖学特点？
5. 犬的神经系统有哪些解剖学特点？

# 15

# 猫的解剖学特征

## 15.1　骨骼

猫的骨骼由 230 ~ 247 块骨组成（图 15–1）。其数目随年龄的不同而异，老猫由于某些骨块的愈合而数目减少。

### 15.1.1　头骨

颅骨包括成对的顶骨、额骨、颞骨和不成对的枕骨、顶间骨、蝶骨、前蝶骨及筛骨，共计 11 块，共同围成颅腔，保护脑。

面骨包括成对的上颌骨、切齿骨、腭骨、鼻骨、泪骨、颧骨、翼骨、鼻甲骨和不成对的犁骨、下颌骨、舌骨。它们构成口腔和鼻腔的骨质基础。

### 15.1.2　脊柱

脊柱包括颈椎、胸椎、腰椎、荐椎和尾椎，共 52 ~ 53 枚。其公式为：C7、T13、L7、S3、CY22 ~ 23。

颈椎共 7 枚，支持头部；胸椎 13 枚，与肋骨形成关节；腰椎 7 枚；荐椎 3 枚，愈合成荐骨，构成盆腔的背侧壁；尾椎 22 枚或 23 枚，构成尾部支架。

### 15.1.3　肋骨与胸骨

肋骨共 13 对，其中真肋（胸骨肋）9 对，假肋（弓肋）4 对（最后一对为浮肋）。胸骨由 8 个节片组成，最前一枚胸骨片称为胸骨柄，最后一枚形成剑突，中间 6 枚组成胸骨体。

本章英文摘要

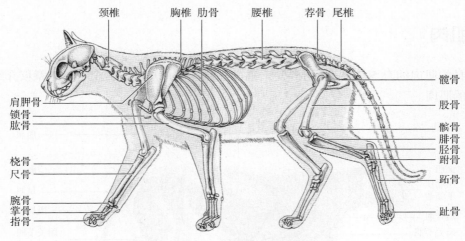

颈椎　胸椎　肋骨　腰椎　荐骨　尾椎

髋骨

股骨

髌骨
腓骨
胫骨
跗骨
跖骨

趾骨

肩胛骨
锁骨
肱骨

桡骨
尺骨

腕骨
掌骨
指骨

图 15-1　猫的全身骨骼

### 15.1.4　四肢骨骼

#### 15.1.4.1　前肢骨

　　前肢骨包括肩胛骨、锁骨（猫的锁骨已退化成一枚细长而弯曲的小骨，埋在肩部前方的肌肉内）、肱骨、桡骨、尺骨以及前脚的 7 枚腕骨、5 枚掌骨和 5 枚指骨。第一指骨有 2 个指节骨，其余指骨有 3 个指节骨。

#### 15.1.4.2　后肢骨

　　后肢骨包括髋骨（由髂骨、坐骨和耻骨愈合而成）、股骨、胫骨、腓骨、髌骨，后脚有跗骨 7 枚、跖骨 5 枚和趾骨 4 枚。每枚趾骨有 3 个趾节骨。

　　此外，猫有 1 枚内脏骨，即阴茎骨。

　窗口

**猫的生物学特征**

　　猫属于哺乳纲、食肉目、猫科。寿命 8～10 年，性成熟 10～12 个月，繁殖期每年有春秋两次，怀孕期 63 天，哺乳期 60 天，每胎产 3～6 只仔猫，新生仔猫不睁眼，第 9 天才开始有视力。猫是鼠类的天敌，也是重要的实验动物。猫自 19 世纪末开始被用于实验。因猫有发达的神经系统和心血管系统，而且比家兔和啮齿类更近似于人类，所以，在这些系统的生理和药理研究方面，猫具有其它实验动物难以替代的特殊作用。如生理实验中，常用猫做去大脑僵直、姿势反射实验，刺激颈交感神经时瞬膜和虹膜的反应实验等。药理学实验中常用猫做药物对血压的影响实验，冠状窦血流量的测定，毛果芸香碱作用的检测等，还用于鼻疽病的诊断。在我国还常用猫来进行针刺麻醉原理的研究，其效果也很理想。

## 15.2　肌肉

猫全身的肌肉约有 500 块（图 15-2）。猫的皮肌发达，几乎覆盖全身。本章仅介绍胸部和腹部主要的肌肉。

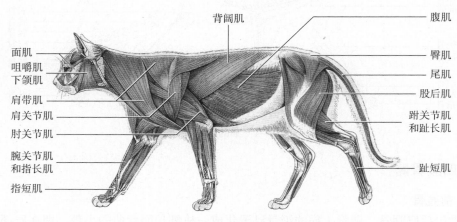

图 15-2　猫全身浅层肌肉

### 15.2.1　胸部肌

猫的胸部肌肉包括胸肌、胸壁肌和膈。

#### 15.2.1.1　胸肌

胸肌是连接胸骨与肱骨及前臂之间的肌肉，可分为深浅两层，即胸浅肌和胸深肌，二者均可再分为前后两部分。胸浅肌较薄，前部的呈扁平带状叫胸降肌，后部的较宽厚叫胸横肌。胸深肌的前后两部都较发达。

#### 15.2.1.2　胸壁肌

（1）前背侧锯肌　呈薄片状，位于胸、颈的背部，前锯肌的下面。起于第 9—11 肋骨的外面。止于后几个颈椎棘突与第 10 胸椎棘突之间。

（2）后背侧锯肌　为一块薄肌，位于前背侧锯肌的尾部，有时越过前背侧锯肌的尾部末端。起于后 4~5 个肋骨，由分离的肌束在背后部合并成一个连续的薄片，止于腰椎棘突并插入棘间韧带。

（3）肋横肌　为一小块薄的扁平肌，贴于胸前部的侧面，覆盖腹直肌的前端，极易与腹直肌前端的薄腱相混。起于第 3—6 肋骨之间胸骨侧面的腱，止于第 1 肋骨及其肋软骨的外侧部。

（4）肋提肌　为一系列的小块肌肉，其延续部分与肋间外肌相接。起于胸椎横突，止于后部的肋骨角。

（5）肋间外肌　位于真肋的肋间隙外部，还可延伸到假肋之间的肋间隙。它们由纤维束组成，其末端与邻近肋骨边缘相连，与腹外斜肌的纤维方向一致。

（6）肋间内肌　与肋间外肌相似，位于肋间外肌的深层，填充在第 1—13 肋骨之间的肋间隙中。肌纤维的方向与肋间外肌垂直。

（7）胸廓横肌　相当于腹横肌的胸部，由 5 或 6 个扁平的肌纤维束组成，位于胸壁的内表面。起于胸骨背面的外侧缘，对着第 3—8 肋骨的肋软骨附着点，止于肋软骨。

### 15.2.1.3　膈

膈的中央由腱组成，此腱薄而不规则，呈新月状，称半月腱。半月腱腹腔面有一大孔，即后腔静脉裂孔。从中央腱到体壁为放射状的肌纤维，称肌质部。膈脚分为左、右两个，右边的较大，两者之间的小孔为主动脉裂孔。在中央腱有一较大的食管裂孔。

## 15.2.2　腹壁肌

### 15.2.2.1　腹外斜肌

腹外斜肌为一块大而薄的肌肉，覆盖于整个腹部和部分胸部的腹面。有两个起点，一个以腱起于后 9 个或 10 个肋骨，另一个与腹内斜肌共同起于背腰筋膜。止于胸骨的腹中缝及腹白线，还止于耻骨的前缘。

### 15.2.2.2　腹内斜肌

腹内斜肌呈薄片状，与腹外斜肌相似，但稍短。位于腹外斜肌深面。主要起自第 4 和第 7 腰椎之间，与腹外斜肌共同起于腰背筋膜。与腹外斜肌、腹横肌合并，止于腹白线。

### 15.2.2.3　腹直肌

腹直肌为较厚且扁平的肌肉，靠近腹中线处。肌纤维纵行，从耻骨延伸到第 1 肋软骨。中部较宽，两端则较窄。以粗大的肌腱起于耻骨结节，止于胸骨。

### 15.2.2.4　腹横肌

腹横肌呈薄片状，肌纤维几乎均为横向，覆盖整个腹部。位于腹内斜肌深面。

# 15.3　被皮系统

## 15.3.1　皮肤和被毛

皮肤和被毛构成猫漂亮的外貌。猫的被毛很稠密，可分为针毛和绒毛两种，具有良好的保温性能。猫的毛色多样，有纯毛、杂毛或花色毛。触毛长在唇、颊部、眉间和脚指（趾）等处，根部富有神经末梢，敏感性高，触觉相当好。

## 15.3.2　皮肤腺

猫的皮脂腺发达，其分泌物可润泽皮肤和被毛，保持光亮。

猫的汗腺不发达，只分布于鼻尖和脚垫。猫散热主要通过皮肤辐射和呼吸，因此猫虽喜暖，但又怕热。

猫有 5 对乳房，对称排列于胸、腹部正中线两侧。

## 15.3.3　爪

猫的每个脚指（趾）有锋利的三角锥形尖爪，平时卷缩隐藏，在摄食、搏斗、攀爬时伸出。猫爪生长较快，为保持爪的锋利，防止过长影响行走和刺伤肉垫，常进行磨爪。脚掌（跖）有很厚的肉垫，每个脚指（趾）又有小的指（趾）垫，它们起着极好的缓冲作用。

## 15.4 消化系统

参见图 15-3，图 15-4。

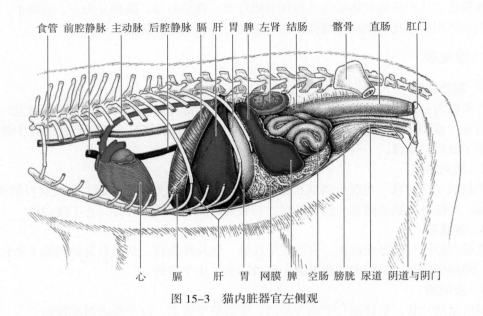

食管 前腔静脉 主动脉 后腔静脉 膈 肝 胃 脾 左肾 结肠    髂骨    直肠    肛门

心    膈    肝    胃    网膜 脾    空肠 膀胱    尿道 阴道与阴门

图 15-3    猫内脏器官左侧观

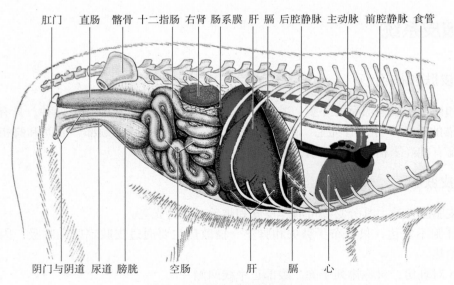

肛门    直肠    髂骨 十二指肠 右肾 肠系膜 肝 膈 后腔静脉    主动脉 前腔静脉 食管

阴门与阴道 尿道 膀胱    空肠    肝    膈    心

图 15-4    猫内脏器官右侧观

## 15.4.1 口腔

口腔可分为口腔前庭和固有口腔。猫的颊部薄，颊前庭较小，内表面有一些皱褶，有腮腺、臼齿腺和眶下腺导管的开口。

口腔的顶部由硬腭与软腭构成，硬腭形成口腔顶部的前部，由上颌骨的腭板和腭骨所支持；软腭形成口腔顶部的后部，其两侧有短而厚的黏膜褶，分别称为舌腭弓和咽腭弓，两弓之间为扁桃体囊。扁桃体囊内有突出的扁桃体，为红色、分叶状的腺体，长约 1 cm，宽度约为长度的 1/3。

### 15.4.1.1　齿

成年猫有 30 枚齿，其齿式为：

恒齿式为

$$2\left(\frac{3\quad 1\quad 3\quad 1}{3\quad 1\quad 2\quad 1}\right)=30$$

乳齿式为

$$2\left(\frac{3\quad 1\quad 3\quad 0}{3\quad 1\quad 2\quad 0}\right)=26$$

猫的切齿较小，两侧切齿较中央的切齿稍大，下切齿比上切齿大。每个切齿有一个齿根，齿冠边缘尖锐，有缺口，形成 3 个片状齿尖。

猫的犬齿较长，强大而尖锐，在上颌骨及下颌骨埋藏很深。犬齿有一个齿根和一个齿尖，当口腔关闭时，上犬齿位于下犬齿的后外侧。

犬齿的后面有一空隙，向后是前臼齿。上颌第 1 前臼齿较小，第 2 前臼齿较大，第 3 前臼齿最大；下颌第 1 前臼齿与第 2 前臼齿相似。上、下颌的前臼齿（除上颌第 1 前臼齿外）均具有 4 个齿尖，中央的一个齿尖较大，且尖锐，有撕裂肉食的作用，故称裂齿。上颌的后臼齿较小，下颌的后臼齿较大，有 2 个齿尖和 2 个齿根。

### 15.4.1.2　舌

舌位于口腔底部，长而扁平，表面覆盖有黏膜。舌腹面中部有舌系带，将舌固定在口腔底部。舌腹侧面及外侧缘光滑、柔软，没有乳头，背面的黏膜隆起而形成各类乳头，中央有一纵的浅沟。猫舌的乳头可分为以下三种：

（1）丝状乳头　数目很多，尤其在舌的游离端中部最多。它们被一层很硬的角膜层覆盖着，呈倒钩状，尖端向后。

（2）菌状乳头　位于舌的两侧及后部，散在分布于丝状乳头后面。在舌边缘对着轮廓乳头有一对特别大的菌状乳头。

（3）轮廓乳头　粗短，每个轮廓乳头由一沟包围，此沟由一隆起的壁所环绕，它们集中靠近舌根，呈 V 字形排成两行，每行 2～3 个。

### 15.4.1.3　咽

在口腔的后端，为消化及呼吸系统的共同通道。咽分为鼻咽部、口咽部和喉咽部三部分。咽有孔分别通口腔、食管、内鼻孔、喉及耳咽管。咽向前以会厌和软腭边缘为界，并由咽峡与口腔相通。咽峡的底部由喉的前端构成，其后端背面通入食管，腹面通喉。

### 15.4.1.4　唾液腺

猫有 5 对唾液腺开口于口腔。

（1）腮腺　呈扁平状，位于外耳道下方。分叶明显，导管开口于最后一个前臼齿相对的颊黏膜上。有时还有小的副腺。

（2）颌下腺　呈肾形，分叶不明显，位于腮腺的腹面。导管开口于舌下口腔底部的黏膜。

（3）舌下腺　呈长圆锥形，位于颌下腺前面，导管与颌下腺管相通，一起开口于口腔底部。

（4）臼齿腺（molar gland）　呈扁平状，前端尖，后端宽。位于口轮匝肌与下唇黏膜之间，有几个腺管开口于颊黏膜。

（5）眶下腺（infraorbital gland）　呈卵圆形，位于眼眶底板的外侧，其腹面延伸接近口黏膜，尾部向着臼齿，腺管开口于臼齿处。

### 15.4.2　食管

食管位于气管的背侧，经心脏背侧，穿过膈与胃相通。

### 15.4.3　胃

胃呈梨形，位于腹腔的前部，几乎全部在体中线的左侧（图 15–3，图 15–5）。贲门端宽大，位于左背侧，通食管。幽门端狭窄，伸向右腹侧，通十二指肠。胃的内表面有纵行的、高度不同的皱褶。纵褶的突出程度与胃的扩张有关，当充满食物时，纵褶较浅。幽门部与十二指肠连接处有一缢痕，是幽门瓣的位置。幽门瓣是由消化管较厚的环行肌纤维组成。由于环行肌纤维形成括约肌致使黏膜突向管腔。

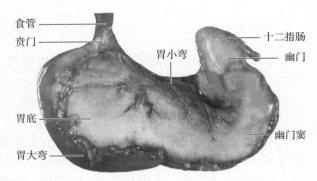

图 15–5　猫胃、十二指肠和胰

### 15.4.4　小肠

小肠分十二指肠、空肠和回肠，占据腹腔的大部分，长度约为猫身体长度的 3 倍。十二指肠第一部分与胃幽门部形成一个角度，在幽门部向后 8～10 cm 处形成一个 U 形的弯曲，然后再伸向左侧，通向空肠。十二指肠全长 14～16 cm。十二指肠背侧壁离胃幽门约 3 cm 的黏膜上，有一个乳头，其顶端有胆总管和胰管开口。空肠与十二指肠没有明显的分界。回肠被系膜悬挂在腹腔后顶壁。小肠各段的直径变化不大，但回肠前部的肠壁较后部的肠壁厚（图 15–3，图 15–5）。

### 15.4.5　大肠

大肠分为盲肠、结肠和直肠。回结肠连接处有回结肠瓣，此瓣由回肠进入结肠处的环行肌层与黏膜层突出而形成。结肠长约 23 cm，直径约为回肠的 3 倍。结肠前段位于腹腔右侧，向前向左再向后伸延，在接近中线时伸至腹壁的背部，因此结肠可按照它的方向分为升结肠、横结肠与降结肠。盲肠不发达。直肠长约 5 cm，由短的系膜悬挂（图 15–3，图 15–5）。

肛门两侧各有一个大的肛门腺。其直径约 1 cm，腺管开口于肛门。

### 15.4.6　肝

肝分为左右两叶，左叶分为左内叶和左外叶，右叶分为右内叶、右外叶和尾叶，故猫的肝分为五叶（图 15–6，图 15–7）：

（1）左内叶　较小，附着于膈的左半部。

（2）左外叶　较大，位于膈与胃贲门之间，其薄的边缘向后延伸，覆盖胃腹侧的大部分。

（3）右内叶　很大，附着于膈的右半部，腹侧缘薄，背侧缘后面有一条深的背腹裂隙，胆囊位于此裂隙内，故此叶又称为胆囊叶。

（4）右外叶　由一裂隙将此叶又分为前、后两部。后部细长，与右肾接触；前部较小。

（5）尾叶　小而细长，嵌进胃小弯内。

胆囊呈长梨形，位于肝右内叶的裂隙内，远端游离，胆总管开口于十二指肠乳头。

### 15.4.7 胰

胰位于十二指肠襻内，呈扁平状，分为许多腺小叶。胰有两个导管：胰管与胆总管一起开口于十二指肠乳头，副胰管在前者的后方约 2 cm 处开口于十二指肠。

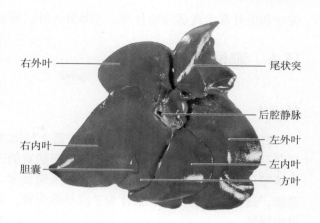

图 15-6　猫肝壁面观

## 15.5 呼吸系统

### 15.5.1 鼻腔

鼻腔由鼻中隔分为左右两部分，两侧鼻腔被上、下鼻甲分为上、中、下三个鼻道。中鼻道很狭窄。鼻腔内衬以黏膜，前段为呼吸部，后段称嗅部。

### 15.5.2 喉

以不成对的甲状软骨、环状软骨、会厌软骨和成对的杓状软骨为支架，外面附着喉肌，内面衬有黏膜。

喉腔的前上部为喉前庭，它的尾缘为假声带，其震动可发出特殊的咕噜声。假声带的后方有黏膜褶形成的真声带。真声带之间的裂隙为声门裂。

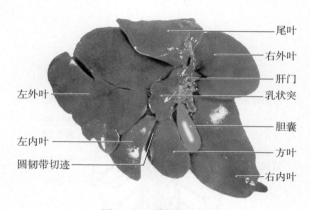

图 15-7　猫肝脏面观

### 15.5.3 气管和支气管

气管壁内表面衬以纤毛上皮的黏膜，气管壁内有 C 形软骨环。猫共有 38 ~ 43 个软骨环，软骨环的缺口朝向背侧。第 1 软骨环比其它软骨环宽些。

气管从喉伸至第 6 肋骨相对处分为左、右支气管，右侧支气管有四个分支，左侧支气管则有三个分支。右侧支气管进入肺后再分为两支：肺动脉前的一支直接分成许多小支气管；肺动脉后的一支先分出三个分支，再分为多个小支气管。

### 15.5.4 肺

右肺略大（图 15-8），分为四叶，即前叶（尖叶）、中叶（心叶）、后叶（膈叶）和副叶。

前叶和中叶常出现部分地分开。左肺分三叶，即前叶（尖叶）、中叶（心叶）和后叶（膈叶）。

## 15.6  泌尿系统

### 15.6.1  肾

肾（图 15-9）呈豆状。右肾位于第 2 与第 3 腰椎之间。左肾位于第 3 与第 4 腰椎之间。猫肾只在腹侧面有腹膜，即腹膜不包围肾的背侧面，称为腹膜后位。在肾边缘处腹膜绕过肾而达体壁。肾边缘常有脂肪堆积，以肾的头端最多。肾表面由被膜构成纤维囊。被膜内有丰富的静脉，这是猫肾的特点。猫肾为平滑单乳头肾，肾乳头顶端有许多收集管的开口。肾盂内有大量的脂肪。

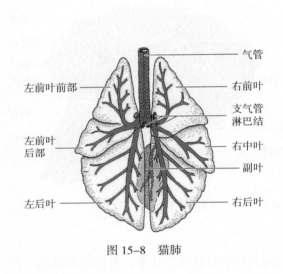

图 15-8  猫肺

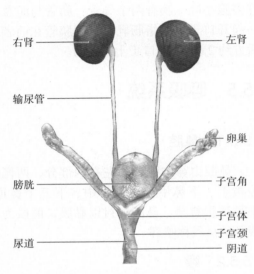

图 15-9  母猫的泌尿、生殖器官

### 15.6.2  输尿管

起始于肾盂，向后伸延，雄猫横过输精管，在膀胱颈部附近，斜穿入膀胱壁。

### 15.6.3  膀胱

呈梨形，位于骨盆腔内，在直肠（雄猫）或子宫（雌猫）的腹侧。膀胱的腹侧有一条正中韧带固定于骨盆腔底壁。两侧则有一对侧韧带连于骨盆腔侧壁。

## 15.7  生殖系统

### 15.7.1  雄性生殖系统

包括睾丸、附睾、输精管、尿生殖道、副性腺、阴茎、阴囊和包皮等（图 15-10，图 15-11）。

#### 15.7.1.1 睾丸

位于阴囊内。猫阴囊位于肛门的腹侧，阴囊缝很明显。睾丸近似球形，外面包有固有鞘膜和一层致密的白膜，白膜伸入睾丸实质形成许多小隔，相邻的两个小隔之间为一个小叶。小叶内有产生精子的曲细精管。

#### 15.7.1.2 附睾

由输出管汇合而成，盘曲在睾丸的一侧，其末端延续为输精管。

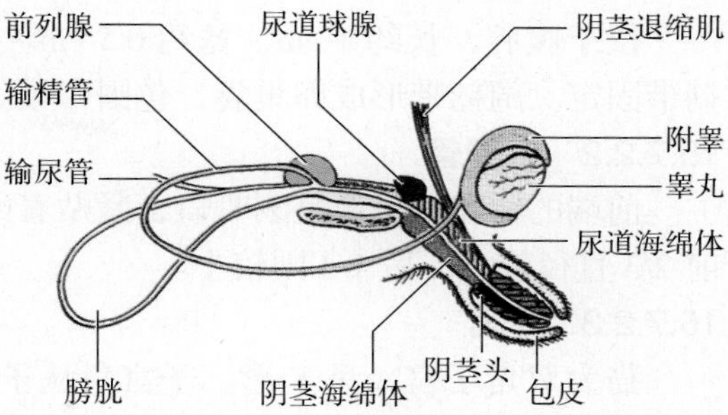

#### 15.7.1.3 输精管

起始段盘曲，与精索内动脉、精索内静脉一起构成精索，开口于尿生殖道。

#### 15.7.1.4 副性腺

仅有两种。前列腺呈双叶状结构，位于尿生殖道骨盆部的背侧面，与输精管相通，有几个小孔开口于尿生殖道。尿道球腺位于阴茎基部的尿生殖道两侧，开口于尿生殖道（图 15-11）。猫无精囊腺。

#### 15.7.1.5 阴茎

主要包括尿生殖道阴茎部和两个阴茎海绵体。阴茎平时是向后的，排尿也向后，配种时阴茎向前。猫阴茎的远端有角质化乳头。

### 15.7.2 雌性生殖系统

包括卵巢、输卵管、子宫、阴道、阴道前庭和阴门等（图 15-9，图 15-12）。

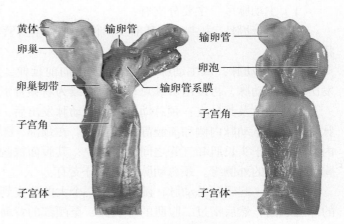

图 15-10 公猫的泌尿、生殖器官

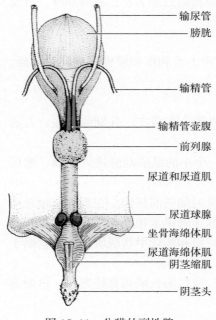

图 15-11 公猫的副性腺

图 15-12 母猫的生殖器官

#### 15.7.2.1 卵巢

位于腹腔，长约 1 cm，宽约 0.5 cm。表面有突出的白色小囊。卵巢由卵巢韧带和子宫阔韧带固定。阔韧带形成卵巢囊，包围卵巢。

#### 15.7.2.2 输卵管

前端的输卵管伞部呈喇叭口，紧贴着卵巢。向后呈弯曲状延伸，与子宫角相连。输卵管的前 2/3 直径较大，后 1/3 则较小。

#### 15.7.2.3 子宫

猫为双角子宫，呈 Y 形。子宫角从子宫体向两侧延伸至输卵管。子宫体位于腹腔内，在直肠的腹侧。后端突入阴道，与阴道相通的部分即子宫颈。

#### 15.7.2.4 阴道、阴道前庭和阴门

猫的阴道较短。阴道向后延伸而成尿殖窦（阴道前庭），尿殖窦再向后通到阴门。

## 15.8 心血管系统

### 15.8.1 心脏

猫的心脏位于纵隔内，在两肺之间，为一中空的肌质器官，外被心包。与第 4 到第 8 肋骨相对。其心尖部稍向左偏，并与膈接触。心脏分左、右心房和左、右心室。左、右心房向前的耳形突出部分分别为左心耳和右心耳。

### 15.8.2 动脉

#### 15.8.2.1 肺动脉干

肺动脉干为血液小循环的动脉主干，由右心室发出，在肺根附近分为左、右肺动脉，分支后经肺门入肺。在分支前有主动脉韧带连接肺动脉和主动脉弓。

#### 15.8.2.2 主动脉

主动脉为血液大循环的动脉主干，由左心室发出，弯而向上沿胸椎和腰椎腹侧向后伸延。主动脉分主动脉弓、胸主动脉和腹主动脉三段。

（1）主动脉弓    主要分支有：

① 冠状动脉：由主动脉基部发出供应心脏本身营养的血管，有两支，分别称为左、右冠状动脉。

② 臂头动脉：从主动脉弓的凸面发出向前延伸，发出一个小的纵隔动脉进入纵隔，然后发出左颈总动脉，再发出右颈总动脉，延续为右锁骨下动脉。

颈总动脉及其分支：颈总动脉从臂头动脉发出后，沿气管两侧向前延伸。在胸内，颈总动脉位于锁骨下动脉内侧和前腔静脉的背侧。在颈部，颈总动脉伴随迷走神经和交感神经以及颈内静脉，位于头长肌和气管之间的间隙中；其腹面被胸骨乳突肌和胸骨甲状肌所覆盖，紧贴于胸骨甲状肌的外侧缘。颈总动脉的主要分支有：

枕动脉：起于颈总动脉，随即发出一个大的分支到背侧，通过头长肌和脊柱之间，达颈部的深层肌肉，然后横过二腹肌的外表面，至颅部的背面。

颈内动脉：是颈总动脉的分支之一。

颈外动脉：在发出颈内动脉以后，颈总动脉的主干延续为颈外动脉。

③ 锁骨下动脉及其分支：锁骨下动脉在胸腔内的分支有椎动脉、胸廓内动脉等，主干延续为腋动脉分布到前肢。左锁骨下动脉起于主动脉弓的凸面，恰在臂头动脉起点的远方，距心脏 2～3 cm 处，向前延伸至第 1 肋骨前方左转至肩关节内侧成为腋动脉，分布到左前肢。臂头动脉大约在第 2 和第 3 肋间隙处发出右颈总动脉后，主干直接延续为右锁骨下动脉。

椎动脉起于第 1 肋骨相对的锁骨下动脉的背侧，在颈长肌的胸部边缘向前延伸，并进入椎管。分布到脊髓和颈背侧的肌肉皮肤。

（2）胸主动脉　在第 3、第 4 胸椎腹侧接主动脉，向后穿过膈而入腹腔转为腹主动脉。胸主动脉的分支有：

① 肋间背侧动脉：由胸主动脉的背面发出，左右成对，分布到胸壁。

② 支气管动脉：有两条，在第 4 肋间隙相对处起于胸主动脉，或起于第 4 肋间背侧动脉。伴随支气管进入肺。

③ 食管动脉：是进入食管不同区域的小分支。

（3）腹主动脉　腹主动脉沿后腔静脉的左侧向后延伸，发出壁支到体壁，发出内脏支达内脏，并在第 1 荐椎腹侧面分出一对髂外动脉至后肢和一对髂内动脉至骨盆部，然后主干延续为荐中动脉。腹主动脉有以下主要分支：

① 腹腔动脉：距腹主动脉起始约 1 cm 处发出，分为三支。

肝动脉由腹腔动脉发出后，由肝门入肝，并有分支到胆囊、胰、幽门和十二指肠起始部。

胃左动脉由腹腔动脉发出后达胃小弯，并沿胃小弯向右延伸。发出许多小分支到胃壁，与肝动脉的幽门动脉相吻合。

脾动脉是腹腔动脉的直接延续，分支到脾、胰和大网膜。

② 肠系膜前动脉：比腹腔动脉粗，分布到小肠、胰、回肠、盲肠、升结肠和横结肠。由腹主动脉腹面发出，并向后延伸，发出胰十二指肠后动脉、空肠动脉、结肠中动脉、结肠右动脉、回结肠动脉等分支。

③ 肾动脉：两条，左侧的向后，右侧的向前，分布到肾。肾动脉有分支到肾上腺。

④ 精索内动脉：起自大约与肾后端同一水平的腹主动脉，向侧下方走行。雄性分布于睾丸、附睾和输精管，雌性则分布于卵巢和子宫。

⑤ 肠系膜后动脉：从最后腰椎处的腹主动脉发出，到达大肠并在其附近分为两支：一支为结肠左动脉，沿降结肠向头侧走行，同结肠中动脉相吻合；另一支为直肠前动脉，沿降结肠和直肠向尾侧走行，同直肠中动脉相吻合。

⑥ 髂外动脉：从腹主动脉发出后斜向后延伸，沿腰小肌和髂腰肌延伸。髂外动脉的分支有股深动脉和股动脉，股深动脉是由髂外动脉离开腹腔之前发出，股动脉是髂外动脉在股内侧面的延续。

⑦ 髂内动脉：由腹主动脉发出，其起点与髂外动脉的起点约距 1 cm。沿髂内静脉的内侧向后延伸，并发出分支供给骨盆腔内的器官和骨盆壁。

⑧ 荐中动脉：是腹主动脉主干的延续，进入荐部和尾部，一直延伸至尾的末端。

### 15.8.3　静脉

猫的静脉可分为肺静脉和体静脉两大部分。肺静脉分三组进入左心房。第一组来自右肺的尖叶和心叶，第二组来自左肺的心叶，第三组来自两肺的膈叶。每组由 2~3 条静脉组成，开口于左心房。

体静脉分为三个主要部分：心静脉，前腔静脉及其属支，后腔静脉及其属支。

#### 15.8.3.1　心静脉

心静脉是收集心脏静脉血的静脉。

#### 15.8.3.2　前腔静脉及其属支

前腔静脉粗大，从头部、前肢和躯干前部来的血液回到此静脉。在脊柱右侧第 2 肋骨的水平处延伸至右心房，其末端位于主动脉弓的背面。前腔静脉的属支有：

（1）奇静脉　在腹腔内由 2~3 条小静脉汇合而成，还接受肋间静脉、支气管静脉和食管静脉。在距右侧肺根约 1 cm 处进入前腔静脉。

（2）胸廓内静脉　接受胸腔前部的血液，进入前腔静脉。

（3）臂头静脉　两条臂头静脉在第 1 肋间隙相对处汇合，形成前腔静脉。每条臂头静脉与同侧的颈外静脉和锁骨下静脉汇合。

#### 15.8.3.3　后腔静脉和门静脉

约在最后腰椎处由左、右髂总静脉汇合而成，在背中线附近向前延伸，先位于腹主动脉的背部，而后到其右侧，再到其腹面，经肝尾叶的背面向前，在膈肌中心腱腹侧边缘附近穿过膈肌进入胸腔，最后进入右心房。后腔静脉接受从膈肌、肝、肾、精索（或卵巢）和髂总静脉来的血液，注入右心房。

猫的门静脉是一条大静脉，它收集腹腔内脏（胃、肠、脾和胰等）的血液并运输到肝。在肝内，门静脉分成毛细血管，这些毛细血管再汇集成肝静脉，进入后腔静脉。

## 15.9　淋巴系统

淋巴系统主要由淋巴管道和淋巴器官组成。淋巴管道是贯穿全身的细长管道，管壁具有瓣膜，常相互连接成网络，起于组织间隙内。淋巴液由组织间隙逐渐汇入淋巴管道，最后汇入静脉，回到血液循环。

在颈部、腹股沟和腹腔内有很多淋巴结。全身大部分或全部淋巴管道在进入静脉之前同两条淋巴主干相连。最大的主干是胸导管，它汇集身体后半部、左前肢、胸部左侧、头和颈部的淋巴。胸导管沿胸主动脉左背侧进入左颈外静脉。第二条主干是右淋巴导管，它汇集胸部右侧、右前肢、颈部和头右侧的淋巴，进入右颈外静脉。

胸腺位于纵隔内，心脏腹面，形状细长扁平而不规则，呈淡红色或灰白色。幼猫胸腺发达，成年猫则部分或完全退化，故其大小差异很大。在胸腺最发达期，其头端可伸至颈部，尾端接近膈。尾端常分为左、右叶，左叶比右叶大。

脾呈深红色，扁平细长而弯曲，位于胃的左后侧，悬挂在大网膜的降支内，靠在胃大弯后面。它的左后端较宽，正对着胰的胃半部。

## 15.10 神经系统

### 15.10.1 中枢神经系统

#### 15.10.1.1 脊髓

位于椎管内，呈略扁的圆柱状。其前端于枕骨大孔处与延髓相接，向后延伸至荐部。脊髓粗细不一：在第 4 至第 7 颈椎或第 1 胸椎处形成颈膨大；从第 3 到第 7 腰椎处形成腰膨大；第 7 腰椎到荐椎，直径逐渐变细，末端细长，形成终丝。

#### 15.10.1.2 脑

猫脑的形态结构见图 15-13，图 15-14。

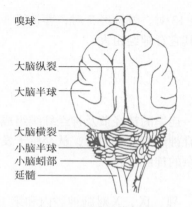

图 15-13 猫脑背面观

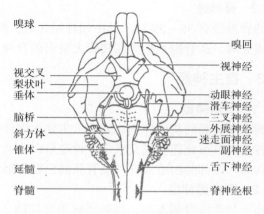

图 15-14 猫脑腹面观

（1）大脑　猫的大脑从背侧面看，较短而宽，略呈桃形，从外侧面看，呈不等的三角形。两个半球为大脑的主要部分，大脑的上部两半球之间完全分开，而底部有横向连接左右两个半球的胼胝体。大脑半球向后伸延，覆盖了小脑的前部。猫的嗅球呈卵圆形，嗅束发达。

（2）间脑　丘脑为间脑的主要部分，此外还包括视束、视交叉、漏斗、垂体、松果体、乳头体、第三脑室及其脉络丛。

丘脑呈卵圆形，被大脑半球后面突出部分覆盖。丘脑内侧边缘靠近中线处，其外侧隆起形成一个尖的圆形突出物，称外侧膝状体。在它的正腹面还有一个很显著的圆形隆起即内侧膝状体。在间脑的腹面视交叉后方有一个圆形的灰结节，其后缘有两个白色隆起称乳头体。在灰结节腹面正中连着一个中空的漏斗，其下方接垂体。在丘脑后缘、两个前丘之间有小的圆锥形松果体。

（3）小脑　由原始后脑的前部扩大而形成。小脑在生长过程中表面形成许多皱褶，在不同的标本皱褶形式各异。小脑在增加其大小的同时，既向外侧扩展，又向后、向前扩展，这样它向前与大脑相接（被小脑幕分开）。从猫脑的背面观，可见小脑遮盖了中脑和间脑，向后则覆盖延髓的较大部分。

（4）中脑　脑的背面观可见中脑被小脑和大脑遮盖，腹面观可见中脑的底部与脑桥相接。中脑背面顶部可见有两对隆起，称四叠体。前后两对隆起的中间隔有横沟。前丘较大，圆形，后丘卵圆形。大脑脚构成中脑的底部，在脑的腹面观可见大脑脚为两束宽阔的纤维束，从脑桥前面发出，向前通向大脑。

（5）脑桥　自延髓向前，在小脑的腹面，由大量横行的纤维束组成。它是原始后脑，由于小脑的发育而引起的变形，脑桥的纤维向外侧略为集中，并弯向背面，伸入小脑形成脑桥臂。

（6）延髓　猫的延髓呈扁平、截顶的锥形，前宽后窄。背面以小脑为界，背面前部被小脑覆盖。第 1 对颈神经根部的起点可作为脊髓与延髓的分界，但在外形上，两者的分界没有明显的标志。延髓的中央管较宽。

### 15.10.2　外周神经系统

#### 15.10.2.1　脑神经

猫的脑神经有 12 对，结构与分布情形与狗的大体相似。

#### 15.10.2.2　脊神经

猫的脊神经有 38～39 对，其中颈神经 8 对，胸神经 13 对，腰神经 7 对，荐神经 3 对，尾神经 7 或 8 对。从脊髓颈膨大和腰膨大发出的脊神经较其它脊神经粗大。

### 15.10.3　自主神经

#### 15.10.3.1　交感神经

从胸腰段脊髓的灰质外侧柱发出，主要由椎体两侧一连串的神经节及神经纤维组成。神经纤维将各神经节彼此连接成交感干。神经节以交通支与脊神经相连。同时，从交感干发出许多分支到胸部和腹部的内脏器官，血管和淋巴管等形成复杂的神经丛。

#### 15.10.3.2　副交感神经

从脑干与荐段脊髓发出，其神经纤维常伴随于第 III、VII、IX、X 对脑神经内和第 1 至第 4 对荐神经中。神经节位于副交感神经所支配的器官壁内或附近，因此节后纤维很短。

## 15.11　内分泌系统

### 15.11.1　甲状腺与甲状旁腺

甲状腺位于气管与食管两侧，由两个侧叶和中间的峡部组成。每个侧叶长约 2 cm，宽约 0.5 cm；峡部是一个细长的带，宽约 2 mm，连接两个侧叶的尾端而横过气管的腹面。甲状腺全重为 0.5～2.8 g。

甲状旁腺很小，近似球形，位于甲状腺前上方，颜色较甲状腺浅，呈黄色。

### 15.11.2　肾上腺

位于肾前内侧，靠近腹腔动脉基部及腹腔神经节，常与肾不相接。形状为卵圆形，长径约 1 cm，质量为 0.3～0.7 g，呈黄色或淡红色，常被脂肪包埋。在它的腹面被腹膜覆盖。

### 15.11.3　垂体

位于视交叉的后方，在蝶骨的蝶鞍内，其背部与漏斗相连。漏斗是中空的，贴在灰结节的腹正中，是由第三脑室底部向腹面延伸而形成的。

### 15.11.4　松果体

松果体是一个小的圆锥体，位于四叠体的前上方。它构成第三脑室顶部的一部分。

## 思考与讨论

1. 猫的消化系统有哪些解剖学特点？
2. 猫的泌尿系统有哪些解剖学特点？
3. 猫的生殖系统有哪些解剖学特点？
4. 猫的神经系统有哪些解剖学特点？

# 16 兔的解剖学特征

## 本章重点

- 了解兔的生活习性和生理特点。
- 掌握兔的解剖学特征，特别是消化、呼吸、泌尿、生殖等器官的形态、构造和功能特征。
- 了解兔与其它动物在解剖学上的异同。

本章英文摘要

## 16.1 运动系统

运动系统包括骨骼、骨连结和肌肉。

### 16.1.1 骨骼

兔的全身骨骼见图 16-1。

#### 16.1.1.1 头骨

兔头骨的种类和数量与牛等家畜的相似。枕骨构成颅腔的后壁和底壁的后部，包括 1 块上枕骨、1 块基枕骨和 2 块外枕骨，年幼时骨缝清楚，成年兔则 4 块骨愈合而界限不清；枕外侧结节明显，颈静脉突可见。顶骨与顶间骨构成颅腔的顶壁，内无压迹。额骨宽阔平直，构成头骨背侧中部，眶上突不与颧弓相接，形成嵴，分为眶前突和眶后突。筛骨构成颅腔的前壁，筛板有较深的筛窝。颞骨构成颅腔的侧壁，有发达的鼓泡。蝶骨构成颅腔底壁的前部，包括基蝶骨、翼蝶骨、前蝶骨和眶蝶骨。面部较长，鼻骨发达，前端稍窄，后端稍宽。切齿骨位于鼻骨的腹侧，稍突出于鼻骨的前方；每侧切齿骨有两个切齿槽；上颌骨呈多孔海绵状，与泪骨、颧骨呈直角。颧弓较大，其内面形成较大的眶窝。颞窝较小。下颌支向后向上倾斜，后腹侧有角状突。其它面骨无显著特点。

#### 16.1.1.2 躯干骨

脊柱弯曲呈 S 形，脊柱式为 C7、T12、L7、S4 和 CY16。颈椎 7 枚，第 3—7 颈椎形态相似，椎弓短而扁，横突为上下两支，均有发达的横突孔，棘突矮，第 7 颈椎的棘突稍

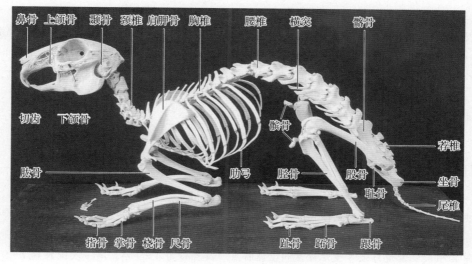

图 16-1　兔的全身骨骼

高。胸椎通常 12 枚，偶有 13 枚，棘突发达，第 1—9 胸椎的棘突斜向后，第 10、11 胸椎的棘突垂直，第 12 胸椎的棘突斜向前，后 4 枚胸椎的横突有乳状突。腰椎一般 7 枚，偶有 6 枚，棘突宽，向前倾斜；横突长而大，斜向前腹外侧，横突基部的后方有小的乳状突（又称副突）；前关节突与棘突等高，并与前一椎骨的乳状突结合。4 枚荐椎愈合成荐骨，棘突矮而不愈合，荐骨腹侧有 4 对较大的腹侧孔。尾椎常为 16 枚，偶见 15 枚。

肋骨通常 12 对，偶见 13 对，7 对真肋，5 对或 6 对假肋（后 2 对或 3 对为浮肋）。胸骨由 6 个胸骨节构成，胸骨柄明显，剑突附有上下压扁的剑状软骨。胸廓不大，呈截顶的圆锥形。

### 16.1.1.3　前肢骨

肩带骨中的肩胛骨完整，肩胛冈较长，肩峰发达，与很长的后肩峰突成直角。乌喙骨退化成为肩胛骨的乌喙突。锁骨退化为一细骨埋于臂头肌中，两端分别连于胸骨柄和肩胛骨（图 16-1）。

肱骨细长而直，三角肌结节不发达，远端形成滑车关节面，滑车的内侧呈嵴状突起。

桡骨与尺骨不愈合，略呈 S 形。前者较短；后者较长，肘突明显。

腕骨有 3 列 9 枚，近列 4 枚（即桡腕骨、中间腕骨、尺腕骨和副腕骨）；中列 1 枚，为中央腕骨；远列 4 枚，即第 1、2、3、4 腕骨。

掌骨有 5 块，分别是第 1、2、3、4、5 掌骨，其中第 1 掌骨很短。兔有 5 指，第 1 指由 2 个指节骨组成，其余指各有 3 个指节骨。除第 1 指外，其余各指有近籽骨 2 枚，远籽骨 1 枚。

### 16.1.1.4　后肢骨

左右髋骨前后等宽。髂骨较宽大，髂骨翼也较大。坐骨平直，坐骨结节较发达，坐骨弓较深。耻骨与髋臼之间可见 1 块长五角形的小骨，称髋臼骨（acetabulum bone）。闭孔呈长椭圆形（图 16-1）。

股骨长而直，大转子、小转子和第三转子均十分明显，转子窝清楚。远端内侧髁和外侧髁的后上方，各有 1 枚小籽骨。

髌骨较小，呈楔形。

胫骨较粗，近端呈三棱柱状，远端为圆柱状。腓骨较细，其近端与胫骨的外侧髁愈合，后者附有 1 枚小籽骨。腓骨远端与胫骨愈合。小腿间隙明显。

跗骨有 3 列 6 枚，近列 2 枚，即距骨和跟骨；中列 1 枚，为中央跗骨；远列 3 枚，分别是第 2、3、4 跗骨。跖骨有第 2、3、4、5 跖骨共 4 枚。兔有 4 趾，为第 2、3、4、5 趾，每趾有 3 个趾节骨、2 枚近籽骨和 1 枚远籽骨。

**窗口**

**兔的生物学特征**

　　家兔或肉兔属于哺乳纲、兔形目、兔亚科、穴兔属的家兔变种，是由野生穴兔经数千年驯化培育而成，具有打洞穴居、昼伏夜出、喜欢干净、怕热耐寒、胆小怕惊、嗅听灵敏、善于逃跑、啃咬嚼食、草食粗饲、繁殖力强等生活习性和生理特点。其寿命为 4～9 年，第一次配种期 7—9 月，生产期雌性为 4～5 年，雄性 2～3 年，交配期 4～5 天，怀孕期 30 天，哺乳期 30～50 天，年产 3～5 胎，每胎产仔 1～5 只。

　　兔易饲养繁殖，是常用的实验动物。成年雌兔须交配诱发排卵，便于观察药物对排卵的影响。所以研究避孕药时常用兔。因对许多病毒和致病菌都非常敏感，常使兔预先感染，进行多种传染病的研究。也常用于心血管药物的研究，如兔耳的灌流和离体心脏，兔心在离体情况下仍可搏动很久，是观察药物对哺乳类心脏直接作用的理想标本。另外，兔的减压神经分离于迷走神经之外，独立行走，便于观察减压神经对心血管系统的作用。兔还用于研究解热药及检查热源、刺激性药物。兔对组胺极不敏感，注射组胺并不产生血压下降，甚至出现血压上升反应，因此对兔注射大量组胺并不能造成过敏性休克的模型。因为兔与其它啮齿动物一样，不发生呕吐，所以不用于催吐药和镇吐药的研究，也不用于观察药物的呕吐反应。

## 16.1.2　肌肉

　　兔全身共有 300 多块肌肉，总质量约占体重的 35%，可分为皮肌、头部肌、躯干肌、前肢肌和后肢肌（图 16-2，图 16-3）。躯干的脊柱肌（如背腰最长肌）和后肢的臀部肌与股部肌特别发达，以适应其跳跃、奔跑的生活习性。

### 16.1.2.1　皮肌

皮肌较薄，又可分为面皮肌、颈皮肌、肩臂皮肌和躯干皮肌四部分。

### 16.1.2.2　头部肌

头部肌包括面肌和咀嚼肌。

面肌主要有口轮匝肌、颊肌、颧肌、鼻唇提肌、上唇固有提肌、下唇降肌和颏肌等。

咀嚼肌主要有咬肌、翼肌、颞肌和二腹肌等。其中，二腹肌只有前肌腹，后肌腹退化。

### 16.1.2.3　躯干肌

躯干肌包括脊柱肌、颈腹侧肌、胸壁肌和腹壁肌（图 16-2，图 16-3）。

脊柱肌的背侧组主要有背腰最长肌、髂肋肌、背多裂肌、背半棘肌、夹肌、颈最长肌、头寰最长肌、头半棘肌、颈半棘肌等；腹侧组主要有腰大肌、髂肌、腰小肌、腰方肌、颈长肌和头长肌等。

颈腹侧肌有胸头肌和胸骨甲状舌骨肌。

胸壁肌主要有肋间外肌、肋间内肌、背侧锯肌、斜角肌和膈等。其中，斜角肌有前斜角肌、中斜角肌和后斜角肌3块。前斜角肌起于第4—7颈椎横突，止于第1肋骨前外侧；中斜角肌起于第5颈椎横突，止于第3—5肋骨外侧；后斜角肌起自第4—6颈椎横突，止于第1肋骨上端。

腹壁肌有腹外斜肌、腹内斜肌、腹直肌和腹横肌四层。

### 16.1.2.4　前肢肌

前肢肌（图16-2）包括肩带肌、肩部肌、臂部肌和前臂前脚部肌。

肩带肌主要有斜方肌、菱形肌、头菱形肌、背阔肌、臂头肌、肩胛横突肌、胸浅肌、胸深肌和腹侧锯肌等。其中，头菱形肌位于菱形肌的深面，在夹肌的外侧，呈细带状，起于颞骨鼓泡的上方，止于肩胛软骨的后部。

肩部肌主要有冈上肌、冈下肌、三角肌、肩胛下肌、大圆肌、小圆肌和喙臂肌等。其中，三角肌有三块：第一三角肌又叫锁骨三角肌，起于锁骨，止于臂骨；第二三角肌也称肩峰三角肌，起于肩峰，止于臂骨三角肌结节；第三三角肌即肩胛三角肌，起自冈下肌肌腱，经后肩峰突的下面，止于臂骨三角肌结节。

臂部肌包括臂三头肌、前臂筋膜张肌、臂二头肌和臂肌等。

前臂前脚部肌主要有腕桡侧伸肌、腕尺侧伸肌、拇长展肌、腕尺侧屈肌、腕桡侧屈肌、旋前圆肌、掌肌、指总伸肌、第1、2指伸肌、第4指固有伸肌、第5指固有伸肌、指浅屈肌、指深屈肌、第5指屈肌、骨间肌和蚓状肌等。其中，腕桡侧伸肌有长、短两肌腹，腕长桡侧伸肌位于前臂骨最前方，起于臂骨外侧上髁，止于第2掌骨近端；腕短桡侧伸肌大部分与前肌愈合，也起于臂骨外上髁，但止于第3掌骨近端。掌肌位于前臂的后内侧、腕尺侧屈肌与指浅屈肌之间，细小，起于臂骨内侧上髁，止于掌筋膜。蚓状肌为三条细小的纺锤形肌，起于指深屈肌腱鞘，止于第3、4、5指近指节骨的内侧。

### 16.1.2.5　后肢肌

后肢肌（图16-3）包括臀部肌、股部肌和小腿后脚部肌。

臀部肌主要有臀浅肌、臀中肌和臀深肌。

股部肌包括臀股二头肌、半腱肌、半膜肌、股方肌、股四头肌、阔筋膜张肌、股薄肌、缝匠肌、耻骨肌和内收肌等。其中，内

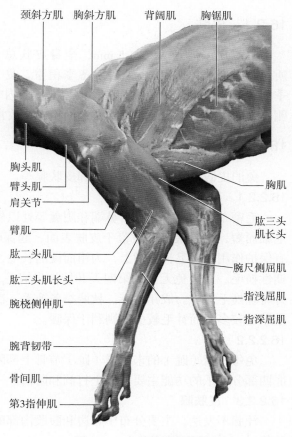

图16-2　兔的前肢肌外侧观

收肌分为内收大肌、内收长肌和内收短肌三部分，分别起于坐骨联合及坐骨结节、耻骨联合后部和耻骨联合前部，止于股骨远端的内侧面及胫骨内侧髁、股骨后面和股骨小转子下方。

小腿后脚部肌主要有腓肠肌、比目鱼肌、腘肌、胫骨前肌、腓骨肌、趾长伸肌、拇长伸肌、趾浅屈肌、趾长屈肌（趾深屈肌）、骨间肌和蚓状肌等。其中，腓骨肌位于小腿的前外侧、胫骨前肌与趾长伸肌的深面，起于腓骨头和胫骨外侧髁，可分为腓骨长肌、腓骨短肌、腓骨第3肌和腓骨第4肌四条肌肉，分别止于第1跖骨、第5跖骨近端的结节、第5跖骨远端及趾骨近端和第4跖骨远端。

## 16.2 被皮系统

### 16.2.1 皮肤

兔的皮肤厚度 1.2~1.5 mm，全身皮肤总质量占体重的 8%~12%，通常冬季稍重，夏季稍轻；公兔比母兔的重。在耳根后部、股内侧等处的皮肤因皮下组织特别发达而松弛，故常作皮下注射部位。

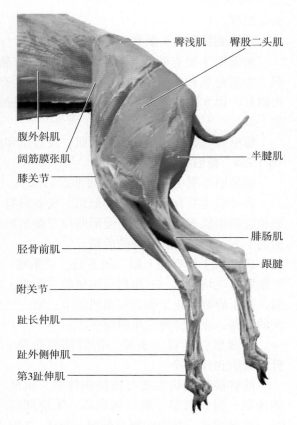

图 16-3 兔的后肢肌外侧观

### 16.2.2 皮肤衍生物

兔的皮肤衍生物包括毛、爪和皮肤腺等。

#### 16.2.2.1 毛

毛密布于全身（除爪、鼻端和阴囊等处以外）的体表，可分为绒毛、针毛和触毛三种。绒毛细而短，数量最多，被覆于皮肤表面，起保暖作用。针毛粗而长，突出于绒毛层，耐摩擦，有保护作用。触毛长在嘴上，为粗而硬的长毛，有触觉功能。毛有一定的寿命时间，故兔会周期性换毛。新生兔无毛，第四天开始长出绒毛，一个月时所有被毛长齐；1~3个月和3~6个月时各换毛一次。成年兔春、秋两季各换毛一次；夏季绒毛较少，而针毛较多，易于散热；冬季绒毛较多，而针毛较少，则利于保暖。

#### 16.2.2.2 爪

兔每一指（趾）的末端指（趾）节骨上都附有爪。爪分为爪缘、爪冠、爪壁（爪体）和爪底四部分。爪的功能主要是挖土打洞和防御。

#### 16.2.2.3 皮肤腺

汗腺不发达，主要分布于唇边和腹股沟部的真皮内。因此，兔的散热能力差，夏季应注意防热。

皮脂腺遍布全身真皮内近毛根处，其导管开口于毛囊，分泌的皮脂可滋润皮肤和被毛，防止皮肤的干燥和水分的侵入。

乳腺埋于乳房内。母兔的乳房有 3~6 对，位于胸部及腹部腹侧正中线的两侧。每个乳房有 1 个乳头，每个乳头有 5 条乳头管。在泌乳期，母兔每日的泌乳量为 50~220 mL。

特殊皮肤腺包括：由汗腺衍变而来的位于外阴部皮下的褐色鼠鼷腺（又叫腹股沟腺，较大，呈卵圆形），直肠末端侧壁的直肠腺，下颌前端外侧的浅下颌腺；皮脂腺衍变而来的白色鼠鼷腺（也称腹股沟腺）。后者在公兔中位于阴茎体背侧皮下，在母兔中位于阴蒂背侧皮下，较小，近圆形，可分泌具有异臭味的黄色分泌物，通过导管输入腹股沟隙，并有吸引异性的作用。

## 16.3　消化系统

消化系统包括消化管和消化腺（图 16-4）。

### 16.3.1　消化管

#### 16.3.1.1　口腔

上唇正中线上有纵裂，称唇裂。硬腭有 16~17 条腭褶，在最前腭褶的前方约 1 mm 处有鼻腭管口。兔舌短而厚，舌体背后部有稍硬而光滑的隆起，称舌隆起。舌黏膜上的乳头种类与马相似，丝状乳头呈绒毛状密布于舌背面；菌状乳头较少，散布于丝状乳头之间；轮廓乳头 1 对，位于舌隆起的后缘；叶状乳头 2 个，较大，呈椭圆形，长 5~6 mm，位于舌后部背外侧，在轮廓乳头的前外侧。兔齿具有草食兽的共性，切齿发达，无犬齿，臼齿的咀嚼面宽阔有横嵴，其咀嚼研磨能力很强，能以 100~200 次/min 的速度将饲料磨得很细。兔的上切齿有 2 对，分前后两排，形成兔特有的双切齿型。前排为大切齿，齿上有一条纵沟；后排为小切齿，呈钉子状。切齿与前臼齿之间有较宽大的齿槽间缘（图 16-5）。

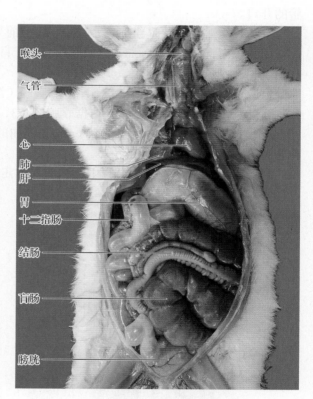

图 16-4　兔的内脏

兔的恒齿式为 $2\left(\dfrac{2\quad 0\quad 3\quad 3}{1\quad 0\quad 2\quad 3}\right)=28$；兔的乳齿式为 $2\left(\dfrac{2\quad 0\quad 3\quad 0}{1\quad 0\quad 2\quad 0}\right)=16$。

#### 16.3.1.2　咽和软腭

软腭较长，口咽部较宽大，扁桃体窦（窝）明显，腭扁桃体发达。鼻咽部后侧壁的咽鼓管咽口呈斜裂隙状。

#### 16.3.1.3　食管

食管宽而粗，在颈部分位于喉和气管的背侧；在胸腔部分位于纵隔内，穿过膈的食管裂孔至腹腔与胃相接。

### 16.3.1.4  胃

兔胃为单室胃，容积较大，约占消化管的 36%，呈上凹下凸的椭圆囊状，横位于腹腔前部、膈和肝的后方（图 16-4，图 16-6）。贲门与幽门很近，故胃大弯较长，胃小弯较短。大网膜不发达。胃黏膜的贲门腺区最小，其左侧形成盲囊，可防止内容物逆流；胃底腺区较大；幽门腺区稍小。胃壁较薄，肌肉少，收缩能力不强。

### 16.3.1.5  小肠

小肠长约 320 cm，与大肠的总长度相当于体长的 10～20 倍，包括十二指肠、空肠和回肠（图 16-6）。

十二指肠位于右腹腔背侧的腰下部，长约 50 cm，形成 U 形弯曲的肠襻，有胆总管和胰腺管的开口。

空肠长约 230 cm，呈粉红色，位于左腹腔前半部，形成许多肠襻，连于较长的空肠系膜。

回肠短而直，长约 40 cm，以回肠系膜连于盲肠，开口于盲肠起始部的圆小囊。

### 16.3.1.6  大肠

大肠长约 200 cm，包括盲肠、结肠和直肠（图 16-6）。

盲肠位于腹腔中后部，几乎占据腹腔的 2/3，通过肠系膜与回肠和结肠相连，形成一个椭圆形肠盘。盲肠非常发达，长约 50 cm，为卷曲的锥体状盲囊，是大肠中最粗大的一段，占消化管总容积的 49% 左右。

盲肠起始部最粗，先从右腹中部向右前方走到右季肋部，再转向右后方，到达骨盆腔前

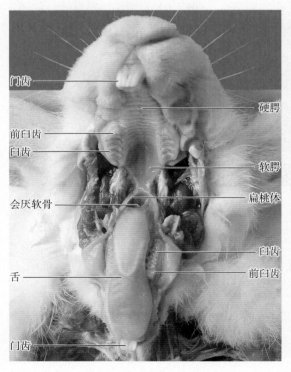

图 16-5  兔口腔内的构造

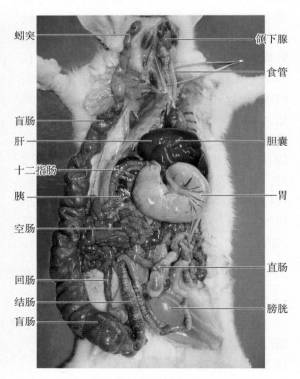

图 16-6  兔的消化系统

方转向左侧而明显变细，向前伸至胃的后方再横向伸延移行为长而细的蚓突（长约 10 cm，直径约 1 cm）。盲肠管壁外表可见许多沟纹，内面有 25 条左右的螺旋状皱褶，称螺旋褶，有利于大量微生物的繁殖，故使盲肠成为体内一个"发酵罐"，其功能与牛、羊的瘤胃相似。在回肠、盲肠相接处形成一个壁厚而膨大的圆囊，称圆小囊（又叫淋巴球囊），为兔特有，约 3 cm×2 cm，呈灰白色，囊的内壁呈现六角形蜂窝状隐窝，其黏膜上皮下充满淋巴组织。圆小囊具有免疫防御、分泌碱性液体和吸收营养物质等功能。在回肠盲口周围的盲肠壁上尚含有大、小盲肠扁桃体。

结肠长约 100 cm，可分为升结肠、横结肠和降结肠。升结肠位于腹腔右侧，粗大，直径约 2 cm，又叫大结肠，有 3 条纵肌带和 3 列肠袋。升结肠在胃幽门部上方变细后即从右向左横行延为横结肠。横结肠在腹腔左侧再折向后转为降结肠。横结肠和降结肠均较细，又称小结肠，较大结肠稍长，有 1 条很宽但不甚明显的纵肌带和 1 列肠袋。

直肠位于骨盆腔，长 30～40 cm，与降结肠无明显界限，二者之间有 S 状弯曲。直肠内含粪球，外呈串珠状。直肠末端背外侧壁内有一对呈暗灰色椭圆形的直肠腺（或称肛腺），长 1.0～1.5 cm，为特殊皮肤腺，其脂样分泌物具有润肠通便作用，并有特异臭味。直肠末端以肛门开口于体外。

值得一提的是，兔排出的粪便有两种：一种是粒状硬粪；另一种是团状软粪，亦称"盲肠营养"。软粪一排出就被兔自己从肛门处吃掉，这就是兔的"食粪性"。

## 16.3.2 消化腺

### 16.3.2.1 唾液腺

唾液腺主要包括腮腺、下颌腺、舌下腺和眶下腺 4 对。腮腺最大，呈不规则的三角形，粉红色，腺管开口于上颌第二前臼齿相对的颊黏膜上。下颌腺较硬实，呈椭圆形，大小约 2.5 cm×1.1 cm，浅灰色略带红色，腺管开口于口腔底舌系带附近。舌下腺较小，呈扁平长条形，有数条平行的腺管开口于舌下两侧口腔黏膜。眶下腺为兔特有的腺体，位于眶窝底部前下角，呈粉红色，其腺管开口于上颌第三前臼齿相对的颊黏膜上（图 16-7）。

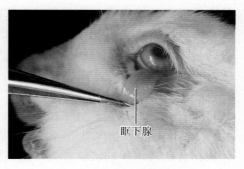

图 16-7 兔的眶下腺

### 16.3.2.2 肝

肝位于腹腔前部，在膈之后，胃之前，重约 60 g，占体重的 3% 左右，呈红褐色，分为 6 叶，即左外叶、左内叶、右内叶、右外叶、方叶和尾叶（图 16-4，图 16-6，图 16-8）。其中，左外叶最大；尾叶最小，有明显的尾状突和乳突；方叶也较小，位于左内叶与右内叶之间。胆囊位于右内叶，胆囊管与各肝叶的肝管会合成胆总管开口于十二指肠距幽门约 1 cm 处。

### 16.3.2.3 胰

胰（图 16-6，图 16-9）较小，呈粉红色或淡黄色，可分为左叶和右叶。左叶沿胃小弯伸达脾；右叶位于十二指肠襻的肠系膜内，每叶由分散的小叶组成。只有 1 条胰管，开口于十二指肠距末端约 14 cm 处。

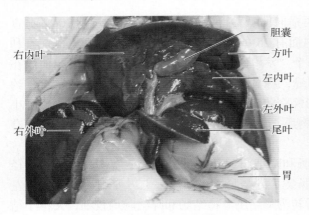

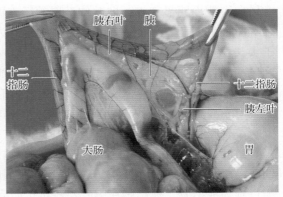

图 16-8　兔的肝和胆囊                      图 16-9　兔的胰

# 16.4　呼吸系统

## 16.4.1　呼吸道

参见图 16-10。

### 16.4.1.1　鼻腔

鼻孔为卵圆形或裂缝状，鼻翼发达，在嗅东西时可频繁抽动鼻翼，快达 120 次 /min，以使空气在鼻腔往返流动，更好地产生嗅觉。鼻腔被鼻中隔分为左右两半，每侧鼻腔有上鼻甲、中鼻甲（最大的筛鼻甲）和下鼻甲。鼻黏膜的呼吸区呈粉红色，含丰富的血管和黏液腺，有温暖、湿润和清洁空气作用，此处是兔巴氏杆菌病等的易感染部位。嗅区的嗅觉细胞发达，故兔分辨气味的能力很强。兔的上颌窦稍大，额窦和蝶窦较小。

### 16.4.1.2　喉

兔的喉较小，会厌软骨较大。甲状软骨腹侧较长，背侧较短。杓状软骨为一对三棱形软骨，声带不发达，因此兔发音很单调，有时在被捉拿时发出刺耳的尖叫声。环状软骨连接气管。

### 16.4.1.3　气管和支气管

气管由 48 ~ 50 个不闭合的软骨环组成，软骨环的缺口向上，由韧带等连接。相当于第 4—5 胸椎的腹侧处分为左、右支气管分别进入左、右肺。尖叶支气管由右支气管分出，进入右肺尖叶。

## 16.4.2　肺

兔肺（图 16-10）不发达，左肺较小，可分

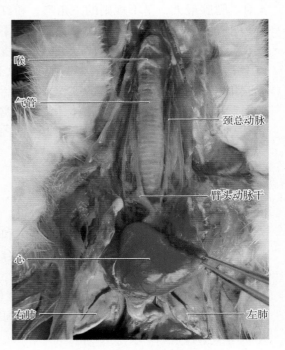

图 16-10　兔的呼吸系统

为尖叶、心叶和膈叶（后叶），有时尖叶和心叶合并为前叶。右肺稍大，明显分为尖叶、心叶、膈叶和副叶。成年兔的呼吸频率在平静时为 30～60 次/min，但天气热时或运动后，增至 282 次/min，以通过呼吸散发热量和排出水分。

## 16.5 泌尿系统

### 16.5.1 肾

兔肾（图 16-11，图 16-12）为表面平滑的单乳头肾，左、右肾均呈卵圆形，大小约 3.5 cm×2.0 cm，色暗红而质脆。右肾在第 11 肋上端至第 2 腰椎横突的腹侧；左肾在第 2—4 腰椎横突的腹侧。在正常情况下肾被膜容易剥离，肾外常见肾脂囊。肾的皮质为 0.2～0.3 cm 厚，可见颗粒状的肾小体；髓质较厚，色淡，髓放线明显，只有一个肾总乳头，有许多乳头管开口于肾盂。

### 16.5.2 输尿管

输尿管左右各有一条，起于肾盂，离开肾后沿腹腔背侧延伸至骨盆腔，开口于膀胱颈的背侧壁。

### 16.5.3 膀胱

膀胱呈梨形，通常大部分位于腹腔后部，仅膀胱颈在骨盆腔。但在无尿时膀胱大部分缩到

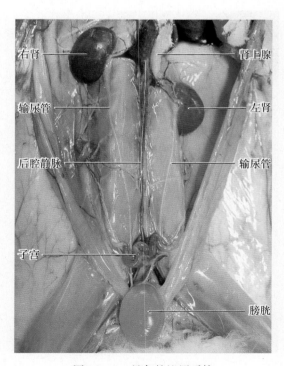

图 16-11 母兔的泌尿系统

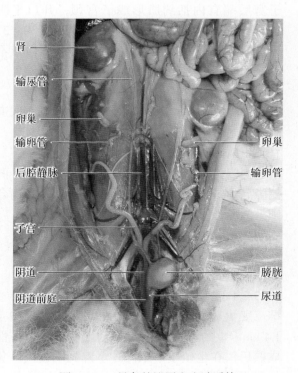

图 16-12 母兔的泌尿和生殖系统

骨盆腔。公兔的膀胱位于直肠的腹侧，母兔的膀胱则位于子宫的腹侧。

# 16.6　生殖系统

### 16.6.1　母兔生殖系统

母兔的生殖系统见图 16–12。

#### 16.6.1.1　卵巢

卵巢左右各一，呈长椭圆形，长 1.0 ~ 1.7 cm，宽 0.3 ~ 0.7 cm，重 0.3 ~ 0.5 g，呈浅粉红色，以卵巢系膜固定在腹腔背侧壁、肾的后方。其中，左侧卵巢位于第 4 腰椎横突端部的腹侧，右侧稍前。幼兔卵巢表面光滑；成年兔卵巢表面有凸出的透明圆形的成熟卵泡或暗色丘状的黄体。兔的排卵方式属诱发排卵。母兔卵泡发育成熟后并不马上排卵，当接受公兔交配或其它原因引起冲动时方可诱发排卵，常在交配后 10 h 左右或肌内注射黄体生成素（LH）10 h 后引起排卵。

#### 16.6.1.2　输卵管

输卵管左右各有一条，全长 9 ~ 15 cm，前端有输卵伞，腹腔口向着卵巢。壶腹部不甚膨大。输卵管峡部后端连接子宫，但两者无明显界限。输卵管的前 1/3 处（壶腹部）为受精部位，受精时间一般是在排卵后 1 ~ 2 h。

#### 16.6.1.3　子宫

兔子宫属双子宫，左右子宫完全分离，无子宫角与子宫体之分，子宫全长约 7 cm。每侧子宫后端有内括约肌形成子宫颈，开口于阴道。兔为多胎动物，妊娠期短，仅为 30 ~ 31 天，两侧子宫可同时孕育胚胎，但胚胎数量不一定相同。

#### 16.6.1.4　阴道和阴道前庭

兔阴道很长，达 7.5 ~ 8 cm。其腹侧有尿道开口，之后延为阴道前庭。

#### 16.6.1.5　阴门

阴门位于肛门腹侧，阴门裂约长 1 cm，两侧隆起形成阴唇。阴唇背连合呈尖形，腹连合则呈圆形，阴蒂发达，长约 2 cm。

### 16.6.2　公兔生殖系统

公兔的生殖系统见图 16–13。

#### 16.6.2.1　睾丸

睾丸呈卵圆形，长 2.5 ~ 3 cm，宽 1.2 ~ 1.4 cm，重约 2 g。幼兔睾丸位于腹腔内，在性成熟后仅在生殖季节睾丸才下降到阴囊内。兔的腹股沟管短而宽，终生不封闭，与腹腔相

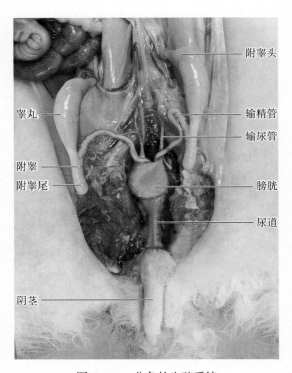

图 16–13　公兔的生殖系统

通，睾丸可自由地下降到阴囊或缩回腹腔。兔每次射精 1 ~ 2 mL，约 2 亿个精子。

### 16.6.2.2　附睾

附睾很发达，位于睾丸的背外侧面。附睾头由 15 条左右的睾丸输出管构成；附睾体和附睾尾由一条长而盘旋的附睾管构成。附睾管在附睾尾末端向前折转成一直管，移行为输精管。

### 16.6.2.3　输精管

输精管起于附睾尾，经腹股沟管进入腹腔，向后走至骨盆腔，与输尿管交叉后在膀胱背侧变粗形成输精管壶腹，之后管径又变细，与对侧并列共同开口于尿生殖道起始处背侧壁的精阜。

### 16.6.2.4　阴茎与包皮

阴茎呈圆柱状，阴茎头细而稍弯，不形成膨大的龟头。在平静时阴茎长约 2.5 cm，向后伸至肛门的腹侧；但在勃起时阴茎长达 4 ~ 5 cm，且因坐骨海绵体肌收缩，牵引阴茎游离端向前。阴茎头外面被覆包皮，包皮连于阴囊的皮肤，包皮开口处有包皮腺，在交配时可分泌黏液。

### 16.6.2.5　副性腺

副性腺包括精囊、精囊腺、前列腺、旁前列腺和尿道球腺。

精囊又叫雄性子宫，位于膀胱颈和输精管壶腹的背侧，呈扁平囊状，其前端分成两叶，向后开口于两输精管口之间的尿生殖道背侧壁。

精囊腺 1 对，呈椭圆形，位于精囊的后方、前列腺的前方。腺管开口于精阜的两侧。

前列腺呈半球形，位于精囊腺的后方，被结缔组织中隔分为左、右两部分，分别有 3、4 条腺管开口于尿生殖道的背侧壁。

旁前列腺又称前尿道球腺，较小，长 3 ~ 6 cm，呈指状突起，每侧约有 3 个，位于精囊基部的两侧，腺管开口于尿生殖道。

尿道球腺位于尿生殖道的背侧、前列腺的后方，色暗红，分为两叶，每叶呈长柱状，有 4 条导管开口于尿生殖道的背侧壁。腺的后端有薄的球海绵体肌覆盖。

### 16.6.2.6　阴囊

位于股部后方、肛门两侧，呈八字形，皮肤多毛。

## 16.7　心血管系统

### 16.7.1　心脏

心脏位于胸腔的纵隔内，略偏于左侧，在第 2—4 肋骨之间，呈前后稍扁的倒圆锥形，心基向前上方，心尖向后下方，距胸骨较远，故心包胸骨韧带发达（图 16-14）。右心房前上

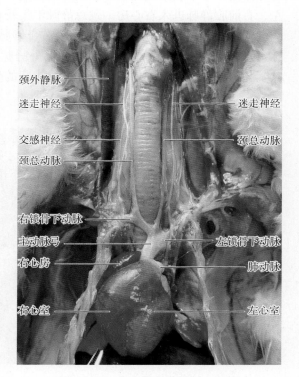

颈外静脉
迷走神经　　　　　　　　　　迷走神经
交感神经　　　　　　　　　　颈总动脉
颈总动脉
右锁骨下动脉
主动脉弓　　　　　　　　　　左锁骨下动脉
右心房　　　　　　　　　　　肺动脉
右心室　　　　　　　　　　　左心室

图 16-14　兔心脏及其周围大血管

方接右前腔静脉，后方接后腔静脉、左前腔静脉和心静脉。右房室口只有二尖瓣。右心室的动脉圆锥明显，内有乳头肌；心室壁梳状肌发达，有两个小乳头肌，无调节索；肺动脉口有 3 个半月瓣。左心房连接约 3 条肺静脉。左房室口有二尖瓣。左心室在室中隔与心壁之间有前、后两个大的乳头肌，每个乳头肌又分 3 个小乳头肌；主动脉口也有 3 个半月瓣。在安静时，成年兔的心率为 80 ~ 100 次 /min；幼兔为 100 ~ 160 次 /min。在运动或受惊吓后兔的心率则可增至 300 次 /min。

### 16.7.2　动脉

　　肺动脉分为两支分别进入左肺和右肺。主动脉弓分出左、右冠状动脉到心脏后，依次分出左锁骨下动脉和臂头动脉。主动脉弓在胸腔内延续为胸主动脉，穿过膈再移行为腹主动脉。臂头动脉很短，先后分出左颈总动脉（有时左颈总动脉从主动脉弓分出）和右颈总动脉后延续为右锁骨下动脉。左、右锁骨下动脉分出肋颈动脉干、椎动脉、颈上动脉和胸内动脉后移行为腋动脉，走向前肢。左、右颈总动脉在下颌角处分出较细的颈内动脉后延为较粗的颈外动脉，分布于头部。腹主动脉末端分出粗大的左、右髂总动脉后移行为很细的荐中动脉，后者再延为尾中动脉，走向尾。髂总动脉分出较小的髂内动脉（分布于盆腔）后移行为较粗的髂外动脉，走向后肢（图 16–15 至图 16–18）。

### 16.7.3　静脉

　　有 3 条肺静脉进入左心房，其中左前干收集左肺尖叶和心叶血液，右前干收集右肺尖叶和心叶血液，中干收集两侧膈叶和副叶的血液。左、右颈总静脉和左、右锁骨下静脉分别汇合成左、右前腔静脉进入右心房。颈总静脉汇集较细的颈内静脉和较粗的颈外静脉。前腔静脉汇集胸内静脉、椎静脉和肋间最前静脉。右奇静脉注入右前腔静脉。后腔静脉汇集肝静脉、腰静脉、肾静脉、生殖静脉、髂内静脉和髂外静脉。其中，肝静脉有 4 ~ 6 条；髂内静脉除汇集骨盆壁和盆腔内器官静脉外，尚接受来自小腿的坐骨静脉（图 16–16 至图 16–20）。

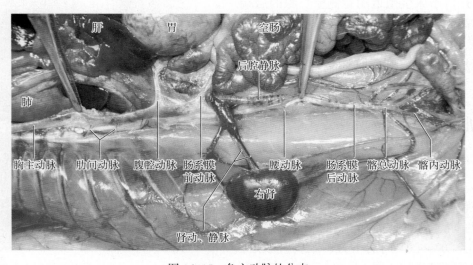

图 16–15　兔主动脉的分支

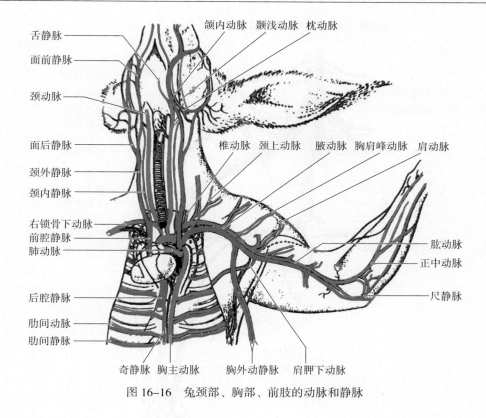

图 16–16  兔颈部、胸部、前肢的动脉和静脉

# 16.8 淋巴系统

## 16.8.1 淋巴器官

### 16.8.1.1 胸腺

胸腺位于胸腔内、心脏的前腹侧，相当于第 1—3 肋软骨处，呈浅粉红色，形态不固定。幼兔的胸腺较大，长约 2.5 cm，宽约 2 cm，厚约 4 cm，重约 5 g。成年兔的胸腺逐渐变小和退化。

### 16.8.1.2 脾

脾位于胃大弯的左侧，附于大网膜上，呈略弯的长条状，色深红，较小，长约 5.2 cm，宽 1.5~2 cm，重 1~1.5 g，占体重的 0.05%。

### 16.8.1.3 淋巴结

（1）头部淋巴结  有下颌淋巴结 1~3 个，腮腺淋巴结 1 个。有的个体在颊肌上或咬肌前缘尚有面淋巴结。

（2）颈部淋巴结  包括颈浅淋巴结和颈深淋巴结。前者 1~3 个，位于颈外静脉起始部附近；后者 1 个，位于甲状软骨背侧、近颈总动脉处。

（3）前肢淋巴结  包括肩前淋巴结、肩后淋巴结、腋淋巴结和第 1 肋腋淋巴结。肩前淋巴结又叫腋浅前淋巴结，有 2~3 个，较小，位于胸肌的腹外侧、肩关节前的结缔组织中。肩后

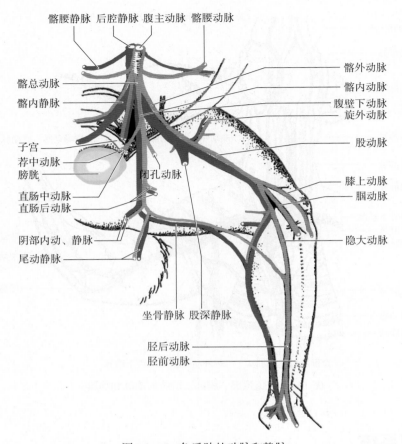

图 16-17　兔后肢的动脉和静脉

淋巴结又叫腋浅后淋巴结，只有 1 个，稍大，位于冈下肌与臂三头肌之间的结缔组织中。腋淋巴结或称腋深淋巴结，有 2 个，位于肩关节内侧，腋动、静脉的腹侧后方。第 1 肋腋淋巴结 1 个，位于第 1 肋骨下端的内侧面。

（4）胸腔淋巴结　主要包括纵隔淋巴结 2~5 个和支气管淋巴结（肺门淋巴结）数个。

（5）腹腔淋巴结　主要有胃淋巴结 2 个，十二指肠淋巴结 1~3 个，肝门的淋巴结数个，肠系膜前淋巴结 2~4 个，空肠淋巴结数个，肠系膜后淋巴结 2~4 个等。

（6）腹壁骨盆壁淋巴结　包括主动脉腰淋巴结 2~4 个，髂淋巴结 1~2 个，腹股沟浅淋巴结 2 个，荐淋巴结 1~3 个，髂下（股前）淋巴结 1 个。其中，髂淋巴结较小，位于髂总动脉起始部两侧；荐淋巴结位于荐中动脉起始部的腹侧。

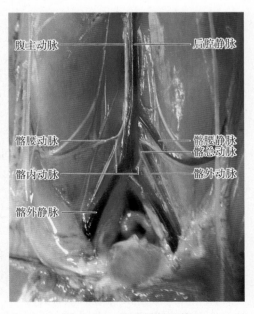

图 16-18　腹腔后部血管

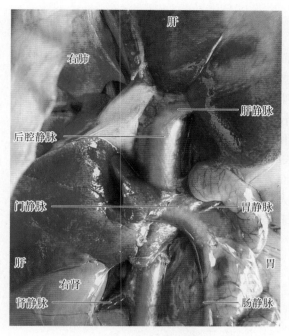

图 16-19 兔的肝静脉和门静脉

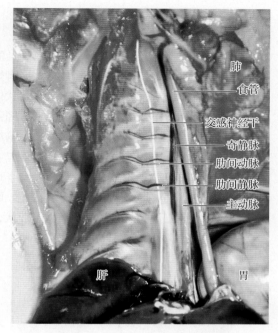

图 16-20 兔的奇静脉、肋间动静脉和交感干

（7）后肢淋巴结 主要是腘淋巴结，每侧有 1~3 个，呈卵圆形，长约 0.5 cm，位于膝关节的屈面、腓肠肌起始部后方、半膜肌的深面。

### 16.8.2 淋巴管

左气管淋巴干汇集左头颈部深浅淋巴管、前肢深浅淋巴管后进入胸导管；右气管淋巴干汇集右头颈部及前肢深浅淋巴管后汇入一支独立的短淋巴干，称为右淋巴干，后者进入右颈外静脉。两条腰淋巴干汇集腹壁骨盆壁淋巴管、盆腔内脏器官和结肠后段的淋巴管以及后肢的深浅淋巴管后进入乳糜池。一条内脏淋巴干（由肠淋巴干和腹腔淋巴干汇合而成）汇集腹腔内脏器官（除结肠后段外）的淋巴管后也进入乳糜池。胸导管通常有一条，起自乳糜池，沿胸主动脉右侧向前行，沿途汇集胸腔的淋巴管，然后穿过主动脉弓到右侧，向前注入左颈外静脉。但有时胸导管有两条，分别位于胸主动脉的两侧，共同开口于左颈外静脉。

## 16.9 神经系统

### 16.9.1 中枢神经系统

#### 16.9.1.1 脊髓

脊髓前端在枕骨大孔处与延髓相接，后端伸达第 2 荐椎附近，有 37~38 节段，呈背腹稍扁的长圆柱状。其中，在颈胸交界处有不甚明显的颈膨大；在第 3—5 腰椎处有明显的腰膨大；在第 6 腰椎至第 2 荐椎间形成脊髓圆锥，后端以脊髓终丝与荐神经根和尾神经根共同形成马尾。

#### 16.9.1.2  脑

兔脑的形态结构见图 16–21、图 16–22。

（1）脑干  包括延髓、脑桥、中脑。延髓窄而长，锥体十分明显。脑桥不发达，其腹侧的横向纤维较薄，不突出。中脑腹侧的大脑脚短而宽；背侧四叠体的前丘较大，后丘较小。

（2）间脑  外膝状体大而明显，内膝状体较小。

（3）小脑  横向较宽，前后向较短。蚓部比较发达，伸达小脑的前端和后端，两侧与小脑半球的分界清楚。两个小脑半球较小。小脑绒球和旁绒球较明显，位于小脑半球的外侧后部。

（4）大脑  呈楔形，前窄后宽，重约 7 g，长 3.5～4.5 cm，最宽约 2.5 cm。两侧大脑半球间的纵裂浅窄，与小脑的横裂宽大。大脑半球表面较光滑，没有明显的脑沟和脑回。大脑皮质较薄，胼胝体较小，尾状核、豆状核发达。嗅球大而长，向前突出，内、外侧嗅回明显，向后连于梨状叶，嗅三角不明显。海马呈环带状，盖于丘脑的背侧，构成侧脑室底壁的后半部。

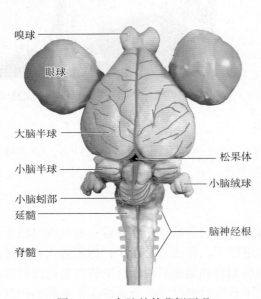

图 16–21  兔脑的外背侧面观

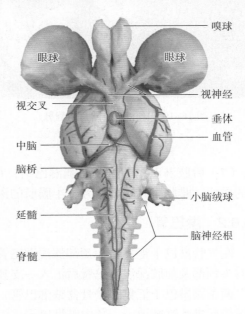

图 16–22  兔脑的腹侧面观

### 16.9.2  外周神经系统

#### 16.9.2.1  脊神经

脊神经为混合神经，共 37～38 对，其中颈神经 8 对，胸神经 12～13 对，腰神经 7～8 对，荐神经 4 对和尾神经 6 对。膈神经由第 4—6 对颈神经的腹侧支构成。臂神经丛由第 5～8 对颈神经的腹侧支和第 1 对胸神经的腹侧支构成，分出胸肌神经、肩胛上神经、肩胛下神经、腋神经、肌皮神经、桡神经、尺神经和正中神经。腰荐神经丛由第 4—7 对腰神经的腹侧支和第 1—4 对荐神经的腹侧支构成，分出髂腹股沟神经、生殖股神经、股后皮神经、股神经、闭孔神经、臀前神经、臀后神经、坐骨神经、阴部神经和直肠后神经。

#### 16.9.2.2  脑神经

兔的脑神经也有 12 对，与其它家畜的基本相似。但迷走神经有明显的特点：近神经节

（即颈静脉神经节）较小，远神经节（即结状神经节）较大。在颈部，迷走神经与颈交感神经不形成迷走交感干，而各自独立成为迷走神经干和颈交感神经干，沿着气管的两侧、颈总动脉的外侧缘走行。其中，迷走神经干较粗，位于外侧；颈交感神经干较细，位于内侧。

### 16.9.2.3 自主神经

交感神经的节前神经元胞体位于第 3 或第 4 胸节至第 4 腰节脊髓灰质外侧角（柱）内。颈交感神经干的颈前神经节较大，呈椭圆形；颈中神经节较小；颈后神经节与第 1 胸神经节合并成颈胸神经节，直径约 0.4 cm。内脏大神经起自第 8—10 胸节脊髓灰质外侧角；内脏小神经起自第 11 胸节脊髓，有时与内脏大神经合并。腹腔肠系膜前神经节位于腹腔动脉与肠系膜前动脉之间，肠系膜后神经节位于肠系膜后动脉的稍前方。

副交感神经的节前神经元胞体位于中脑、延脑的相应核团和第 2—4 荐节脊髓灰质中间带的外侧，其神经纤维分别随第 Ⅲ、Ⅶ、Ⅸ、Ⅹ 对脑神经走行和形成盆神经分布于相应器官。

## 16.10 内分泌系统

### 16.10.1 垂体

垂体（图 16-22）位于颅腔底壁蝶骨体背侧面的垂体窝中，由垂体柄悬挂于丘脑下部腹侧、视交叉的后方，呈椭圆形，重约为 0.028 g。

### 16.10.2 甲状腺

甲状腺约 0.2 g，呈暗红色，位于甲状软骨与前 9 个气管软骨环之间的腹侧和外侧表面，分为峡部和两个侧叶。峡部长约 0.6 cm，横于第 7—9 气管软骨环的腹侧。每个侧叶大小为（0.7 ~ 0.8）cm ×（0.17 ~ 0.23）cm。其大小、位置随性别和年龄有变化，一般母兔甲状腺比公兔的略大。

### 16.10.3 甲状旁腺

甲状旁腺通常有前、后两对（偶有 1 对），前一对为内甲状旁腺（或缺），埋在甲状腺内或在甲状腺侧叶前部两侧；后一对称外甲状腺，呈黄褐色，卵圆形或纺锤形，长 0.2 ~ 0.25 cm，位于甲状腺侧叶后部两侧、颈总动脉附近。

### 16.10.4 肾上腺

肾上腺（图 16-11）左右各一，为黄白色不规则的扁平三角形小体，（1.2 ~ 1.3）cm ×（0.7 ~ 0.8）cm，每个重 0.38 ~ 0.71 g，占体重的 0.21% ~ 0.26%，常位于肾的前内方。左侧肾上腺在第 2 腰椎腹侧、腹主动脉外侧；右侧肾上腺较前，位于第 12 胸椎下方、后腔静脉外侧。

### 16.10.5 松果体（腺）

松果体（图 16-21）呈细长椭圆形或圆锥形，灰色或红褐色，重约 0.016 g，位于中脑四叠体前方正中线上、丘脑的后上方，以一长柄连于第三脑室顶壁的后端。

## 思考与讨论

1. 试述兔消化系统的解剖学特征。
2. 试述兔呼吸系统的解剖学特征。
3. 试述兔泌尿系统的解剖学特征。
4. 试述兔生殖系统的解剖学特征。
5. 试述兔脑与牛、马、猪脑的异同点。
6. 兔有哪些主要生活习性和生物学特征？

# 17

# 家禽的解剖学特征

本章英文摘要

## 17.1 运动系统

### 17.1.1 骨

家禽在系统发生上属脊椎动物鸟纲。禽类骨骼具有轻便性和坚固性的特性，适于飞翔生活。轻便性即大多数骨髓腔内充满着与肺及气囊相交通的空气。坚固性即骨质致密和关节坚固，有的骨块愈合成一整体，如颅骨、腰荐骨。家禽全身的骨由躯干骨、头骨、前肢骨和后肢骨组成（图17-1，图17-2）。

#### 17.1.1.1 躯干骨

躯干骨包括脊柱、两侧的肋和腹侧的胸骨。脊柱（spinal column）由颈（C）、胸（T）、腰（L）、荐（S）、尾（Cy）椎五部分组成。各部分的椎骨数为：鸡 C14、T7、L3、S5、Cy11～13，或 C14、T7、LS14、Cy5～6；鸭 C14～15、T9、L4、S7、Cy10；鹅 C17～18、T9、L12～13、S2、Cy8；鸽 C12～13、T7、L6、S2、Cy8。

（1）颈椎（cervical vertebra） 禽类的颈椎数量多，各颈椎间伸屈和转动灵活。寰椎和枢椎的形状特殊。寰椎很小，呈狭环状。枢椎棘突明显，椎体前方有大的齿状突。第3—14颈椎的形态基本相似。

（2）胸椎、肋和胸骨 第2—5胸椎愈合，第7胸椎与腰荐椎和前6枚尾椎愈合。肋骨呈左右稍扁的长骨。鸡有7对，第1、第2对肋是浮肋，不与胸骨相接，其余各对均与胸骨相接，各肋可分为椎肋和胸肋。第2—6对椎肋中部均

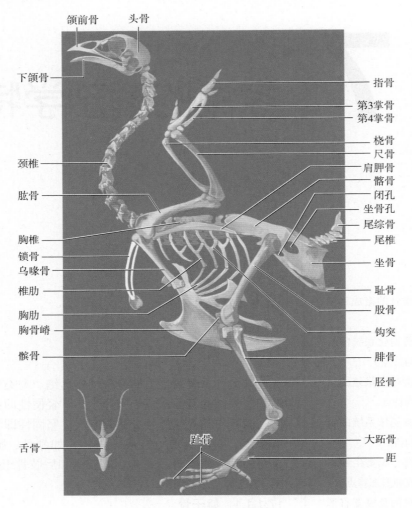

图 17-1    鸡的全身骨骼

发出一支斜向后上方的钩突。胸骨由胸骨体和几个突起组成。鸭的胸骨比鸡的大。禽类的胸骨特别发达，飞翔能力强的鸟类更为明显，胸骨腹侧正中形成一个纵向垂直的发达突起，称为龙骨突（carina）。

（3）腰荐椎（sacral vertebra）    鸡的全部腰荐椎和第 1—6 枚尾椎在发育早期愈合而成单块的腰荐骨。

（4）尾椎（caudal vertebra，或 coccyx vertebra）    鸡的活动尾椎有 6 枚（鸭 7 枚），有时 5 枚。最后一枚尾椎称尾综骨。

家禽比较解剖学资料表明，禽脊柱的各部分长度与种类有关，水禽（鸭、鹅）的颈部最长，胸、腰部较短，分别占脊柱长的 50.1%～50.4%、19.5%～22.4%、1.9%～2.0%，猛禽（鹰）的颈部最短，胸、腰部最长，分别为 39.1%～39.5%、27.6%～23.3%、5.3%～6.7%，各种禽的荐、尾部较稳定，分别为 4%～5% 和 20.2%～22.5%。

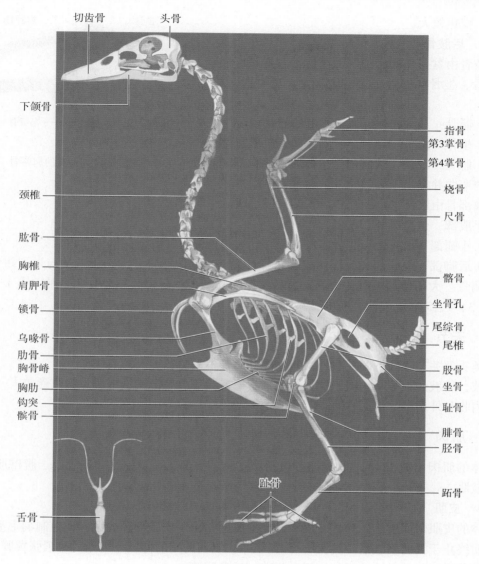

图 17-2　鸭的全身骨骼

#### 17.1.1.2　头骨

禽类头骨以大而明显的眶窝为界，把头部骨骼分为颅骨和面骨两部。颅骨由不成对的枕骨、蝶骨和成对的顶骨、额骨和颞骨构成。面骨除筛骨外，都是成对骨，由筛骨和颌前骨、上颌骨、鼻骨、泪骨、犁骨、腭骨、翼骨、颧骨、方骨、下颌骨、舌骨、鼻甲骨、巩膜骨构成。方骨是禽类特有骨，由于方骨与下颌骨、颧骨、翼骨等均以关节相连，以及方骨本身的灵活性，鼻骨与额骨间形成可动关节，所以当开口时，不仅下降下喙，而且同时抬起上喙，张口大而自如。

#### 17.1.1.3　前肢骨

肩带部的肩带骨由肩胛骨、乌喙骨和锁骨组成（图 17-3）。游离部由肱骨（亦称臂骨）、前臂部（桡骨、尺骨）和前脚部（腕掌骨和指骨）组成。由于前肢变为翼，前脚骨与哺乳动物的相比，变化较大。

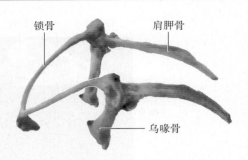

图 17-3　鸡的肩带骨

#### 17.1.1.4　后肢骨

后肢骨由盆带部和游离部骨组成。盆骨带即髋骨，包括髂骨、坐骨和耻骨。为适应产蛋，禽类为开放性骨盆。

（1）髂骨　最大，呈近似长方形的板状。

（2）坐骨　位于髋骨后部腹侧，呈三角形的骨板。

（3）耻骨　细长，从髋臼沿坐骨腹侧缘向后延伸，末端向内弯曲并突出于坐骨后方。

游离部骨由股部、小腿部和后脚部三段组成。

（1）股部　包括股骨和髌骨。

（2）小腿部　由胫骨和腓骨构成，胫骨远端与近列跗骨愈合，也称胫跗骨。

（3）后脚部　由跖部和趾部构成。跖部有大、小两块跖骨，大跖骨近端与远列跗骨愈合，也称跗跖骨。大跖骨远端有 3 个髁，由髁间隙隔开。在趾部禽类一般有 4 个趾。第 1—4 趾分别有 2、3、4、5 个趾节骨，末端趾节骨呈爪状。

### 17.1.2　关节

禽类头部关节除颞下颌关节外，其它部分属于不动关节。

前肢、后肢的关节基本同于哺乳动物，其中肩关节由肩带三骨组成。关节囊较大。肩关节主要起内收和外展翼的作用。髂腰荐关节是不动关节。

### 17.1.3　肌肉

禽体的肌肉（图 17-4，图 17-5）包括：皮肌、头部肌、脊柱肌、胸壁肌、腹壁肌、前肢肌和后肢肌。

#### 17.1.3.1　皮肌

禽体的皮肌薄而发达。一部分皮肌是平滑肌网，止于皮肤羽区的羽囊，控制羽毛活动；一部分皮肌终止于翼的皮肤褶（翼膜），称翼膜肌，以辅助翼的伸展，飞翔时有紧张翼膜的作用；还有一部分皮肌起着支持嗉囊的作用，如前、后翼膜肌。

#### 17.1.3.2　头部肌

禽类因缺唇、颊、耳郭，外耳也没有活动性，所以缺面部肌系，而开闭上、下颌的肌肉则较发达，还有一些作用于方骨的肌肉。舌的固有肌虽不发达，但有一系列舌骨肌，使舌在采食、吞咽时可作灵敏迅速的运动。

#### 17.1.3.3　脊柱肌

禽类颈部长而灵活，肌肉特别发达，多裂肌、棘突间肌、横突间肌等肌束也相应增多。禽类颈部缺臂头肌和胸头肌。胸、腰、荐椎已愈合而固定，所以此段肌肉不发达而变小。尾部肌肉发达，与尾部功能有关。

#### 17.1.3.4　胸壁肌

肋间外肌，是吸气肌。肋间内肌，是呼气肌。

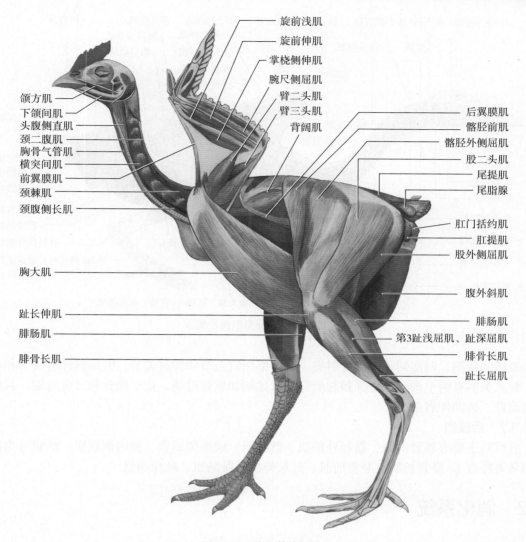

图 17-4　鸡的体表肌肉

旋前浅肌
旋前伸肌
掌桡侧伸肌
腕尺侧屈肌
臂二头肌
臂三头肌
背阔肌

颌方肌
下颌间肌
头腹侧直肌
颈二腹肌
胸骨气管肌
横突间肌
前翼膜肌
颈棘肌
颈腹侧长肌

胸大肌

趾长伸肌
腓肠肌
腓骨长肌

后翼膜肌
髂胫前肌
髂胫外侧屈肌
股二头肌
尾提肌
尾脂腺
肛门括约肌
肛提肌
股外侧屈肌
腹外斜肌
腓肠肌
第3趾浅屈肌、趾深屈肌
腓骨长肌
趾长屈肌

#### 17.1.3.5　腹壁肌

从外到内有四层：腹外斜肌、腹内斜肌、腹横肌腹、直肌，主要作用是紧缩腹腔及肋骨，协助呼气动作，此外也协助排粪和蛋的产出。

#### 17.1.3.6　前肢肌

肩带部肌肉有：斜方肌、菱形肌、背阔肌、深浅锯肌、喙臂后肌、胸肌、大三角肌。游离部肌肉有：臂三头肌、臂二头肌、掌桡侧伸肌、指总伸肌、指深屈肌、指浅屈肌等。

胸肌是禽体最大的肌肉，也是飞翔的主要肌肉，位于胸骨龙骨突起两侧，起于锁骨乌喙骨韧带前外侧面、龙骨游离缘、剑突、胸骨后外侧突、胸肋骨腱膜和最后几根肋骨腱膜，止于肱骨的三角形大结节腹侧面。胸肌起下降翼的作用，是扑翼的主要肌肉。鸡胸肌的颜色较淡，鸭的胸肌颜色较深。鸡的胸肌重约占体重的10%。善于飞翔的禽胸肌非常发达，约占体重的16%。

臂三头肌肩胛部起于肩胛颈背外侧，靠近关节盂腔，臂三头肌臂部起于臂骨近端气孔和臂

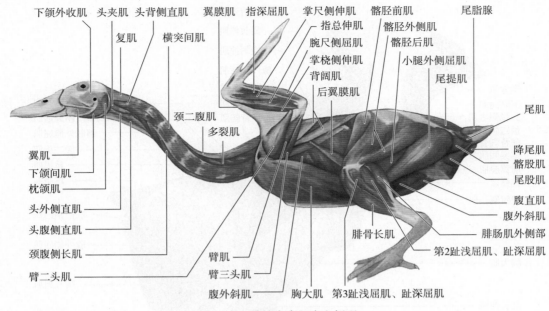

图 17-5　鸭的全身肌肉左侧观

二头肌嵴的背侧，两部同止于尺骨肘突。肩胛部屈肩关节和伸肘关节，臂部则伸肘关节和翼。

臂二头肌有两个头，以宽强腱起于乌喙骨远端和肱骨近端，止于桡骨和尺骨近端。其作用是屈前臂，协助伸肩关节。

### 17.1.3.7　后肢肌

后肢肌主要有髂胫前肌、髂胫外侧肌、髂腓肌、股外侧屈肌、股内侧屈肌、栖肌（为两栖类和鸟类特有）、腓骨长肌、胫骨前肌、趾长伸肌、腓肠肌、趾深屈肌。

## 17.2　消化系统

禽类消化系统包括消化管和消化腺，其形态结构见图 17-6 至图 17-10。

### 17.2.1　消化管

#### 17.2.1.1　口腔、咽、食管和嗉囊

（1）口腔　禽类没有软腭、唇和齿，颊不明显，上下颌形成喙。舌的形状与喙相似，舌肌不发达，黏膜上缺味觉乳头，仅分布有数量少、结构简单的味蕾，因而味觉不敏感，但对水温极为敏感。

（2）咽（pharynx）　咽与口腔没有明显的界线，咽黏膜血管丰富，可使血液冷却，有散发体温的作用。禽的唾液腺比较发达，位于口腔和咽部黏膜上皮深层，主要有上颌腺、腭腺、蝶腭腺、咽鼓管腺、下颌腺、舌腺、喉腺、口角腺等。

（3）食管（esophagus）和嗉囊（crop）　食管较宽，易扩张。嗉囊为食管的膨大部，位于食管的下 1/3，胸前口皮下，鸡的偏于右侧。雌、雄鸽的嗉囊的上皮细胞在育雏期增殖而发生脂肪变性，脱落后与分泌的黏液形成嗉囊乳（鸽乳），用以哺乳幼鸽。

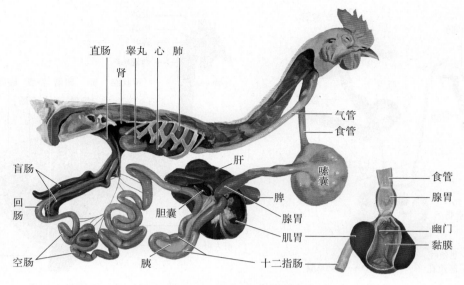

图 17-6 鸡各器官的形态

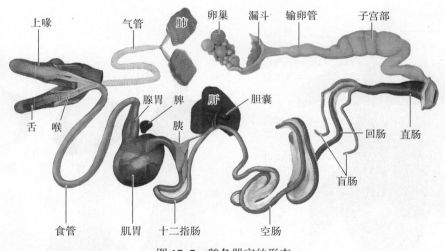

图 17-7 鹅各器官的形态

### 17.2.1.2 胃

禽类的胃分为腺胃和肌胃，见图 17-11。

（1）腺胃（glandular stomach） 呈纺锤形，位于腹腔左侧，在肝左右两叶之间。腺胃黏膜表面形成 30~40 个圆形宽矮的乳头，其中央是深层复管腺的开口。

（2）肌胃（muscular stomach） 肌胃紧接腺胃之后，为近圆形或椭圆的双凸体。肌胃内常有吞食的沙砾，又称砂囊。肌胃以发达的肌层和胃内沙砾，以及粗糙而坚韧的类角质膜（俗称肫皮）对吞入的食物起机械性磨碎作用，因而在机械化养鸡场饲料中，需定期掺入一些沙砾。

### 17.2.1.3 肠和泄殖腔

（1）小肠 小肠包括十二指肠、空肠和回肠。十二指肠位于腹腔右侧，形成较直的肠襻，

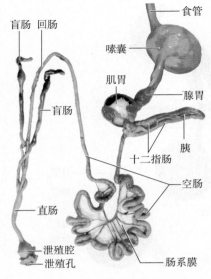

图 17-8    鸡的消化管和消化腺

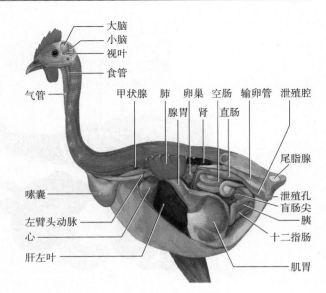

图 17-9    鸡内脏左侧观

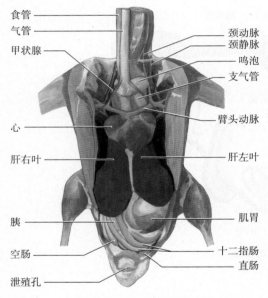

图 17-10    鸭内脏腹侧观

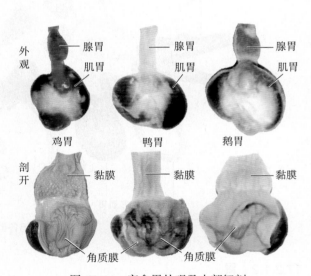

图 17-11    家禽胃外观及内部解剖

分为降支（部）和升支（部），两支平行，以胰十二指肠韧带相连，折转处达盆腔。升支和降升之间夹有胰腺。空肠形成许多肠襻，中部有一小突起，叫卵黄囊憩室，是胚胎期卵黄囊柄的遗迹。回肠短而直。鸭的十二指肠形成双层马蹄状弯曲。

（2）大肠    包括一对盲肠和一短的直肠（也称结直肠）。盲肠基部有丰富的淋巴组织，称盲肠扁桃体，是禽病诊断的主要观察部位。食肉禽类盲肠很短，仅 1～2 cm。

（3）泄殖腔（cloaca）    泄殖腔（图 17-12）为肠管末端膨大形成的腔道，是消化、泌尿、生殖三系统的共同通道。泄殖腔背侧有腔上囊，性未成熟的腔上囊体积很大，性成熟后逐渐退化。泄殖腔内有两个由黏膜形成的不完整的环形襞，把泄殖腔分成粪道、泄殖道和肛道三部分。粪道为直肠末端的膨大，泄殖道背侧有一对输尿管开口，母鸡的左输卵管开口于左输尿管口的腹外侧。公鸡的输精管末端呈乳头状，开口于输尿管口腹内侧。

（4）泄殖孔（cloacal pore）　是泄殖腔的对外开口，亦可称肛门。

### 17.2.2　消化腺

#### 17.2.2.1　肝

肝位于腹腔前部，胸骨背侧。前方与心脏接触，体积相对较大，成禽的肝为淡褐色至红褐色，质地较脆。肝分为左右两叶，以峡相连，右叶较大，呈心形，左叶较小，呈菱形。壁面凸而平滑，脏面呈不规则凹陷。两叶各有肝门，血管、淋巴管等由此出入。鸡的胆囊呈长椭圆形，位于肝右叶脏面，胆囊管只与右叶肝管相连，开口于十二指肠末端。肝左叶的肝管不经胆囊直接与胆囊管共同开口于十二指肠末端（图 17-13，图 17-14）。

#### 17.2.2.2　胰

胰呈淡黄色或淡红色，长条形，位于十二指肠降部与升部之间。胰管与胆囊管一起开口于十二指肠终部（图 17-6 至图 17-8）。

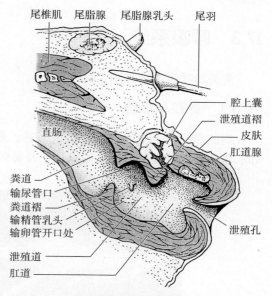

图 17-12　鸡的泄殖腔正中矢状切面模式图

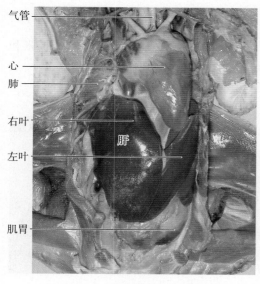

图 17-13　鸡胸腹腔脏器腹面观

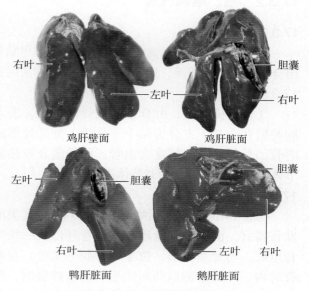

图 17-14　家禽肝的形态

## 17.3  呼吸系统

禽类的呼吸系统见图 17-15。

### 17.3.1  鼻腔和鼻腺

鸡的鼻孔位于上喙基部，鼻腔较狭，鼻腺（nasal gland）不发达，位于鼻腔侧壁。鸭、鹅等水禽的鼻腺较发达，位于眼眶顶壁及鼻侧壁。鼻腺对调节机体渗透压起重要作用。

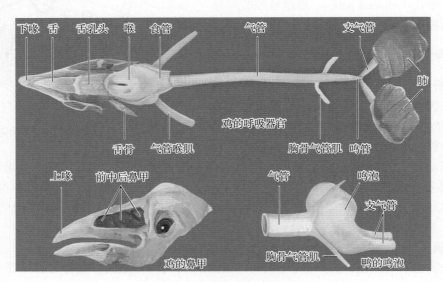

图 17-15  家禽的呼吸器官

### 17.3.2  咽、喉和气管

#### 17.3.2.1  咽、喉

喉位于咽的底壁。禽类没有会厌软骨和甲状软骨，喉腔内无声带。喉软骨上分布有扩张和闭合喉口的肌性瓣膜，此瓣膜平时开放，仰头时关闭，故鸡吞食、饮水时常仰头下咽。

#### 17.3.2.2  气管

气管较长而粗，由 O 形的软骨环构成。进入胸腔后在心基上方分为两个支气管，分叉处形成鸣管。气管黏膜下层富含血管，可借蒸发散热调节体温，气管是重要的调节体温部位。

#### 17.3.2.3  鸣管

鸣管（syrinx）又称后喉（图 17-16），是禽类的发音器官，由数个气管环和支气管环以及一块鸣骨组成。鸣骨呈楔形，位于鸣管腔分叉处。在鸣管的内、外侧壁覆以两对鸣膜。当禽呼吸时，空气经过鸣膜之间的狭缝，振动鸣膜而发声。公鸭

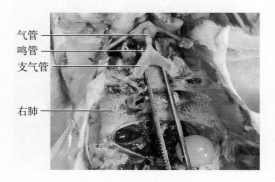

图 17-16  鸡的鸣管

鸣管形成膨大的骨质鸣管泡，故发声嘶哑。鸣禽的鸣管有一些小肌肉，能发出悦耳多变的声音。

#### 17.3.2.4 支气管

支气管经心基的上方而入肺，其支架为 O 形软骨环。

### 17.3.3 肺

禽肺略呈扁平四边形，不分叶，位于胸腔背侧，从第 1—2 肋骨向后延伸到最后肋骨。其背侧面有椎肋骨嵌入，形成几条肋沟，脏面有肺门和几个气囊开口（图 17-6，图 17-7，图 17-15）。

空气通路为：支气管→初级支气管→次级支气管→三级支气管→肺房→漏斗。

### 17.3.4 气囊

#### 17.3.4.1 气囊的分布

气囊（air sac）（图 17-17）是禽类特有的器官，可分前后两群。前群有一个锁骨间气囊和成对的颈气囊、胸前气囊。后群气囊有一对胸后气囊和一对腹气囊。气囊分出憩室进入骨中。

前群气囊、胸后气囊分别与次级支气管直接相通，腹气囊直接与初级支气管相通。

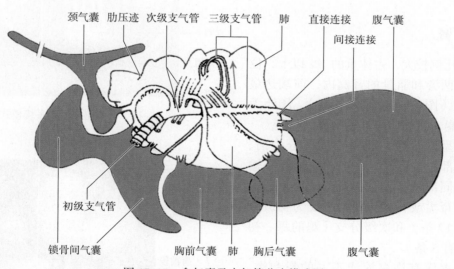

图 17-17　禽气囊及支气管分支模式图

#### 17.3.4.2 气囊的作用

气囊可减轻体重，平衡体位，加强发声气流，发散体热以调节体温，使睾丸能维持较低温度，保证精子的正常生成和协助母禽产卵等，但最重要的功能还是作为贮气装置而参与肺的呼吸作用。当吸气时，新鲜空气进入肺和气囊，呼气时，气囊内的空气流入肺内，进行两次气体交换以适应禽体新陈代谢的需要，这就是鸟纲动物的"双重呼吸"。

### 17.3.5 胸腔和膈

胸腔里虽也被覆胸膜，但因肺的大部分与胸壁及肺膈之间有纤维相连接，因此不形成明显的胸膜腔。禽类无哺乳动物那样明显而完整的膈，肺隔亦称水平隔，是胸膜与胸气囊壁形成的很薄的腱质膜，紧贴于肺的腹侧面，两侧仅以一些小肌束附着于第3—6肋骨钩突处的椎肋上，在肺的后缘接于胸后气囊。斜隔亦称胸腹膈，是腹膜和前、后胸气囊的囊壁形成的极薄的透明腱质膜，把胸腔和腹腔不完全隔开，胸腹膈几乎全是腱质，所以呼气动作主要靠腹肌完成。斜膈背侧缘以薄层肌肉起自最后胸椎的腹嵴，附着缘沿最后一肋下行，在腹侧到达胸骨，接腹膜底壁。其胸面微凸，与心包膜紧接，有一孔供食管、主动脉、后腔静脉通过，另有成对的孔是腹气囊的通道。

## 17.4　泌尿系统

### 17.4.1　肾

禽肾比例较大，占体重的1%以上，位于腰荐骨两旁和髂骨的肾窝内，前端达最后椎肋骨（图17-18，图17-19）。肾外无脂肪囊包裹，仅垫以腹气囊的肾周憩室。

禽肾呈红褐色，长豆荚状，分为前、中、后三部。没有肾门，血管、神经和输尿管在不同部位直接进出肾。输尿管在肾内不形成肾盂或肾盏，而是分支为初级分支（鸡约17条）和次级分支（鸡的每一初级分支上有5条）。

禽肾表面有许多深浅不一的裂和沟，较深的裂将肾分为数十个肾叶，每个肾叶又被其表面的浅沟分成数个肾小叶。肾小叶呈不规则形状，彼此间由小叶间静脉隔开。每个肾小叶也分为皮质和髓质，但髓质不发达。由于肾小叶的分布有浅有深，因此整个肾不能分出皮质和髓质。

禽肾的血液供应与哺乳动物不同，除肾动脉和肾静脉外，还有肾门静脉。肾门静脉是髂外静脉的分支，在分叉处有肾门

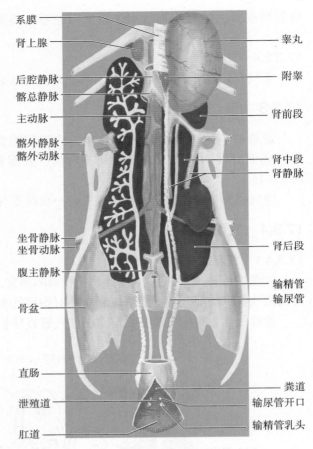

图 17-18　公禽泌尿生殖系统模式图

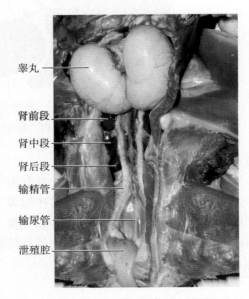

图 17-19　公鸡泌尿生殖器腹面观

静脉瓣控制血液流动方向。肾门静脉收集身体后部，如骨盆、后肢、后段肠和尾部的静脉血进入肾。

### 17.4.2 输尿管

禽类输尿管两侧对称，起自肾髓质集合管，沿肾内侧后行达骨盆腔，开口于泄殖道背侧，接近输卵管或输精管开口的背侧。输尿管呈白色，包括输尿管肾部和输尿管骨盆部。禽类没有膀胱。

## 17.5 生殖系统

### 17.5.1 雄性生殖系统

雄性生殖系统由睾丸、睾丸旁导管系统、输精管和交媾器组成，缺副性腺和精索等结构（图 17–18 至图 17–20）。

#### 17.5.1.1 睾丸

鸡的睾丸呈豆形，乳白色，左右对称，左侧的比右侧略大。雏鸡的睾丸有米粒大，性成熟睾丸重 85～100 g。鸭的睾丸性活动期体积更大。

睾丸由睾丸系膜吊于腹腔背中线两侧，约在最后两个椎肋上部。睾丸动脉极短，直接或与肾前动脉同起自腹主动脉。睾丸的静脉血最后汇入后腔静脉。睾丸的初级感觉传入神经分布在双侧 T1～S5 脊神经节，以通过交感神经的传入途径占优势（93%），副交感神经传入途径（包括迷走神经和荐部脊神经）仅占 7%。支配睾丸的交感神经节前神经元、椎旁节内的节后神经元、副交感神经的节前神经元的节段性分布与睾丸的初级传入神经的节段性分布一致，并相对应。

#### 17.5.1.2 睾丸旁导管系统

睾丸旁导管系统（paratesticular duct system）是位于睾丸背内侧缘、紧密与其连接的长纺锤形的膨大物。由睾丸网、输出小管、附睾小管和附睾管组成。

#### 17.5.1.3 输精管

输精管是睾丸的一对排出管，是呈极端旋卷状的导管，沿着肾内侧腹面与同侧的输尿管在同一结缔组织鞘内后行。到肾后端形成一略为膨大的（约 3.5 mm）圆锥形体。最后形成输精管乳头开口于泄殖腔。输精管是精子的主要贮存器官。

#### 17.5.1.4 交媾器

公鸡无阴茎，却有一套完整的交媾器（copulatory apparatus），性静止期，它隐匿在泄殖腔内，由以下四部分组成（图 17–20）：

（1）输精管乳头 一对，位于泄殖道输尿管开

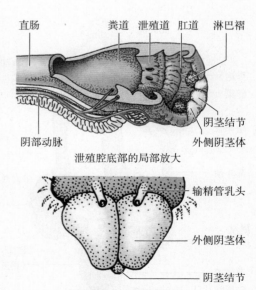

直肠　粪道　泄殖道　肛道　淋巴褶

阴茎结节
外侧阴茎体

阴部动脉

泄殖腔底部的局部放大

输精管乳头

外侧阴茎体

阴茎结节

阴茎勃起时的后面观

图 17–20 公鸡的生殖器官

口的腹内侧。

（2）脉管体　一对，扁平纺锤形，色红，由上皮细胞和窦状毛细血管组成，位于泄殖道和肛道腹外侧壁。

（3）阴茎体　位于肛道腹中线，由正中阴茎体（白体）和一对外侧阴茎体（圆襞）组成。刚出壳的雄性幼雏，肛道腹侧有膨大的阴茎结构，可鉴定其性别。

（4）淋巴襞　夹在外侧阴茎体与输精管乳头之间，为红色卵圆形。

公鸭和公鹅的阴茎发达，位于肛道腹侧偏左，但和哺乳动物并非同源器官。勃起时，阴茎变硬加长而伸出，阴茎沟闭合呈管状。

### 17.5.2　雌性生殖系统

#### 17.5.2.1　卵巢

以短的卵巢系膜悬吊于腹腔背侧，前端与左肺紧接。幼禽的卵巢小，表面呈桑葚状。成体仅左侧的卵巢和输卵管发育正常，右侧退化。性成熟时，卵巢可达 3 cm×2 cm，重 2~6 g。产蛋期常见 4~6 个体积依次递增的大卵泡，在卵巢腹侧面有成串似葡萄样的小卵泡（直径 1~2 mm），呈珠白色，以极短的柄与卵巢紧接。产蛋结束时，卵巢又恢复到静止期时的形状和大小（图 17-7，图 17-21，图 17-22）。

#### 17.5.2.2　输卵管

输卵管的形态、位置和构造（图 17-21，图 17-22）：输卵管以背韧带和腹韧带悬吊于腹腔顶壁，小母鸡输卵管较平直而短。经产母鸡输卵管长度可达 80~90 cm，占据腹腔大部分，休产期长度变短。背、腹韧带内的平滑肌在输卵管两侧与输卵管内的外纵肌融合，这样，背、腹韧带平滑肌收缩有助于输卵管的排空。

输卵管根据其形态结构和功能特点，由前向后，可分为五部分：

（1）漏斗部　漏斗部前端扩大呈漏斗状，其游离缘呈薄而软的皱襞，称输卵管伞，向后逐

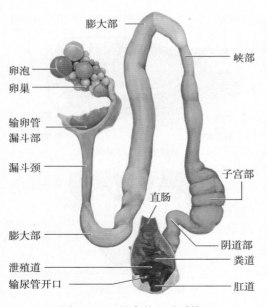

图 17-21　母禽的生殖系统

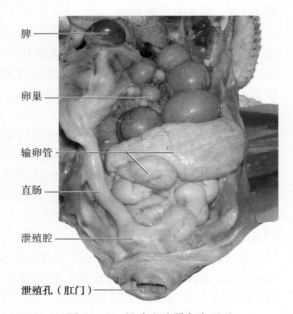

图 17-22　母鸡生殖器官腹面观

渐过渡为狭窄的颈部。漏斗底有输卵管腹腔口，呈长裂隙状。漏斗部收集并吞入卵子到输卵管，需 20～30 min。漏斗部是卵子和精子受精的场所。输卵管颈部有分泌功能，其分泌物参与形成卵黄系带。

（2）蛋白分泌部（albumen secretory portion）或膨大部（enlargement） 长且弯曲，管径大，管壁厚，管壁内存在大量腺体。产卵期，其黏膜呈乳白色。卵子在膨大部停留 3 h。该部的作用是形成浓稠的白蛋白，一部分参与形成卵黄系带。

（3）峡部（isthmus） 略窄且较短，其管壁薄而坚实，黏膜呈淡黄褐色，卵在峡部停留 75 min，峡部分泌物形成卵内、外壳膜。

（4）子宫部（uterus）或壳腺部（shell gland） 子宫部壁厚且多肌肉，管腔大，黏膜淡红色。其皱襞长而呈螺旋状。当卵通过时，由于平滑肌的收缩，使卵在其中反复转动，使分泌物分布均匀。卵在子宫部停留时间长达 18～20 h。

子宫部的作用是：①水分和盐类透过壳膜进入浓蛋白周围，形成稀蛋白。②子宫部黏膜上皮壳腺的分泌物形成蛋壳，蛋壳中 93%～98% 为碳酸钙。③色素沉着于蛋壳。

（5）阴道部（vagina） 壁厚，呈特有的 S 状弯曲，阴道肌层发达。卵经过阴道部的时间极短，仅几秒至 1 min。阴道部黏膜呈灰白色，形成纵行皱襞，内有阴道腺。阴道部的作用：①阴道部是暂时贮存精子的主要器官。精子在阴道部可贮留 10～14 天。阴道腺分泌少量葡萄糖和果糖，可为精子提供能量。②蛋在阴道部转方向，钝端先出，产出后遇冷空气，内、外壳膜在钝端形成气室。③形成石灰质蛋壳外的一层角质薄膜，隔绝空气，可防止细菌进入。

# 17.6 心血管系统和淋巴系统

## 17.6.1 心脏和血管

### 17.6.1.1 心脏

禽的心脏位于胸腔前下方，心基朝向前方，与第 1 肋骨相对（图 17–6，图 17–9，图 17–10，图 17–13）；心尖夹于肝的左、右叶之间，与第 5 肋骨相对。禽心脏与哺乳动物不同的是右房室瓣是一片厚的肌瓣，呈新月形。右心室壁内较平滑，缺乳头肌和腱索结构。

鸡的窦房结位于两前腔静脉口之间，在心房的心外膜下或右房室瓣基部的心肌内。房室结位于房中隔的后上方，在左前腔静脉口的稍前下方。房室结向后逐渐变窄移行为房室束，分为左、右两支。禽的房室束及其分支无结缔组织鞘包裹，和心肌纤维直接接触，兴奋易扩散到心肌。

### 17.6.1.2 血管

（1）动脉分布的特点 肺动脉干由右心室出发，在接近臂头动脉的背侧分为左、右肺动脉，肺动脉通过肺膈，在肺的腹侧面稍前方进入肺门。

主动脉由左心室出发，可分为升主动脉、主动脉弓和降主动脉三段。升主动脉是胚胎期右主动脉弓形成的。自起始部向前右侧斜升，然后弯向背侧，到达胸椎下缘移行为主动脉弓。主动脉弓近段在心包内弯向右肺动脉背侧，然后穿过心包和肺膈，位于右肺前端内侧，远段移到尾部，沿途分支分布到体壁和内脏器官。

主动脉的分支（图 17–23）：

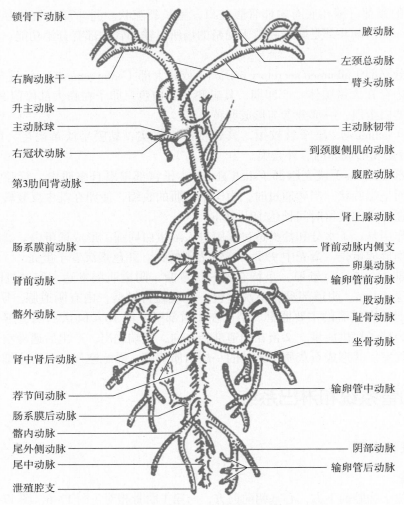

图 17-23    母鸡主动脉分支（腹面观）

① 在半月瓣处发出左、右冠状动脉，分布于心肌。

② 在起始部分出一对臂头动脉。臂头动脉是分布到头部和翼部的血管，向前外侧延伸，分出颈总动脉和锁骨下动脉。两颈总动脉向前到颈基部互相靠拢，然后沿颈部腹侧中线，在颈椎和颈长肌所形成的沟内向前延伸，沿途分布于食管、嗉囊、甲状腺等。两颈总动脉到颈前部（第 4 至第 5 颈椎处）由肌肉深处穿出，互相分开向同侧的下颌角延伸，在此处分为颈外动脉和颈内动脉。锁骨下动脉是翼的动脉主干，它绕出第 1 肋骨移行为腋动脉，以后延续为臂动脉，到前臂部分为桡动脉和尺动脉。锁骨下动脉紧靠第 1 肋骨外侧还发出胸动脉，分布于胸肌。

③ 降主动脉沿体壁背侧中线后行，分出成对的肋间动脉、腰动脉和荐动脉到体壁，还分出一些脏支至内脏。腹腔动脉分布于食管、腺胃、肌胃、肝、脾、胰、小肠和盲肠，其中肝动脉有两支，到肝的两叶。肠系膜前动脉分布于空回肠。肠系膜后动脉分布于盲肠和直肠。

④ 肾前动脉由主动脉分出至肾前部，还分出肾上腺动脉、睾丸或卵巢动脉。

⑤　髂外动脉在肾前部与中部之间分出，向外侧延伸，出腹腔后称为股动脉。

⑥　坐骨动脉在肾中部与肾后部之间分出，并向外侧延伸，同时分出肾中和肾后动脉，然后穿过坐骨孔到后肢，成为后肢动脉主干。

⑦　髂内动脉在主动脉末端分出，很细，主干延续为尾动脉至尾部。

（2）静脉分布的特点　肺静脉有左、右两支，注入左心房。大循环的静脉基本与动脉伴行。

头部血液主要汇流到左、右颈静脉，两颈静脉在颈部皮下沿气管两侧延伸于颈的全长。在胸腔前口处，左、右颈静脉分别与同侧的锁骨下静脉汇合，形成左、右前腔静脉，开口于右心房静脉窦。但鸡的左前腔静脉则直接开口于右心房。

翼、胸肌、胸壁的静脉经臂静脉和胸肌静脉到锁骨下静脉，后者与颈静脉汇合。臂静脉位于臂部内侧，亦称翼下静脉，是鸡静脉注射和采血的部位。

骨盆壁的静脉汇集成左、右髂内静脉，向前延续部分埋于肾内，成为后肾门静脉。在肾中部和肾后部的交界处，后肾门静脉与同侧的髂外静脉汇合成髂总静脉。髂外静脉为股静脉在骨盆腔的延续，两侧髂总静脉汇合成后腔静脉。后腔静脉较粗，向前行通过肝时接纳几支肝静脉，然后穿过胸腹膈而入胸腔，最后开口于右心房。两侧后肾门静脉在肾后方中线吻合，插入肠系膜后静脉形成三路吻合。在髂外静脉分出前支（前肾门静脉）处，有禽类特有的括约肌样圆筒状肾门瓣。在活体，通过肾门瓣启闭，可调节血流量，路径有三条：经肾门瓣入后腔静脉；经后肾门静脉和肠系膜后静脉入肝；经前肾门静脉入椎内静脉窦入颈静脉（图17-24）。

后肢的静脉汇集形成股静脉和坐骨静脉。股静脉与股动脉同行，经腹股沟裂孔入腹腔称髂

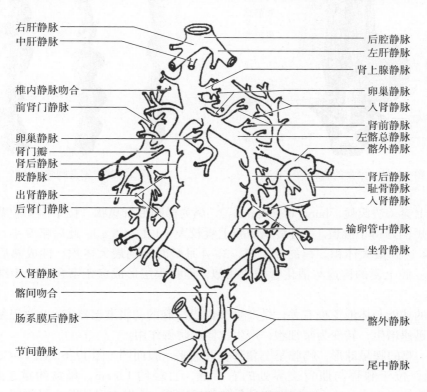

图17-24　鸡的后腔静脉和肾门静脉系统

外静脉，坐骨静脉沿股骨后方上行，通过髂坐孔与后肾门静脉吻合。

禽肝门静脉有左、右两干，左干主要收集胃和脾的血液，较细，其属支有胃腹侧静脉、胃左静脉、腺胃后静脉和左肝门静脉，进入肝左叶。右干主要收集肠的血液，较粗，入肝右叶，其属支有肠系膜总静脉、胃胰十二指肠静脉和腺胃静脉，并有肠系膜后静脉汇入，后者与髂内静脉相连，借此体壁静脉与内脏静脉相沟通。

### 17.6.2 淋巴系统

#### 17.6.2.1 淋巴器官

（1）胸腺　家禽胸腺呈黄色或灰红色，分叶状，从颈前部到胸部沿着颈静脉延伸为长链状（图 17-25，图 17-26）。在近胸腔入口处，后部胸腺常与甲状腺、甲状旁腺及腮后腺紧密相接，彼此无结缔组织隔开，幼龄时体积增大，到接近性成熟时达到最高峰，随后由前向后逐渐退化，到成年时仅留下残迹。胸腺的作用主要是产生与细胞免疫活动有关的 T 淋巴细胞。造血干细胞经血液进入胸腺后，经过繁殖，发育成近成熟的 T 淋巴细胞。这些细胞可以转移到脾、盲肠扁桃体和其它淋巴组织中，在特定的区域定居、繁殖，并参与细胞免疫活动。家禽胸腺可能影响钙的代谢。

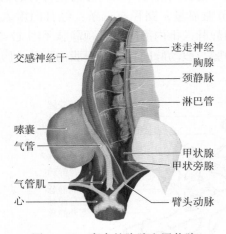

图 17-25　家禽的胸腺和甲状腺

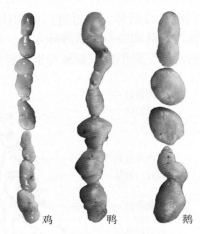

图 17-26　家禽胸腺的比较

（2）腔上囊（法氏囊，bursa of Fabricius）　鸡为椭圆形盲囊状，位于泄殖腔背侧，紧贴尾椎腹侧，以短柄开口于肛道。1 月龄鸡的腔上囊较大（1.2～1.5 g），此后略变小。到性成熟前（4～5 月龄）达到最大体积。鸭的腔上囊，3～4 月龄时达到最大体积。性成熟后，禽的腔上囊开始退化。腔上囊的构造与消化管构造相似，但黏膜层形成多条富含淋巴小结的纵行皱襞（图 17-27）。

腔上囊的功能与体液免疫有关，是产生 B 淋巴细胞的初级淋巴器官。B 淋巴细胞受到抗原刺激后，可迅速增生，转变为浆细胞，产生抗体起防御作用。

（3）脾　鸡的脾呈球形，鸭脾呈三角形，背面平，腹面凹（图 17-6，图 17-7，图 17-28）。脾呈棕红色，位于腺胃与肌胃交界处的右背侧，直径约 1.5 cm，母禽约重 3 g，公禽约重 4.5 g。家禽脾功能主要是造血、滤血和参与免疫反应等，无贮血和调节血量作用。

（4）淋巴结和淋巴组织 禽体淋巴组织广泛分布于体内。鸡、鸽缺淋巴结，鸭和水禽仅有颈胸淋巴结和腰淋巴结。颈胸淋巴结呈纺锤形，位于颈基部，在颈静脉与椎静脉所形成的夹角内。腰淋巴结呈长条状，位于肾与腰荐骨之间的主动脉两侧、胸导管起始部附近。消化管黏膜固有层或黏膜下层内，具有弥散性淋巴集结，较大的有如下两种：

① 回肠淋巴集结存在于鸡的回肠后段，可见直径约1 cm的弥散性淋巴团。

② 盲肠扁桃体位于回肠—盲肠—直肠连接部的盲肠基部。鸡的发达，外表略膨大。

### 17.6.2.2 淋巴管

禽体内的淋巴管丰富，在组织内密布成网，较大的淋巴管通常伴随血管而行。淋巴管除少数在胸腔前口处直接注入静脉外，多数汇集于胸导管。胸导管有一对，沿主动脉两侧前行，开口于左、右前腔静脉。有的禽类具有一对淋巴心，其收缩搏动可推动淋巴流动，如鹅的淋巴心位于第1尾椎处，在尾肌腹侧的淋巴管上，靠近尾静脉。鸡在胚胎发育期也有一对淋巴心，但孵出后不久即消失。

头、颈部的淋巴管为颈静脉淋巴管，开口于颈静脉。翼部的淋巴管汇集成锁骨下淋巴管，开口于锁骨下静脉终末部。后肢的淋巴管伴随静脉汇集到坐骨淋巴管，再经主动脉淋巴管而至胸导管。躯干和内脏的淋巴管汇集到主动脉淋巴管和胸导管。

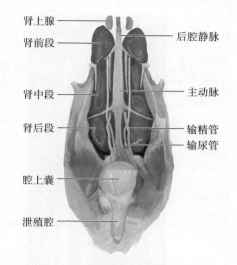

图 17-27 家禽腔上囊和肾上腺

图 17-28 家禽脾的比较

## 17.7 神经、内分泌系统

禽类的神经系统见图17-29。

### 17.7.1 中枢神经系统

#### 17.7.1.1 脊髓

（1）脊髓的形态、位置 禽类脊髓位于椎管内，呈上下略扁的圆柱形，从枕骨大孔起向后延伸，达尾综骨后端。禽类脊髓后端不形成马尾。鸡脊髓长约35 cm，重2~3 g。脊髓也有两个膨大，腰荐膨大比颈膨大发达，其背侧向左右分开，形成长1.2 cm，宽0.4 cm的菱形窝，窝内有向上凸出的胶质细胞团，称胶状体（图17-30，图17-31）。鸡脊髓的节段C15、T7、L3、S5、Cy11或C15、T7、LS13、Cy6。

（2）脊髓的内部构造 灰质呈H形，位于中心。其中部为细小的中央管。按Rexed的猫脊髓灰质板层结构模式，也可分为10层。位于灰质腹外侧的白质内，有一些散在神经细胞团，称边缘核。白质位于灰质周围，由薄束、楔束、脊髓小脑束、脊髓丘脑束和前庭脊髓束等构成

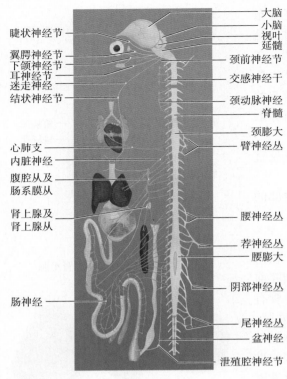

睫状神经节
翼腭神经节
下颌神经节
耳神经节
迷走神经
结状神经节

心肺支
内脏神经
腹腔丛及
肠系膜丛

肾上腺及
肾上腺丛

肠神经

大脑
小脑
视叶
延髓
颈前神经节

交感神经干

颈动脉神经
脊髓

颈膨大
臂神经丛

腰神经丛

荐神经丛
腰膨大

阴部神经丛

尾神经丛
盆神经

泄殖腔神经节

图 17-29    家禽的神经系统

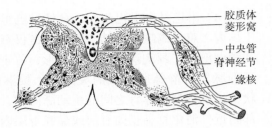

胶质体
菱形窝
中央管
脊神经节
缘核

图 17-30    禽脊髓腰段横断面

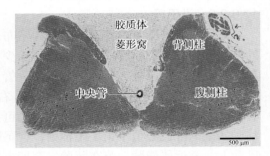

胶质体
菱形窝
背侧柱
中央管
腹侧柱
500 μm

图 17-31    鸭脊髓腰膨大横切

（图 17-30，图 17-31）。

（3）脊髓的膜　脊髓的膜有三层，从外向内依次为脊硬膜、脊蛛网膜、脊软膜。硬膜是强韧的纤维性膜，较厚，背侧硬膜内含静脉窦。颈胸段硬膜与椎管的骨膜分开，形成硬膜外腔，内含胶状物质，胸后段至尾段二者合为一层。蛛网膜为疏松网状，向两侧形成小梁伸入硬膜下腔和蛛网膜下腔。软膜为薄层结缔组织膜，紧贴脊髓。腰、荐部和尾前部腹侧的蛛网膜形成多层而互相连接为多角形的特殊结构。

### 17.7.1.2　脑

（1）脑的形态、位置　禽脑较小，位于颅腔内，呈桃形，由端脑、间脑、中脑、小脑、延髓组成。禽类无明显的脑桥（图 17-32 至图 17-34）。

端脑（telencephalon）包括大脑和嗅叶。大脑（cerebrum）由两个背侧弯曲的棱锥形半球和大脑皮质组成。半球表面平滑。半球的重要结构为基底中枢（纹状体簇），是最重要的脑中枢，并高度分化。本能性活动如行为、防御、觅食、求偶等多依赖于纹状体。大脑皮质不发达，只有一薄层覆盖于半球背面和外侧面。背内侧和内侧的皮质层属古皮质，为海马复合体，海马复合体是二级嗅觉中枢。

间脑（diencephalon）主要结构有丘脑和下丘脑。背侧有松果体与上丘脑相连，腹侧有垂体与下丘脑相连，垂体具有神经内分泌功能。间脑与纹状体是最高感觉、运动整合中枢。

中脑（mesencephalon）视叶特别发达，有第Ⅲ、Ⅳ对脑神经核，为视、听、平衡和各种特异刺激的整合站。

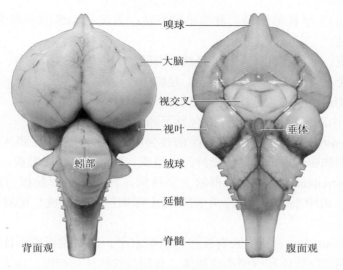

嗅球
大脑
视交叉
视叶
垂体
绒球
延髓
蚓部
脊髓
背面观
腹面观

图 17-32 鸡脑

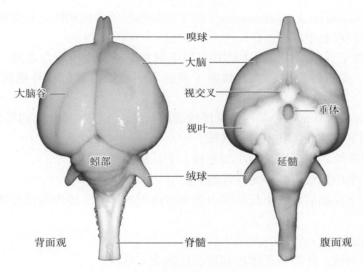

嗅球
大脑
大脑谷
视交叉
垂体
视叶
蚓部
绒球
延髓
脊髓
背面观
腹面观

图 17-33 鸭脑

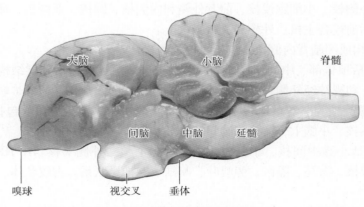

大脑
小脑
脊髓
间脑
中脑
延髓
嗅球
视交叉
垂体

图 17-34 鸡脑矢状面

小脑（cerebellum）呈长卵圆形。禽类小脑发达，为运动和维持平衡中枢。两旁为绒球，中间的蚓部尤为发达。

延髓的头侧较宽，尾侧在枕骨大孔处延续为脊髓，背侧形成第四脑室，腹侧凸隆。除Ⅺ对脑神经根外，第Ⅴ至Ⅻ对脑神经与延髓相连。延髓中有心跳、呼吸、消化、位听等中枢。

（2）脑的内部构造　从前到后横断面可见：

① 纹状体簇：由腹侧到背侧依次主要包括下列结构：

旧纹状体（paleostriatum）自海马延伸至前连合。主部在内侧和尾侧区由稀疏的大神经元组成，扩散部在外侧和腹侧由低密度多极神经元组成，两部之间有腹髓板。

新纹状体（neostriatum）为纹状中枢的主要结构，其腹侧由背髓板与旧纹状体隔开。包括：额部，细胞少，由中小细胞组成；中间部，由深染神经元组成；尾侧部，由排列较密神经元组成。

高纹状体（hyperstriatum）从前脑吻极伸达缰核水平，以高纹板或额枕束与腹侧的新纹状体相隔。可分为背侧高纹状体和腹侧高纹状体，背侧高纹状体呈楔形，由上额板（谷）与腹侧高纹体分开。

副高纹状体（accessorial hyperstriatum）位于前脑吻极的背内侧区，与背侧高纹状体同位于内侧隆起，两者之间有最上额板。

② 视前区：位于丘脑腹内侧，大约在布罗卡斜角带核和皮质联合之间，包括布罗卡斜角带核，连合前核，皮质连合核，视前核群（视前室周核、内侧区、外侧区、视上核、室旁核等）。

③ 下丘脑（hypothalamus）：是视前区尾腹部的延续。下丘脑可分为四部分：

腹侧部：包括下丘脑前区和室周弓状核。

背侧部：包括终纹间核、下丘脑小细胞核、下丘脑室旁核等。

外侧部：延续至中脑被盖，多为纤维通路。

尾侧部：包括下丘脑后区，下丘脑腹内侧和背内侧核、乳头体内侧核和外侧核、上乳头体核和外乳头体核。

④ 丘脑（thalamus）：

前区包括前外侧核、外侧膝状体核和顶盖丘脑交叉束核。

脚内区包括中介核、视上背侧交叉核。

背侧区包括外侧核、小细胞浅核、前背外侧和内侧核、圆核、亚圆核、卵圆核和后腹核。

连合前区包括前连合主核、外核和浅联脑核。

⑤ 上丘脑：构成间脑背内侧角，包括缰核及缰连合。

⑥ 中脑：包括顶盖部、中间部、红核区和被盖部。顶盖部包括分层结构的视顶盖（与哺乳动物上丘同源）和视神经外侧核、中脑外侧核背侧部、前顶盖核、峡核、峡视核等。中间部包括后连合核、螺旋核等。红核区包括红核、EX核、中脑深核。被盖部包括被盖背外侧核、半月核、外侧丘系核、小脑上交叉核、脚间核、环状核、尾侧线形核。

⑦ 小脑：包括小脑中间核、小脑内侧核、外侧上核、外侧下核。用HRP法表明小脑的Ⅵ至Ⅷ叶与端脑带核、海马、隔区、旁嗅叶、嗅结节有神经联系。古纹状体、副高纹状体与小脑各叶均有联系。

鸟类有些脑神经核团发达，如听觉中继核团卵圆核与卵圆核壳很发达，与发情求偶信息传递有关。舌咽神经的感觉核团不明显，与禽类味觉感受器不发达相一致。鸣禽类（金丝雀、斑雀等）的纹状体、古纹状体大核、间脑旁嗅核为管理鸣叫的核团，正常雄禽的这些核团较雌禽大。雄性激素可促进这些神经核团的性分化。

## 17.7.2 外周神经系统

### 17.7.2.1 脊神经

鸡的脊神经与椎骨数目相近，其中颈神经 15 对（比颈椎多 1 对），胸神经 7 对，腰神经 3 对，荐神经 5 对，尾神经 10 对（比尾椎少 2 对），即 C15、T7、L3、S5、Cy10 共 40 对。第 1 到第 2 对脊神经没有背根，腹根内有脊神经节细胞。

（1）臂神经丛　由脊髓颈膨大发出，由最后 3 对颈神经和第 1、第 2 胸神经的腹侧支组成。集合成背索和腹索（图 17–29）。

① 背索：背索发出腋神经后，延续至臂部，称桡神经。背索的分支主要分布于支配翼的伸肌和皮肤。

② 腹索：主要的两大支是正中尺神经和胸神经干。正中尺神经的分支主要支配翼腹侧部的肌肉和皮肤，即翼的屈肌和皮肤。正中尺神经在肘窝近端分为正中神经和尺神经。尺神经分布至掌部以下的关节和皮肤、骨间腹肌和第 3 或第 4 指屈肌，飞羽的羽囊。正中神经支配臂二头肌和前臂大部分屈肌及腕、掌、指前缘的肌肉。

胸神经干在胸腔内分为胸前神经和胸后神经，分布至胸肌、乌喙上肌。胸背神经也分布到背阔肌。

（2）腰荐神经丛　由脊髓腰荐膨大部的 L1 至 S5 对脊神经腹侧支组成。腰丛来自 L1 至 L3 对脊神经，荐丛来自 L3 至 S5 对脊神经。

① 腰丛：形成两条神经干。前干分布至髂胫前肌和股外侧皮肤。后干形成股神经，支配髋臼前髂骨背侧肌群、髂胫前肌（缝匠肌）、髂胫外侧肌（股阔筋膜张肌）、股胫肌、膝关节及股内侧皮肤。

② 荐丛：形成粗大的坐骨神经，坐骨神经分布到股外、后、内侧肌群及皮肤，在股下 1/3 处分为两支：胫神经分布至小腿、跖、趾屈侧的肌肉、关节和皮肤。如腓肠肌内部、中部、趾长屈肌和腘肌。腓总神经分布至小腿、趾的伸侧肌肉、关节和皮肤。鸡患马立克病时坐骨神经水肿、变性、颜色灰黄。

### 17.7.2.2 脑神经

禽类脑神经有 12 对，与哺乳动物基本相似，但 Ⅴ、Ⅶ、Ⅸ、Ⅹ、Ⅺ、Ⅻ 对脑神经有以下特点：

（1）三叉神经　较发达，分为三支：

① 眼神经：是眼球的感觉神经。向前内侧延伸，分布至眼球、额区被皮（包括冠）、上眼睑、结膜、眶腺、鼻腔前背侧和上喙前部。鸭、鹅的眼神经较发达。

② 上颌神经：感觉纤维分布至冠、上眼睑、下眼睑、颞部、外耳前部和眼鼻间的皮肤，亦分布至结膜、腭部黏膜、鼻腔黏膜。

③ 下颌神经：感觉纤维分布至下喙、下颌间皮肤、肉髯、口腔前底壁黏膜和近口角处的黏膜。运动纤维支配上、下颌的肌肉及作用于方骨的肌肉和部分舌肌。

（2）面神经　禽类面神经不发达。运动支支配下颌降肌和下颌舌骨肌，感觉支分布于外耳部。

（3）舌咽神经　分为三支，即舌神经、喉咽神经和食管降神经。前两支分布于舌、咽、喉的黏膜及腺体、喉肌，后一支沿颈静脉下降，分布于食管和嗉囊。在嗉囊与迷走神经返支会合。

（4）迷走神经　见下述"自主神经"小节。

（5）副神经　与迷走神经一起出颅腔，以后分开，支配颈皮肌，有的纤维则伴随迷走神经分布。

（6）舌下神经　分布至舌，发出舌支和气管支。舌支细小，支配喉和舌的横纹肌，如舌骨肌；气管支细长，沿两侧气管延伸，支配气管肌和鸣管固有肌。

### 17.7.2.3　自主神经

禽类的自主神经见图 17-29。

（1）交感神经　交感神经干由一系列交感干神经节及节间支相互串联而成，左右各一，形如链状。起自颅底，沿着脊柱两侧排列，后方直达尾综骨。交感干神经节在鸡有 37 个（C14、T7、L3、S5、Cy8）。

① 颈部交感干：颈部交感干起始于颈前神经节。该节位于颅骨底部、舌咽神经与迷走神经之间、颈内动脉前方。颈段交感干有两支：一支与椎升动脉一起延伸于颈椎横突管内，这一支较粗；另一支沿颈总动脉延伸，较细，又称颈动脉神经。头部的交感神经节后神经元位于颈前神经节内，发出的分支随枕动脉、颈内动脉、颈外动脉分布至头部皮肤、血管平滑肌和腺体。如口腔和鼻腔的黏膜、冠、髯、耳叶等处的血管网，与体温调节有关。

② 胸腰部交感干：具有成双的节间支，一支伸向背侧至肋骨头，另一支延伸到椎骨横突，背腹两支汇集于神经节。从神经节发出的节后纤维进入臂神经丛，分布到血管平滑肌和翼部羽肌。胸交感干还发出心支分布至肺和心脏。

内脏大神经由第 2—5 胸髓发出的节前纤维组成内脏大神经，加入胸交感干或腹腔神经节，发出节后纤维，在椎体旁彼此交通，形成腹腔丛。腹腔丛与肠系膜前丛交通，位于腹腔动脉根与肠系膜前动脉根之间。腹腔丛接受从腺胃后部两侧迷走神经来的交通支。腹腔丛发出次级丛，如肝丛、胃丛、脾丛、胰十二指肠丛和腺胃丛，分布到相应的器官。内脏小神经由第 5—7 胸髓和第 1—2 腰髓发出的节前纤维组成内脏小神经，加入肠系膜前丛。肠系膜前丛位于肠系膜前动脉根部后方，分布到从十二指肠空肠弯曲部至回肠之间的小肠和盲肠。

③ 荐部和尾前部交感干：发出脏支，形成肠系膜后丛，发出卵巢支到卵巢输卵管或发出睾丸支到睾丸。进入直肠系膜，沿肠系膜后动脉分支延伸，与肠神经链相接。

④ 尾后部交感干：在尾椎基部腹侧左右合二为一，此干只有 3 ~ 4 个神经节。

（2）副交感神经

① 脑部的副交感纤维：通过第 Ⅲ、Ⅶ、Ⅸ、Ⅹ 对脑神经离开脑，其中 Ⅲ、Ⅶ、Ⅸ 对脑神经的副交感纤维分布至头部的器官，主要分布于口腔，咽、鼻腔腺体及虹膜、睫状肌，瞬膜腺等。第 Ⅹ 对脑神经即迷走神经，是副交感神经的主要部分，分布至颈、胸腔和腹腔的内脏器官。

② 荐部副交感纤维：包含在 Cy1—4 对脊神经内，即阴部神经丛来的阴部神经内。

（3）肠神经（Remark 神经）　肠神经为禽类特有，呈一纵长神经节链。它从直肠与泄殖腔连接处起，在肠系膜内与肠管并列延伸，直至十二指肠远段，沿途发出细支通过血管横支分布至肠管和泄殖腔。肠神经接受来自肠系膜前神经丛、主动脉神经丛、肠系膜后神经丛和骨盆神经丛来的交感神经纤维，也与从泄殖腔神经节和阴部神经来的荐部内脏副交感纤维相连接。在十二指肠前段，迷走神经纤维与肠神经有交通支。

### 17.7.3　内分泌系统

内分泌系统由垂体、甲状腺、甲状旁腺、腮后腺、肾上腺和松果体组成。胰岛、卵巢髓质间质细胞、卵泡外腺细胞、睾丸间质细胞也是内分泌腺，分散于胰腺、卵巢和睾丸内。内分泌腺的共同特点是它不具导管，故亦称无管腺。组成内分泌腺的细胞多呈索状、网状、泡状或团块状排列，周围有丰富的毛细血管和淋巴管。内分泌腺分泌的激素直接进入组织液、淋巴或血液，并经血液循环周流全身。内分泌器官协同神经系统调节机体的代谢活动过程。

#### 17.7.3.1　垂体

家禽垂体呈扁长卵圆形，位于蝶骨颅面的蝶鞍内，由腺垂体和神经垂体两部分组成。腺垂体的体积较大，由远侧部（前叶）和结节部组成。神经垂体较小，由漏斗柄、灰结节正中隆起和神经叶组成，结节部与漏斗柄共同形成垂体柄，与间脑连接。

（1）腺垂体　可分泌多种激素。丘脑下部对腺垂体的控制是通过其产生的多种释放激素或抑制激素，经过血管即垂体门脉系统进入远侧部，把丘脑下部和腺垂体连接成一个功能整体。腺垂体分泌的激素有促肾上腺皮质激素（ACTH）、生长激素、促甲状腺激素（TH）等，对生长发育、生殖、代谢起重要作用。

（2）神经垂体　含有催产素和加压素。它们是下丘脑视上核和室旁核的神经内分泌细胞所分泌，通过下丘脑垂体束运至神经垂体。催产素有促进输卵管、子宫部肌肉收缩作用，加压素可使血管收缩，血压上升，并促进肾小管对水分的重吸收，具有抗利尿作用，又称抗利尿素。

#### 17.7.3.2　松果体

家禽的松果体呈钝的圆锥形实心体，淡红色，位于大脑与小脑之间。成年鸡松果体重5 mg。松果体与家禽的生长、性腺发育和产蛋生理功能有密切关系。从视觉来的光刺激可经自主神经传至松果体，松果体可能是家禽对一天之内的明暗进行生物学节律调节的生物钟。

#### 17.7.3.3　甲状腺

禽甲状腺呈椭圆形，暗红色，成对位于胸腔入口处的气管两侧、颈总动脉与锁骨下动脉汇集处的前方，紧靠颈总动脉和颈静脉。

甲状腺可分泌甲状腺素，功能主要是调节机体新陈代谢，故与家禽的生长发育、繁殖及换羽等生理功能密切相关。小鸡切除甲状腺后，其性腺保持幼年状态，鸡冠、肉垂体积均小，生长缓慢。成年鸡的甲状腺切除后，性腺萎缩，产蛋率下降，停止或延缓换羽，影响羽毛的生长，使其变窄而稀，甚至其色泽也发生变化。

#### 17.7.3.4　甲状旁腺

甲状旁腺有两对，左右各一对，常融合成一个腺团，外包结缔组织，直径约2 mm，呈黄色至淡褐色。紧位于甲状腺后方，其位置可有很大变动。日粮中缺乏维生素、矿物质或紫外线照射不足，均可使甲状旁腺肥大，细胞增生。注射甲状旁腺浸液，可促使骨中钙质参加血液循环，促进磷从肾排出。

#### 17.7.3.5　腮后腺

腮后腺（ultimobranchial gland）亦称腮后体，一对，淡红色，呈球形，鸡在腮后腺为2~3 mm，位于颈后部甲状腺和甲状旁腺的后方，紧靠颈动脉与锁骨下动脉分叉处，右侧者的位置可变动。腮后腺分泌降钙素，与禽的髓质骨发育有关。

### 17.7.3.6    肾上腺

禽肾上腺有一对，呈卵圆形、锥形或不规则形，为黄色或橘黄色，位于肾的前端，左、右髂总静脉和后腔静脉汇集处的前方。成体家禽的每个腺体重 100 ~ 200 mg。肾上腺的体积因家禽的种类、年龄、性别、健康状况和环境因素的不同有很大的差别。肾上腺是禽体生命活动不可缺少的内分泌腺，摘除肾上腺后，短时间就会致死。肾上腺分泌的肾上腺皮质激素主要作用是调节电解质平衡，促进蛋白质和糖的代谢，影响性腺、腔上囊和胸腺等的活动并与羽毛脱落有关。

## 17.8    感觉器官

### 17.8.1    视觉器官

#### 17.8.1.1    眼球

禽类眼球比较大，视觉敏锐。眼球较扁，角膜较凸，巩膜坚硬，其后部含有软骨板；角膜与巩膜连接处有一圈小骨片形成巩膜骨环。虹膜呈黄色，中央为圆形的瞳孔，虹膜内的瞳孔开大肌和瞳孔括约肌均为横纹肌，收缩迅速有力，睫状肌除调节晶状体外，还能调节角膜的曲度。视网膜层较厚，在视神经入口处，视网膜呈板状伸向玻璃体内，并含有丰富的血管和神经，这一特殊结构称为眼梳或栉膜。禽的视网膜没有血管分布。栉膜可能与视网膜的营养和代谢有关。晶状体较柔软，其外周在靠近睫状突部位有晶状体环枕，也称外环垫，与睫状体相连。

#### 17.8.1.2    眼的辅助器官

禽类的眼球肌有 6 块，眼球运动范围小，缺眼球退缩肌。禽类眼睑缺睑板腺。下眼睑大而薄，较灵活，第三眼睑（瞬膜）发达，为半透明薄膜，由两块小的横纹肌控制，即瞬膜方肌和瞬膜锥状肌。受动眼神经支配，瞬膜活动时，能将眼球前面完全盖住。泪腺较小，位于下眼睑后部的内侧。瞬膜腺亦称哈德腺（Harderian gland），较发达，鸡的呈淡红色，位于眶内眼球的腹侧和后内侧，分泌黏液性分泌物，有清洁、湿润角膜的作用，腺体内含淋巴细胞参与免疫功能。

### 17.8.2    位听器官

#### 17.8.2.1    外耳

禽类无耳郭，外耳孔呈卵圆形，周围有褶，被小的耳羽遮盖。外耳道较短而宽，向腹后侧延伸，其壁上分布有耵聍腺，鼓膜向外隆凸，是凸向外耳道的半透明膜。

#### 17.8.2.2    中耳

中耳由充满空气的鼓室、咽鼓管和听小骨组成。除以咽鼓管与咽腔相通外，还以一些小孔与颅骨内的一些气腔相通。听小骨只有一块，称为耳柱骨（columella），其一端以多条软骨性突起连于鼓膜，另一端膨大呈盘状嵌于内耳的前庭窗。

#### 17.8.2.3    内耳

内耳由骨迷路和膜迷路构成，骨迷路是骨性隧道，膜迷路位于其中，骨迷路与膜迷路间充满外淋巴，耳蜗属于膜迷路，其中充满内淋巴。三个半规管很发达。蜗管则不形成螺旋状，是一个稍弯曲的短管。内耳的主要功能是产生听觉、位置觉，维持身体平衡。

## 17.9 被皮系统

参见图 17–35。

### 17.9.1 皮肤

禽皮肤薄，分表皮、真皮和皮下组织。真皮又分为浅层和深层：浅层除少数无羽毛的部位外不形成乳头，而形成网状的小嵴；深层具有羽囊和羽肌（bipennate muscle）。皮下组织疏松，有利于羽毛活动。皮下脂肪仅见于羽区，在其它一定部位形成若干脂肪体（fat body），营养良好的禽较发达，特别是鸭、鹅。禽皮肤没有汗腺和皮脂腺。据近年研究，禽的整个表皮几乎都有分泌作用，在表皮生发层的细胞内形成类脂质小球，至浅层则逐渐增多并溶解于角质层的各层之间。

真皮和皮下组织里的血管形成血管网。母鸡和火鸡在孵卵期，胸部皮肤形成特殊的孵区（incubatory area），又称孵斑（brood spot）。此处羽毛较少，血管增生，有利于体温的传播。孵区的血液供应来自胸外动脉的皮支和一条特殊的皮动脉，又称孵动脉（incubatory artery），是锁骨下动脉的分支，伴随有同名静脉。

禽皮肤形成一些固定的皮肤褶，在翼部为翼膜（patagium），在趾间为蹼，水禽的蹼很发达。皮肤的颜色与所含的黑素颗粒和类胡萝卜素有关。

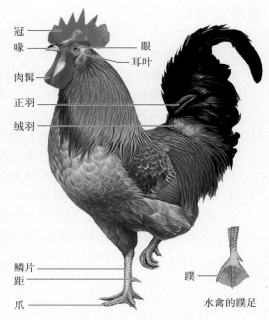

图 17–35 禽类的被皮和感官

### 17.9.2 羽毛和其它衍生物

羽毛是皮肤特有的衍生物，可分三类：正羽、绒羽和纤羽。正羽（contour feather）又叫廓羽，构造较典型。主干为一根羽轴，下段为基翮，着生在羽囊内，上段为羽茎，两侧具有羽片。羽片是由许多平行的羽支构成的，每一羽支又向两侧分出两排小羽支，近侧（即下排）小羽支末端卷曲，远侧（即上排）小羽支具有小钩，相邻羽支即借此互相勾连。羽根的下端有孔，称下脐，内有真皮乳头；在羽片腹侧（即内侧）有上脐，有些禽类如鸡，在此还有小的下羽（hypopenna）或称副羽（after feather）。正羽覆盖在禽体的一定部位，叫羽区（pteryla），其余部位为裸区（apterium），以利于肢体运动和散发体温。绒羽（down feather）的羽茎细，羽支长，小羽支不形成小钩，主要起保温作用。初孵出的幼禽雏羽似绒羽，羽茎、羽根均较短；无下羽。纤羽（pin feather）细小，仅羽鳞片，也是表皮角质层加厚形成。

在头部有冠、肉髯及外耳，均由皮肤衍生而成。冠（crest）内富含毛细血管和纤维黏液组织，能维持冠的直立。肉髯（wattle）的构造与冠相似，中间层为疏松结缔组织。外耳的真皮不形成纤维黏液层。

在尾部背侧有尾脂腺（uropygial gland），分两叶，鸡为圆形，水禽为卵圆形，较发达。腺的分泌部为单管状全浆分泌腺，分泌物含有脂质，可润泽羽毛，排入腺叶中央的腺腔，再经一支（或两支）导管开口于尾脂腺乳头上。但极少数陆禽（如某些鸽类）无此腺。

喙、距、爪和鳞片的角质都是表皮增厚，角蛋白钙化而成，故很坚硬。

## 思考与讨论

1. 家禽的骨骼与家畜的骨骼有何异同？
2. 禽体最发达的肌肉是什么肌肉？其主要作用是什么？
3. 禽的消化管依次由哪些结构组成？禽食管、胃和肠各有何形态结构特点？
4. 禽的呼吸系统由哪些结构组成？有何形态结构特点？
5. 禽的泌尿系统由哪些结构组成？禽肾的结构和主要功能是什么？
6. 公禽和母禽的生殖系统各包括哪些器官？各器官有何主要功能？
7. 试述鸡卵形成及排出所经过的输卵管部位及各部位的生理功能。
8. 禽类静脉注射和采血的部位为何处？
9. 禽类免疫器官有哪些？位于何处？随年龄有何形态变化？
10. 家禽脑外形有哪些主要特点？端脑的构造与哺乳动物有何不同？

# 主要参考文献

1. 安徽农学院.家畜解剖图谱 [M]. 上海：上海人民出版社，1977.

2. 陈耀星.动物解剖学彩色图谱 [M]. 北京：中国农业出版社，2022.

3. 陈耀星，崔燕.动物解剖学与组织胚胎学 [M]. 北京：中国农业出版社，2019.

4. 陈耀星.畜禽解剖学 [M]. 3 版.北京：中国农业大学出版社，2010.

5. 巴查 W，巴查 L.兽医组织学彩色图谱：第 2 版 [M]. 陈耀星，等译.北京：中国农业大学出版社，2007.

6. 董常生.家畜解剖学 [M]. 4 版.北京：中国农业出版社，2009.

7. 范光丽.家禽解剖学 [M]. 西安：陕西科学技术出版社，1995.

8. 郭和以.家畜解剖学 [M].2 版.北京：中国农业出版社，1989.

9. 雷治海.家畜解剖学 [M]. 北京：科学出版社，2019.

10. 林大诚.北京鸭解剖 [M]. 北京：北京农业大学出版社，1994.

11. 南开大学.实验动物解剖学 [M]. 北京：高等教育出版社，1979.

12. 彭克美.动物组织学及胚胎学彩色图谱 [M]. 北京：中国农业出版社，2021.

13. 彭克美.动物组织学及胚胎学 [M]. 3 版.北京：高等教育出版社，2023.

14. 马仲华.家畜解剖学与组织胚胎学 [M]. 北京：中国农业出版社，1995.

15. 滕可导.家畜解剖学与组织胚胎学 [M]. 北京：高等教育出版社，2006.

16. 西北农学院，甘肃农业大学，山西农学院.家畜解剖图谱：修改本 [M]. 西安：陕西人民出版社，1978.

17. 杨维泰，张玉龙.家畜解剖学 [M]. 北京：中国科学技术出版社，1993.

18. 杨银凤.家畜解剖学与组织胚胎学 [M]. 4 版.北京：中国农业出版社，2011.

19. 翟向和，金光明.动物解剖与组织胚胎学 [M]. 4 版.北京：中国农业科学技术出版社，2012.

20. 中国人民解放军兽医大学.马体解剖图谱 [M]. 长春：吉林人民出版社，1978.

21. Budras K-D，Habel R E. Bovine Anatomy：An Illustrated Text [M]. Hannover：Schlütersche，2003.

22. Dyce K M，Sack W O，Wensing C J G. Textbook of Veterinary Anatomy [M]. 4th ed. St. Louis：Saunders/Elesiver，2010.

23. König H E，Liebich H-G. Veterinary Anatomy of Domestic Mammals：Textbook and Colour Atlas [M]. 6th ed. Stuttgart：Schattauer，2013.

24. Gartner L P，Hiant G L. Color Textbook of Histology [M]. 3rd ed. Philadelphia：Saunders/Elsevier，2007.

25. McCracken T O，Kainer R A. Color Atlas of Small Animal Anatomy：The Essentials [M]. Ames：Blackwell Publishing，2008.

26. Popesko P. Atlas of Topographical Anatomy of the Domestic Animals [M]. 4th ed. Philadelphia：W. B. Saunders，1985.

27. Bacha W，Bacha L. Color Atlas of Veterinary Histology [M]. 3rd ed. Chichester：Wiley Blackwell，2012.

28. Banks W J. Applied Veterinary Histology [M]. 3rd ed. Boca Raton：CRC Press，1993.

**学习网站:**

1. http://bksy.hzau.edu.cn/xsfw/wsxxpt.htm(华中农业大学网上学习平台)

2. https://www.icourse163.org/course/HZAU-1002249007(华中农业大学 MOOC "动物组织胚胎学")

3. https://www.icourses.cn/sCourse/course_2520.html(华中农业大学国家级精品资源共享课 "动物解剖学及组织胚胎学")

4. https://www.icourses.cn/sCourse/course_4428.html(中国医科大学国家级精品资源共享课 "组织学与胚胎学")

5. http://www.nobelprize.org/(诺贝尔奖及获得者)

## 郑重声明

高等教育出版社依法对本书享有专有出版权。任何未经许可的复制、销售行为均违反《中华人民共和国著作权法》，其行为人将承担相应的民事责任和行政责任；构成犯罪的，将被依法追究刑事责任。为了维护市场秩序，保护读者的合法权益，避免读者误用盗版书造成不良后果，我社将配合行政执法部门和司法机关对违法犯罪的单位和个人进行严厉打击。社会各界人士如发现上述侵权行为，希望及时举报，我社将奖励举报有功人员。

反盗版举报电话　（010）58581999　58582371
反盗版举报邮箱　dd@hep.com.cn
通信地址　北京市西城区德外大街4号　高等教育出版社法律事务部
邮政编码　100120

## 读者意见反馈

为收集对教材的意见建议，进一步完善教材编写并做好服务工作，读者可将对本教材的意见建议通过如下渠道反馈至我社。

咨询电话　400-810-0598
反馈邮箱　gjdzfwb@pub.hep.cn
通信地址　北京市朝阳区惠新东街4号富盛大厦1座　高等教育出版社总编辑办公室
邮政编码　100029

## 防伪查询说明

用户购书后刮开封底防伪涂层，使用手机微信等软件扫描二维码，会跳转至防伪查询网页，获得所购图书详细信息。

**防伪客服电话**　（010）58582300